规模化养猪与猪病防治

李长军　华勇谋　主编

中国农业大学出版社

编 写 人 员

主　编　李长军　华勇谋

副主编　关文怡　舒明颖　孙立新

参　编　李　璟　张玉仙　王文利
　　　　彭晓培　于文化

审　稿　张京和

内 容 提 要

本书内容包括规模化养猪生产工艺、猪舍建筑及设施配置、猪场粪污的处理、猪的品种、各阶段猪群的饲养管理程序与猪的繁殖技术、猪的营养需要和饲料配合、猪场的经营与管理、猪病防治技术等。全书较系统地阐述了规模化养猪生产的基本知识和先进技术,理论联系实践,内容通俗易懂,实用性强,可供养猪生产者学习使用,也可供其他有关人员参考。

目　录

第一章　规模化养猪生产

我国的养猪生产，在很长一段时间一直是农民家庭的一项主要副业，是农民经济来源的重要补充。

20 世纪 70 年代中后期以来，我国广东、北京等省市学习国内外先进经验，兴建现代化规模猪场，建成一批具有法人资格的养猪企业，推动了全国养猪现代化进程。其中北京市 1995 年万头以上规模猪场达到 140 个。20 世纪末，国内养猪企业转制，向经济主体和经营方式多元化发展。如北京在规模猪场、养猪公司的基础上，又发展以农民为投资主体的规模化养猪小区 130 多个。21 世纪养猪企业将进一步向现代化、集约化、集团化发展。

计划经济条件下建立的养猪企业，其主要目的是：满足大中城市需要，富裕郊区农民。因此，20 世纪 90 年代以前的养猪企业大部分为以完成政治任务为主，以企业效益和社会综合效益为辅的生产管理型企业。市场经济条件下养猪企业的主要目的是：满足市场需要，扩大企业效益，促进社会经济发展。

20 世纪 90 年代以后，养猪市场与相关的饲料等市场开放，养猪企业逐步进入市场经济轨道，真正成为自主经营、自我发展、自我约束、自负盈亏的畜牧业经济实体。养猪功能得到进一步发挥，促进社会经济发展。

进入 21 世纪，我国的养猪企业将全面转变为经营管理型企业。为保证养猪业的功能得到最大限度发挥，必须培养一批养猪生产一线的技能型人才，使他们具有一定的发现问题、分析问题、解决问题的能力，把现代化的、先进的养猪技术应用到生产实践中。

第一节 规模化养猪生产工艺概述

一、规模化养猪的概念和意义

规模化养猪是指采用现代养猪工艺,具有一定规模的养猪生产;就是根据规模的大小,采用现代化养猪工艺,安排猪舍的建筑,决定生产水平,搞好猪场管理。

规模化养猪是采用配套的现代化养猪科学技术,创造适宜猪繁殖、生长发育的最佳环境条件和符合科学要求的饲养管理条件,从而保证猪本身所具有的生产能力得到充分发挥。在生产上采用工厂化的生产方式,常年均衡生产商品猪。最终目的是提高养猪生产水平和养猪生产的经济效益,降低饲养员的劳动强度,提高劳动生产率,从而产生最佳规模效益。

我国的规模化猪场采用"分阶段饲养",一般分为四段或五段饲养。猪群周转采用"全进全出"的方式,并留有一段时间空栏和消毒。一般是以周为单位组织生产,即每周安排一定数量的猪只配种、分娩、断奶、转群、肥育出栏等,生产线总体上保持均衡生产、均衡出栏上市。

二、规模化养猪规划设计

(一)按工艺流程确定各阶段生产指标计划

规模化养猪实行常年产仔,中、早期断奶,提高母猪的利用率,充分利用猪舍、设备。以周为单位,安排母猪的配种、繁殖和猪群周转。

1. 配种计划的确定

(1)确定母猪繁殖周期 母猪的繁殖周期包括:空怀期、妊娠期和哺乳期。空怀期为1周;妊娠期平均为16.5周;目前我国规模化养猪多采用仔猪 35 日龄断奶，也就是哺乳期为 5 周，这样母猪的一个繁殖周期为 22.5 周。

(2)明确每头母猪平均年产仔窝数　母猪的一个繁殖周期为 22.5 周，一年有 52 周，52÷22.5＝2.3(窝)，即每头母猪平均年产仔是 2.3 窝。

(3)确定每周应产仔窝数　可列成公式如下：

每周应产仔窝数＝(母猪总头数×2.3)÷52　(式 1.1)

例如：100 头母猪的猪场每周应产仔的窝数是多少？

代入式 1.1 得：(100×2.3)÷52＝4.4(窝)

为了留有余地和便于生产上容易掌握，每周应产 4.4 窝，可按 4 窝进行安排。

(4)安排每周应配种的母猪头数　要根据每周应产仔猪的窝数和母猪配种受胎率，来安排每周应该配种的母猪头数。母猪受胎率一般按 80％掌握，列成公式如下：

每周应配种的母猪头数＝每周应产仔窝数÷80％

(式 1.2)

例如：100 头母猪的猪场，每周应该配种几头母猪？

代入式 1.2 得：4÷80％＝5(头)

所以，100 头母猪的猪场，每周应该配种 5 头母猪。

2. 各阶段生产指标

无论新建猪场还是投产后的猪场，制订生产指标都要和当地的养猪水平相适宜，指标过高、过低都不利于生产管理。

根据目前我国养猪生产实际情况，规模化猪场生产指标应达到以下标准：

①每头母猪平均年产 2 窝，每窝平均产活仔 10 头。

②仔猪 35 日龄(5 周)断奶，成活率 90％以上。

③仔猪断奶后转到培育猪舍培育 42 d(6 周)，培育期成活率

95%以上。

④仔猪 77 日龄转入生长肥育舍，生长肥育期 105 d(15 周)，平均体重达 90 kg 时出售，生长肥育期成活率 98%以上。生长肥育期每增重 1kg 活重消耗饲料 3.5 kg 以下。

⑤一个有 100 头成年母猪的规模化猪场，年产商品猪 1 500 头以上。

3.合理的猪群结构

规模化猪场的猪群由种公猪、种母猪、后备猪、哺乳仔猪、培育仔猪、生长肥育猪等构成。这些猪在猪群中的比例关系称为猪群结构。

按照生产指标的要求，规模化猪场生产走向正常以后，生产上就会出现每周都有产仔、每周都有仔猪断奶、每周都有培育猪转到生长猪舍、每周都有商品猪出售，猪场的日常存栏应出现相对稳定的状态。以一个有 100 头成年母猪的猪场为例，其猪群结构应为：成年母猪 100 头，后备母猪 20～25 头，成年公猪 2 头，后备公猪 1 头，哺乳仔猪 200～220 头，培育仔猪 215～240 头，生长肥育猪 510～550 头，合计存栏 1 048～1 138 头。

如果猪群结构达到上述标准，说明生产正常，如果哺乳仔猪、培育仔猪和生长肥育猪低于上述标准，总存栏低于 1 000 头，说明生产上某个环节存在问题，应加以解决。

(二)按工艺流程建设或安排生产车间

一个规模化养猪场建场时要有严格的规划与设计。工艺流程确定以后，按猪场的工艺设计要求，安排配种妊娠舍、产房、育仔舍、肥育舍和各猪舍内的栏位。场内猪群周转、建筑设施的合理利用，都必须和生产工艺、防疫制度、机械化程度紧密联系，以做到投产后井然有序，方便管理。

三、规模化养猪生产主要工艺流程

规模化养猪的目的是摆脱分散的、传统的、季节性的生产方式，建立工厂化、程序化、常年均衡的养猪生产体系，从而达到生产的高水平和经营的高效益。养猪生产以生产线形式实行流水作业，按固定周期(以周为单位)常年连续均衡生产。

(一)阶段饲养工艺

生产工艺按饲养阶段的不同，又分为四段法、五段法和六段法。

1. 四段法

(1)配种妊娠阶段　此阶段母猪要完成配种并度过妊娠期。配种约需1周，妊娠期16.5周，母猪产前提前1周进入产房。母猪在配种妊娠舍饲养16～17周。如猪场规模大，可把空怀和妊娠分为两个阶段，空怀母猪在1周左右配种，然后观察4周，确定妊娠后转入妊娠猪舍，没有妊娠的转入下批继续参加配种。

(2)产仔哺乳阶段　同一周配种妊娠的母猪，要按预产期最早的母猪，提前1周同批进入产房，在此阶段要完成分娩和对仔猪的哺育，哺乳期长3～5周，母猪在产房饲养4～6周，断奶后仔猪转入下一阶段饲养，母猪回到空怀母猪舍参加下一个繁殖周期的配种。

(3)断乳仔猪培育阶段　仔猪断奶后，同批转入仔猪保育舍，这时幼猪已对外界环境条件有了一定的适应能力，在保育舍饲养5～6周，体重达20 kg以上，再共同转入生长肥育舍进行生长肥育。

(4)生长肥育阶段　由育仔舍(仔猪保育舍)转入生长肥育舍的所有猪只，按生长肥育猪的饲养管理要求饲养，共饲养15周，体重达90 kg时，即可上市出售。生长肥育阶段也可按猪场条件分为中猪舍和大猪舍，这样更利于猪的生长。

通过以上4个阶段的饲养，当生产走入正轨后，就可以实现每周都有配种、分娩、仔猪断奶和商品猪出售，从而形成工厂化饲养的基本框架。

2. 五段法

根据猪的生理特点，分别将其饲养在空怀妊娠舍、分娩哺乳舍、断乳仔猪保育舍、生长猪舍和肥育猪舍内。五段法和四段法的不同之处，是把商品猪分成生长和肥育两个阶段，根据其对饲料和环境条件的要求不同，最大可能地满足其需要，充分发挥其生产潜力，提高养猪效率；但与四阶段比较，增加了一次转群负担和猪只的应激机会。

3. 六段法

根据猪只的生理特点，专业分工更细，在五段法的基础上，又把空怀与妊娠母猪分开，单独组群。这种饲养工艺适合于大型猪场，便于实施全进全出的流水式作业；另外，断奶母猪复膘快、发情集中、易于配种，猪只生长快、养猪效率高。但六段法的转群次数较多，增加了劳动量，增加了猪只的应激机会。

（二）常年产仔均衡生产商品猪

规模化养猪实行常年产仔，中、早期断奶，提高母猪的利用率，使猪舍、设备充分利用。工艺要求，以周为单位，安排母猪的配种、繁殖和猪群周转，均衡生产商品猪。

四、规模化养猪特征及必备条件

（一）规模化养猪的特征

规模化养猪的特征是：

①猪群饲养规模大，节约土地和人工。

②猪种引进、饲料选用、消毒、免疫和饲养管理技术更加科学化、规范化和标准化。

③规模化养猪使用先进的养猪设备，前期投入较大，但生产效

率较高。

④实行全年均衡生产、均衡上市，最大限度地降低了生产成本，提高了劳动生产率和经济效益。

(二)规模化养猪的必备条件

在我国，规模化养猪占总饲养量的25%左右。我国的规模化猪场借鉴国外的经验，采取流水线、有节律的生产工艺，设计简单、实用，造价较低，与国情和地区条件相吻合。不足之处是使用年限较短，随着使用期的延长，要不断地修修补补。从地域上分，我国规模化猪场分为北方型和南方型两种。

北方型规模化猪场适应严寒干燥的气候，猪舍密闭程度较高，分娩猪舍和保育舍多采用密闭式猪舍，舍内供暖设备比较完备。

南方型规模化猪场适应炎热潮湿的气候，猪舍敞开或半敞开，基本上不采用密闭式猪舍，舍内设备比较注意防暑降温。

无论是北方型还是南方型，规模化养猪都应具备以下条件：

①饲养优良猪种。从国外引入的优良猪种(长白猪、大白猪、杜洛克猪等)，生产性能高，符合现代化养猪生产工艺对猪群周转的要求。

②采用现代化养猪生产工艺，应用先进设备，实行标准化饲养。

③建立科学、有效的防疫体系。在养殖规模大、饲养密度高的情况下，增强"防疫第一"的观念，建立一整套严格的卫生防疫制度，是保证猪群健康、提高生产性能、获得最大经济效益的一项重要工作。

④做好粪污处理，保护环境。

第二节　猪场规划布局

猪场规划应根据有利防疫、方便饲养管理、节约用地等原则，考虑当地气候、风向、地形地势、猪场建筑物和设施的大小，合理规划全场的道路、排水系统、场区绿化等，安排各功能区的位置及每种建筑物和设施的位置和朝向。布局应整齐紧凑，节约土地，运输距离短，便于经营，利于生产。

一、场地规划

大型猪场一般可分为 4 个功能区，即生活区、生产管理区、生产区、隔离区（图 1-1）。为便于防疫和生产，应根据当地全年主导风向与地势，有秩序地安排以上各功能区，即生活区→生产管理区→饲养生产区→隔离区。

图 1-1 猪场各区依地势、风向规划图

(1)生活区　包括职工宿舍、食堂及其他用房。此区应设在猪场大门外面，独成一院。为保证良好的卫生条件，避免生产区臭气、尘埃和污水的污染，生活区要设在上风向或偏风方向和地势较高的地方。

(2)生产管理区　包括办公室、接待室、饲料加工调配车间、饲料储存库、水电供应设施、车库、杂品库、消毒池、更衣消毒间和洗澡间等。该区与饲养管理工作关系密切，故距饲养生产区不宜太远。为有利于防疫和便于与生产区配合，饲料库应靠近进场道路处；消毒、更衣、洗澡间应设在猪场大门一侧。

(3)生产区　生产区是猪场的主体部分,包括各类猪群的猪舍、饲料库、青贮窖、饲料加工车间和人工授精室等生产设施,是猪场的最主要区域。饲养生产区严禁外来车辆进入,也禁止饲养生产区车辆外出。在靠围墙处设装猪台,禁止外来车辆进入生产区。

①饲料加工车间。饲料加工车间宜安排在猪场的中间位置,既要考虑缩短饲喂时的运输距离,又要考虑向场内运料方便。饲料库和青贮窖应靠近饲料加工车间。

②猪舍安排。猪舍的安排一定要考虑各类猪群的生物学特性和生产利用特点。公猪舍应建在猪场的上风区,与母猪舍保持20 m以上距离,依次安排育成猪舍、哺乳母猪舍、妊娠母猪舍。后备猪舍、肥育猪舍应建在距场门口近一些的地方,以便于运输。

③人工授精室。人工授精室应安排在公猪的一侧,如同时承担场外母猪的配种任务,场内、场外应双重开门。

(4)隔离区　包括新购入种猪的饲养观察室、兽医室和隔离猪舍、尸体剖检和处理设施、积肥场及贮存设施等。该区是卫生防疫和环境保护的重点,应设在猪场的下风或偏风方向、地势低处,以防止疫病传播和对环境造成污染。

二、场内道路与场内的防护设施规划

道路是猪场总体布局中一个重要的组成部分,它与猪场生产、防疫有重要关系。场内道路应分设净道、污道,互不交叉。净道用于运送饲料、产品等;污道则专运粪污、病猪、死猪等。场内道路要求防水防滑,生产区不宜设直通场外的道路,生产区和生产管理区大门平时应关闭,以利于卫生防疫。

场区排水设施可在道路一侧或两侧设明沟排水,也可设暗沟排水,但场区排水管道不宜与舍内排水系统的管道通用,以防杂物堵塞管道影响舍内排污,并防止雨季污水池满溢,污染周围环境。

集约化程度高的猪场，场界要划分明确，四周应修建较高的围墙或坚固的防疫沟，防止场外人员和其他动物进入场区，在防疫沟内放水，可有效地切断外界的污染来源。在场内各区域间，也应设较小的防疫沟或围墙，亦可栽植隔离林带。

在猪场大门及各区域和各排猪舍入口处，应设消毒设施，如车辆消毒池、脚踏消毒槽、喷雾消毒室、更衣换鞋间，装设紫外线灯，紫外线灯消毒应强调安全时间，以 5～10 min 为宜，确保效果。

三、场区绿化

植树、种草，搞好绿化，对改善场区小气候有重要意义。绿化可以吸尘灭菌、降低噪声、净化空气、防疫隔离、防暑防寒、美化环境。场区绿化可按冬季主导风向的上风向设防风林，在猪场周围设隔离林，猪舍之间、道路两旁进行遮阴绿化。场区绿化植树时宜多栽植高大的落叶乔木，但需考虑其树干高低和树冠大小，防止夏季阻碍通风和冬季遮挡阳光。

四、建筑物布局

猪场建筑物的布局在于正确安排各种建筑物的位置、朝向、间距。布局时需考虑各建筑物间的功能关系、卫生防疫、通风、采光、防火、用地等。

生活区和生产管理区与场外联系密切，为保障猪群防疫，宜设在猪场大门附近，门口分设行人和车辆消毒池，两侧设值班室和更衣室。生产区各猪舍的位置需考虑配种、转群等联系方便，并注意卫生防疫。

1. 猪舍布局

种猪、仔猪应置于上风向和地势高燥处。妊娠猪舍、分娩猪舍应安排在较好的位置，分娩猪舍要靠近妊娠猪舍，又要接近仔猪保育舍；育成猪舍靠近肥育猪舍，肥育猪舍设在下风向。商品猪置于离场门或围墙近处，围墙内侧设装猪台，运输车辆停在围墙外装车。商品猪场可按种公猪舍、空怀母猪舍、妊娠母猪舍、产房、断乳仔猪舍、肥猪舍、装猪台等建筑物顺序靠近排列。病猪和粪污处理应置于全场最下风向和地势最低处，距生产区宜保持至少 50 m 的距离。

2. 猪舍朝向

猪舍的朝向关系到猪舍的通风、采光和排污效果，应根据当地主导风向和日照情况确定。一般要求猪舍在夏季少接受太阳辐射、通风量大而均匀，冬季应多接受太阳辐射，冷风渗透少。因此，炎热地区，应根据当地夏季主导风向安排猪舍朝向，以加强通风效果，避免太阳辐射；寒冷地区，应根据当地冬季主导风向确定朝向，减少冷风渗透量，增加热辐射。一般以冬季或夏季主导风向与猪舍长轴有 30°～60°夹角为宜，应避免主导风向与猪舍长轴垂直或平行，以利于防暑和防寒。猪舍一般以南向或南偏东、南偏西 45°以内为宜。

猪舍是猪只生存和生产的场所，建造得是否合理，直接影响猪生产潜力的发挥和经济效益的高低。合理的猪舍应该冬暖、夏凉、通风、向阳、干燥、空气新鲜。我国北部地区高燥寒冷，建造猪舍应注意保暖；南部地区雨多天热，建造猪舍应注意防潮防暑；沿海地区多风，建造猪舍应坚固结实；山高、风大、多雪的地区，猪舍的屋顶应坚固结实。

3. 猪舍间距

猪场内建筑物排列整齐、合理，既要利于道路、给排水管道、绿化、电线等的布置，又要便于生产和管理工作。猪舍之间的距离以能满足光照、通风、卫生防疫的要求为原则。距离过大则猪场占地过多；间距过小则南排猪舍会影响北排猪舍的光照，同时也影响其通风效果，也不利于防疫。根据光照、通风、卫生防疫等各种要求，猪舍间距一般以 3～5H（H 为南排猪舍檐高）为宜；两排之间的距离一般以 10～20 m 为宜。猪场的总体布局如图 1-2 所示。

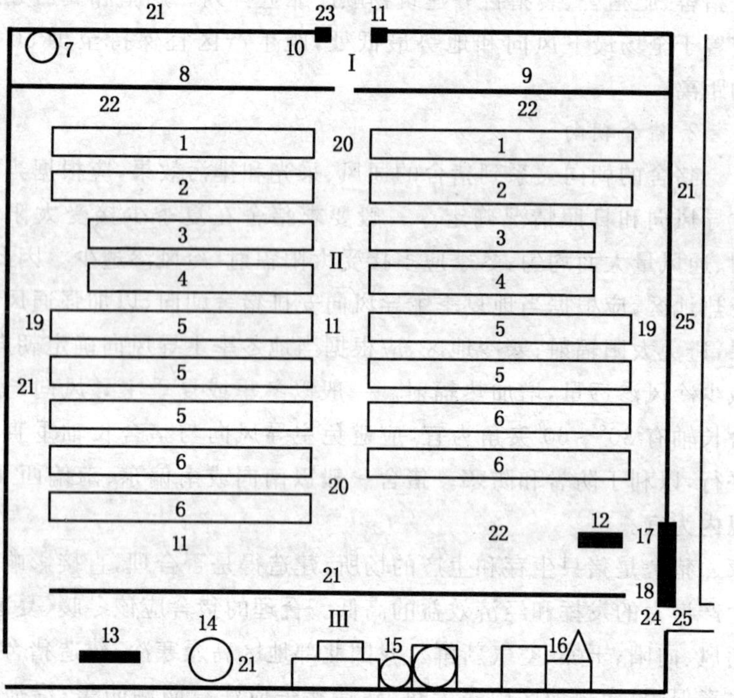

图 1-2　600 头基础母猪养猪场总平面简图

Ⅰ——场前区　Ⅱ——生产区　Ⅲ——隔离区

1. 配种舍　2. 妊娠舍　3. 产房　4. 保育舍　5. 生长舍　6. 肥育舍　7. 水泵房　8. 生活、办公用房　9. 生产附属用房　10. 门卫　11. 消毒室　12. 厕所　13. 隔离舍及剖检室　14. 死猪处理设施　15. 污水处理设施　16. 粪污处理设施　17. 选猪间　18. 装猪台　19. 污道　20. 净道　21. 围墙　22. 绿化隔离带　23. 场大门　24. 粪污出口　25. 场外污道

第三节　猪舍建筑及设施配置

一、不同类型猪舍的建设

(一)猪舍的形式

猪舍按屋顶形式、墙壁结构与窗户以及猪栏排列等形式分为多种。

(1)按屋顶形式划分　猪舍按屋顶的形式分为坡式、平顶式、拱式、钟楼式和半钟楼式。

①坡式。又分为单坡式、不等坡式和双坡式 3 种。单坡式猪舍跨度较小、结构简单、通风透光、排水好、投资少、节省建筑材料，舍内光照、通风较好，但冬季保温性差，较适合于小型猪场使用。不等坡式猪舍的优点与单坡式相同，其保温性能良好，但投资较多。双坡式猪舍可用于各种跨度，一般跨度大的双列式、多列式猪舍常采用这种屋顶。双坡式猪舍保温性好，若设吊顶则保温隔热性能更好，但其对建筑材料要求较高，投资较多。

②平顶式。平顶式猪舍的优点是可以充分利用屋顶平台，保温防水可一体完成，不需要再设天棚，缺点是防水较难做。

③拱式。拱式猪舍的优点是造价较低，随着建筑工业和建筑科学的发展，可以建大跨度猪舍，缺点是屋顶保温性能较差，不便于安装天窗和其他设施，对施工技术要求也较高。拱式猪舍多用于肥育猪舍。

④钟楼式和半钟楼式。钟楼式和半钟楼式猪舍在猪舍建筑中采用较少，在以防暑为主的地区可考虑采用此种形式。

猪舍建筑中常用的主要屋顶样式如图 1-3 所示。

(2)按猪舍封闭程度划分　按猪舍封闭程度可分为开放式、半开放式和密闭式 3 种。密闭式猪舍又可分为有窗式和无窗式。

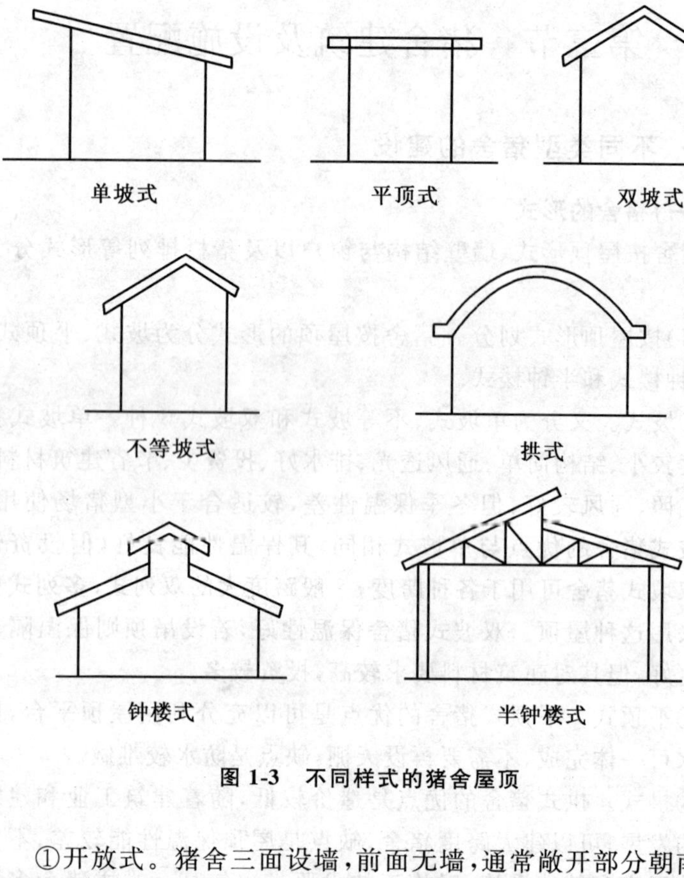

图 1-3 不同样式的猪舍屋顶

①开放式。猪舍三面设墙，前面无墙，通常敞开部分朝南。开放式猪舍通风采光好，结构简单，造价低，但受外界影响大，较难解决冬季防寒。

②半开放式。猪舍三面设墙，前面设半截墙，其保温性能略优于开放式，开敞部分在冬季可加以遮挡形成封闭状态，从而改善舍内小气候。我国北方地区为改善开放式猪舍冬季保温性能差的缺点，采用塑料薄膜覆盖的办法，使猪舍形成一个密封的整体，有效

地改善了冬季猪舍的环境条件。

大棚式猪舍是一种投资少、效果好的猪舍。根据建筑上扣塑料布层数，可分为单层塑料棚舍、双层塑料棚舍。根据猪舍排列，可分为单列塑料棚舍和双列塑料棚舍。另外还有半地下塑料棚舍和种养结合塑料棚舍。

单层塑料棚舍比无棚舍的平均温度可提高 13.5℃，由于舍温的提高，猪的增重也有很大提高。据试验，有棚舍比无棚舍日增重可增加 238 g，每增重 1 kg 可节省饲料 0.55 kg。双层塑料棚舍比单层塑料棚舍温度高，保温性能好。如黑龙江省试验，在 11 月份至翌年 3 月份，双层塑料棚舍比单层塑料棚舍温度提高 3℃以上，肉猪的日增重可提高 50 g 以上，每增重 1 kg，节省饲料 0.3 kg。这种塑料大棚猪舍建造简单，投资少，见效快，在农村小型猪场和养猪户中很受欢迎。

③封闭式。分为有窗式封闭猪舍和无窗式封闭猪舍。有窗式封闭猪舍四面设墙，窗户设在纵墙上；寒冷地区，猪舍南窗大，北窗小，以利于保温。夏季炎热的地区，可在两纵墙上设地窗，或在屋顶设风管、通风屋脊等。有窗式猪舍保温隔热性能较好，根据不同季节启闭窗扇，调节通风和保温隔热。无窗式猪舍与外界自然环境隔绝程度较高，墙上只设应急窗，供停电时应急用，不作采光和通风用。舍内的通风、光照、舍温全靠人工设备调控，能够较好地给猪只提供适宜的环境条件，有利于猪的生长发育，提高生产率，但这种猪舍土建、设备投资大，耗能高，维修费用高，在外界气候适宜时，仍需要人工调控通风和采光。采用这种猪舍的多为对环境条件要求较高的猪，如母猪产房，仔猪保育舍。常见猪舍类型如图 1-4、图 1-5 和图 1-6 所示。

(3)按猪栏排列分　按猪栏排列形式可分为单列式、双列式和多列式。

①单列式。猪舍中猪栏排成一列，靠北墙一般设饲喂走廊，舍

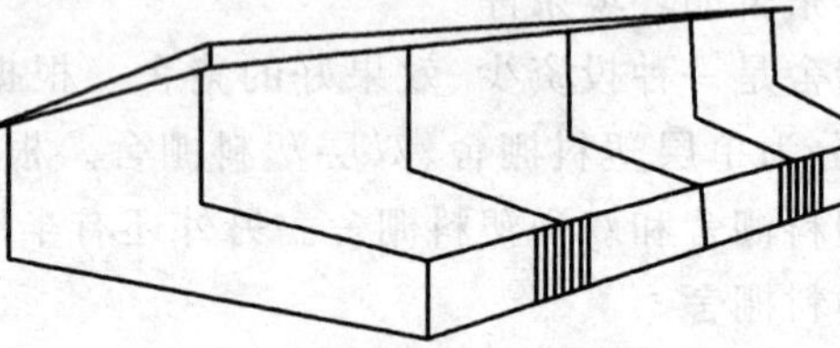

图 1-4　开放式猪舍

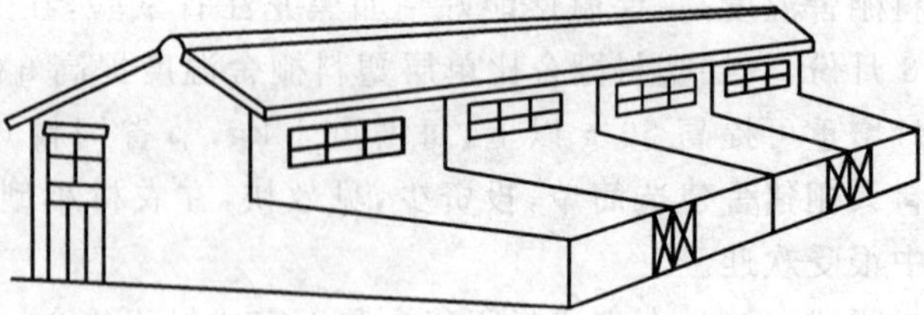

图 1-5　封闭式猪舍

图 1-6　塑料大棚简易猪舍

外可设或不设运动场。优点是跨度较小，结构简单，利于采光、通风、保温、防潮，空气新鲜，建筑材料要求低，省工、省料，造价低，但建筑面积利用率低，这种猪舍适宜养种猪。

②双列式。猪舍中猪栏排成两列，中间设一通道，有的还在两边设清粪通道。这种猪舍多为封闭舍，主要优点是管理方便、建筑面积利用率较高、保温性能好，但北侧猪栏采光性较差，舍内易潮湿。

③多列式。猪舍中猪栏排成三列或四列，其跨度多在 10 m 以上。这种猪舍主要优点是建筑面积利用率高，猪栏集中，容纳猪只多，运输路线短，散热面积小，管理方便，冬季保温性能好；缺点是建筑材料要求高，采光差，舍内阴暗潮湿，通风不良，必须辅以机械通风，人工控制光照及温、湿度。多列式猪舍多用于肥育猪舍（图 1-7）。

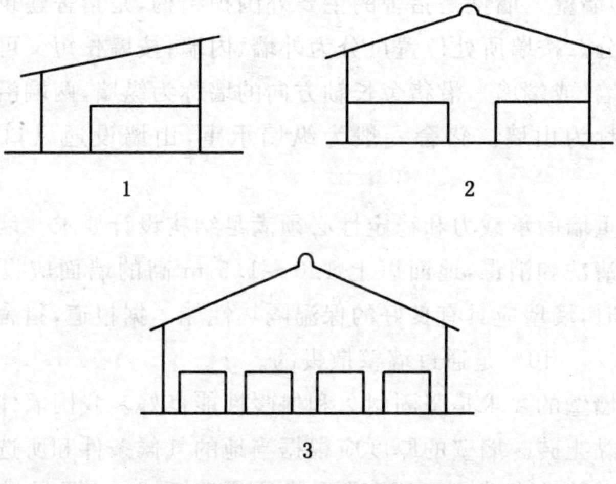

图 1-7　单列式、双列式及多列式猪舍示意图

1. 单列式　2. 双列式　3. 多列式

（二）猪舍的建筑结构

一个完整的猪舍，主要由屋顶、地面、墙壁、门窗、通风换气装置和隔栏等部分构成，不同结构部位的建筑要求不同。

猪舍的基本结构包括屋顶、地面、墙壁、门、窗户。这些又统称为猪舍的“外围护结构”。猪舍的小气候状况在很大程度上取决于围护结构的性能。

(1)屋顶　屋顶的作用是防止降水和保温隔热。屋顶的保温与隔热作用大,是猪舍散热最多的部位。冬季屋顶失热多,夏季阳光直射屋顶,会引起舍内的急速增温。因此,要求屋顶的结构必须严密、不透气,具有良好的保温隔热性能。在选择建筑材料上要根据要求科学选择,必要时综合几种材料建成多层屋顶。猪舍加设天棚,可明显提高其保温隔热性能,所以,为了保持适宜的舍温,加强屋顶的保温隔热具有重要的意义。

(2)墙壁　墙壁是猪舍的主要外围护结构,是猪舍建筑结构的重要部分。按墙所处位置可分为外墙、内墙;按墙长短又可分为纵墙和山墙(或端墙),沿猪舍长轴方向的墙称为纵墙,两端沿短轴方向的墙称为山墙。猪舍一般为纵墙承重,山墙设通风口和安装风机。

承重墙的承载力和稳定性必须满足结构设计要求。墙内表面要便于清洗和消毒,地面以上 1.0～1.5 m 高的墙面应设水泥墙裙。同时,墙壁应具有良好的保温隔热性能。据报道,猪舍总失热量的 35%～40%是通过墙壁散失的。

对墙壁的要求是坚固耐久和保暖性能良好。我国墙体的材料多采用黏土砖。墙壁的厚度应根据当地的气候条件和所选墙体材料的热工特性来确定,既要满足墙的保温要求,又要尽量降低成本,避免造成浪费。

(3)地面　猪只直接在地面上活动、采食、躺卧和排泄粪尿。地面对猪舍的保温性能及猪的生产性能有较大的影响。猪舍地面要求保温、坚实、不透水、平整、不滑,便于清扫和清洗消毒。地面应保持 2%～3%的坡度,以利于排水,保持地面干燥。砖地面保温性能好，但不坚固、易渗水，不便于清洗和消毒。水泥地面坚固耐用、平整，易于清洗消毒，但保温性能差。石料水泥地面，具有坚固平整、易于清扫消毒等优点，但质地过硬，导热系数大。目前猪舍多采用水泥地面和水泥漏缝地板。小型猪场可选用碎砖铺底，水泥抹平地面的方式建造地面。

(4)门　门是供人、猪出入猪舍及运送饲料、清粪等的通道。要求门坚固耐用，能保持舍内温度和便于出入。门通常设在猪舍两端墙，正对中央通道，便于运送饲料。双列式猪舍门一般宽1.2～1.5 m，高2.0～2.4 m；单列式猪舍要求宽度不小于1.0 m，高1.8～2.0 m。猪舍门应向外打开。在寒冷地区，通常设门斗以加强保温性能，防止冷空气侵入，并缓和舍内热能的外流。门斗的深度应不小2.0 m，宽度应比门大出1.0～1.2 m。

(5)窗户　窗户主要用于采光和通风换气。封闭式猪舍均应设窗户，以保证舍内光照充足，通风良好。窗户面积大，采光、换气好，但冬季散热和夏季向舍内传热多，不利于冬季保温和夏季防暑。窗户距地面高1.1～1.3 m，窗顶距屋槽0.4～0.5 m，两窗间隔为固定宽度的2倍左右。在寒冷地区，在保证采光系数的前提下，猪舍南北墙均应设置窗户，尽量多设南窗，少设北窗。同时为利于冬季保暖防寒，常使南窗面积大、北窗面积小，并确定合理的南北窗面积比，炎热地区南北窗户面积比为(1～2)∶1，夏热冬冷地区和寒冷地区面积比为(2～4)∶1。在窗户总面积一定时，酌情多设窗户，并沿纵墙均匀设置，使舍内光照分布均匀。

窗户的形状对采光也有明显影响。“立式窗”在进深方向光照均匀，在纵向方向较差；“卧式窗”在纵向方向光照均匀，进深方向光照较差；“方形窗”居中。设计时可根据猪舍跨度大小酌情确定。

二、猪场主要设施

不同性别、不同生理阶段的猪对环境及设备的要求不同，设计猪舍内部结构时应根据猪的生理特点和生物学特性，合理布置猪栏、走廊和饲料、粪便运送路线，选择适宜的生产工艺和饲养管理方式，提高劳动效率。

(一)猪舍类型

(1)公猪舍　多采用带运动场的单列式。保证公猪充足的运动，可防止公猪过肥，对种公猪健康和提高精液品质、延长公猪使用年限等均有好处。公猪栏要求比母猪栏和肥育猪栏宽，隔栏高度为 1.2 m，公猪栏面积一般为 5.5～7.5 m^2，其运动场也较大。种公猪一般为单圈饲养，公猪舍和母猪舍通常建造成矮墙形式，避免彼此互相干扰。配种栏的设置有多种方式，可以专门设配种栏，也可以利用公猪栏和母猪栏。

(2)空怀母猪舍与妊娠母猪舍　空怀、妊娠母猪可群养，也可单养。群养时，空怀母猪每圈 4～5 头，妊娠母猪每圈 2～4 头。群养方式节约圈舍，提高了猪舍的利用率。空怀母猪群养，可相互诱导发情，但发情不易检查；妊娠母猪群养，常因为争食、咬架而导致死胎、流产。空怀、妊娠母猪单养(单体限位栏饲养)时易进行发情鉴订，便于配种，利于妊娠母猪的保胎和定量饲喂，但母猪运动量小，母猪受胎率有降低趋势，肢蹄病也增多，影响母猪的利用年限。群养妊娠母猪，饲喂时亦可采用隔栏定位采食，采食时猪只进入小隔栏，平时则在大栏内自由活动，妊娠期间有一定活动量，可减少母猪肢蹄病和难产，延长母猪使用年限，猪栏占地面积较少，利用率高。但大栏饲养时，猪只间咬斗、碰撞机会多，易导致死胎和流产。

(3)泌乳母猪舍　多为三通道双列式。泌乳母猪舍供母猪分娩、哺育仔猪用，其设计既要满足母猪需要，也要兼顾仔猪的要求。

泌乳母猪舍的分娩栏应设母猪限位区和仔猪活动栏两部分，中间部位为母猪限位区，宽为 0.6～0.65 m，两侧为仔猪栏。仔猪活动栏内一侧设仔猪补饲槽，另一侧设保温箱，保温箱采用加热地板、红外灯等给仔猪局部供暖。

(4)仔猪保育舍　仔猪断奶后就转入仔猪保育舍，断乳仔猪体温调节能力差，怕冷，机体抵抗力、免疫力差，易感染疾病。因此，应给仔猪提供一个温暖、清洁的环境。仔猪保育舍及上述的泌乳母猪舍在冬季一般需供暖。

仔猪培育可采用地面或网上群养，每圈 8～12 头，仔猪断奶后转入保育舍一般应原窝饲养，每窝占一圈，这样可减少因重新建立群内的优胜序列而造成的应激。网上群养时，仔猪保育舍每列 8 个栏，每栏长 1.8 m，宽 1.7 m，高 0.7 m，料箱装在栏内靠走道端，料箱底部两侧装食槽，一个料箱供 2 个猪栏用料，猪栏距地面 0.4 m，猪栏底为全漏缝地板，每个栏靠走道侧留一个长 0.6 m，高 0.7 m 的门。

(5)生长肥育猪舍　为减少猪群周转次数，往往把育成和肥育两个阶段合并成一个阶段饲养，生长肥育猪多采用地面群养，每圈 8～10 头。

生长肥育猪身体各机能发育均趋于完善，对不良环境条件具有较强的抵抗力。因此，对环境条件的要求不太严格，可采用多种形式的圈舍饲养。

(二)养猪设备

猪因不同的生理阶段和生产目的，需要不同的生活环境条件，给猪创造良好的生存环境，充分发挥猪只的生产潜力，合理配置猪场的设备，是建好猪场的一项十分重要的任务。

现代化猪场的设备主要包括各种限位饲养栏，漏缝地板，供水系统，饲料加工、贮存、运送及饲养设备，供暖通风设备，粪尿处理设备，卫生防疫，检测器具和运输工具等。现介绍几种猪场常用主要设备。

1. 猪栏

现代化猪场均采用固定栏式饲养，猪栏一般分为公猪栏、配种栏、妊娠栏、分娩栏、保育栏、生长肥育栏等。

(1)公猪栏和配种栏　规模化猪场，多采用每周分娩日程安排，并按全进全出的要求充分利用猪栏，管理人员必须安排好猪的配种、分娩和生产管理，提高猪栏的利用率，获得较高的受胎率、产仔数和成活率。

公猪栏一般每栏面积为 7～9 m^2。公猪栏每栏饲养 1 头公猪，栏的长、宽可根据舍内栏架布置来确定，栏高一般为 1.2 m。栏栅结构可以是金属的，也可以是混凝土结构，栏门均采用金属结构。

规模化猪舍公猪栏的构造有实体、栏栅式和综合式 3 种。在大中型集约化养猪场中，设有专门的配种栏(小型猪场可以不设配种栏，而直接将公母猪驱赶至空旷场地进行配种)，这样便于安排猪的配种工作。

配种栏的结构形式有两种：一种是结构和尺寸与公猪栏相同，配种时将公、母猪驱赶到配种栏中进行配种；另一种是由 4 头空怀期母猪与 1 头公猪组成 1 个配种单元，空怀母猪采用单体限位栏饲养，与公猪饲养在一起，4 个待配母猪栏对应一个公猪栏，4 头母猪分别饲养在 4 个单体限位栏中，公猪饲养在母猪后面的栏中(图 1-8)。

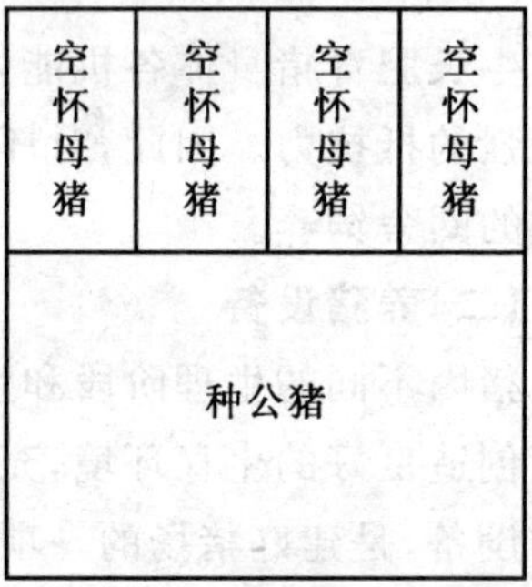

图 1-8　配种栏

空怀母猪达到适配期后，打

开后栏门在公猪栏内进行配种，配种结束后将母猪转到空怀母猪栏进行观察，确定妊娠后再转入妊娠栏。这种配种栏的优点是利用公猪诱导空怀母猪提前发情，缩短了空怀期，同时也便于配种，不必专设配种栏。

(2)母猪栏　现代化猪场繁殖母猪的饲养方式有大栏分组群饲、单体栏限位饲养和大单栏与单栏相结合群养 3 种方式。其中单体栏限位饲养，具有占地面积少，便于观察母猪发情和及时配种，母猪不争食、不打架，避免互相干扰，减少机械性流产等优点，但单体栏限位饲养栏投资大，母猪运动量小，繁殖母猪利用年限短。

母猪大栏一般高为 0.9～1.0 m，隔栏多为水泥板或金属制造。单体栏一般长 2.0 m，宽 0.65 m，高 1.0 m。栅栏结构多为金属制造(图 1-9)。

图 1-9　普通型单体栏

(3)分娩栏　现代化猪场分娩栏采用单体栏供母猪分娩和哺乳。分娩栏的中间为母猪限位架，供母猪分娩和仔猪哺乳，两侧是仔猪采食、饮水、取暖和活动的地方。母猪限位架一般采用圆钢管和铝合金制成，后部安装漏缝地板以清除粪便和污物，两侧是仔猪活动栏，分娩栏一侧装有仔猪保温箱，用于隔离仔猪。

分娩栏一般长 2.0～2.1 m，宽 1.65～2.0 m。母猪限位栏宽 0.55～0.65 m，高 1 m。母猪限位栅栏离地高度为 30 cm，并每隔 30 cm 焊一孤脚。

分娩栏的栅栏多用钢管焊接而成，采用螺栓、插销等组装而成。母猪限位区前方为饲料槽和饮水器，供母猪饮水用，槽体分为两部分。饲料槽上部装有铰链，可从下往上翻转整个饲料槽，便于清洗。分娩栏后部为金属漏缝地板，粪尿漏至下面的粪尿沟。栏的前面为水泥地板，并预埋加热水管，通过热水循环使地面加热，保证小猪活动区的温暖小环境。母猪限位区设有前后栏门，母猪可从后门进前门出，移动方便，装有分娩式防压杆和耙齿式防压装置。

利用这种分娩栏时，母猪分娩和仔猪哺乳在网上，母猪和仔猪的粪尿通过漏缝地板掉入粪沟，使仔猪和母猪脱离粪尿污物和地面的低温潮湿，改善饲养环境，减少仔猪下痢等疾病，提高仔猪的成活率、生长速度和饲料转化率。高床分娩栏是当前饲养分娩、泌乳母猪和哺乳仔猪的理想设备。这种分娩栏适用于全封闭式猪舍，有较好的效果，如图 1-10 所示。其保温箱如图 1-11 所示。

图 1-10 高床分娩栏

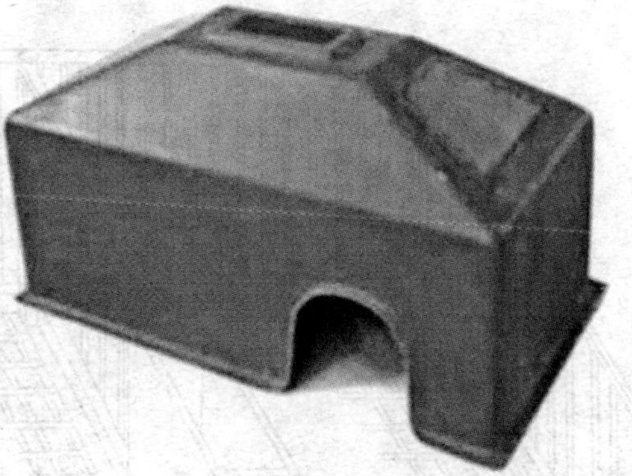

图 1-11　仔猪玻璃钢保温箱

(4)仔猪保育栏　仔猪断奶后转入仔猪保育栏。断乳仔猪适应能力差,抗病力弱,而这段时间又是仔猪生长最强烈的时期。因此,保育栏要求清洁、干燥、温暖、空气新鲜。现代化猪场多采用高床网上保育栏,主要由金属编织漏缝地板网、围栏、自动食槽、连接卡、支腿等部分组成。金属编织网通过支架设在粪尿沟上或水泥地面上,围栏由连接卡固定在金属漏缝地板网上,相邻两栏在间隔处设有一个双面自动食槽,供两栏仔猪自由采食,每栏安装一个自动饮水器。网上饲养仔猪,粪尿通过漏缝地板落入粪沟中,保持网床上干燥、清洁,使仔猪避免粪便污染,减少疾病发生,提高仔猪的成活率,是一种较为理想的仔猪保育设备。

仔猪保育栏的长、宽、高,视猪舍结构不同而定。常用的仔猪保育栏栏长 2 m,宽 1.7 m,高 0.7 m,侧栏间隙 5.5 cm,离地面高度为 25～30 cm,可养 10～25 kg 的仔猪 10～12 头(图 1-12)。

保育栏可采用金属和水泥混合结构,东西面隔栏用水泥结构,南北面栅栏用金属,既可节省一些金属材料,又可保持良好通风;也可全部采用水泥结构,既节省金属材料,又降低造价。

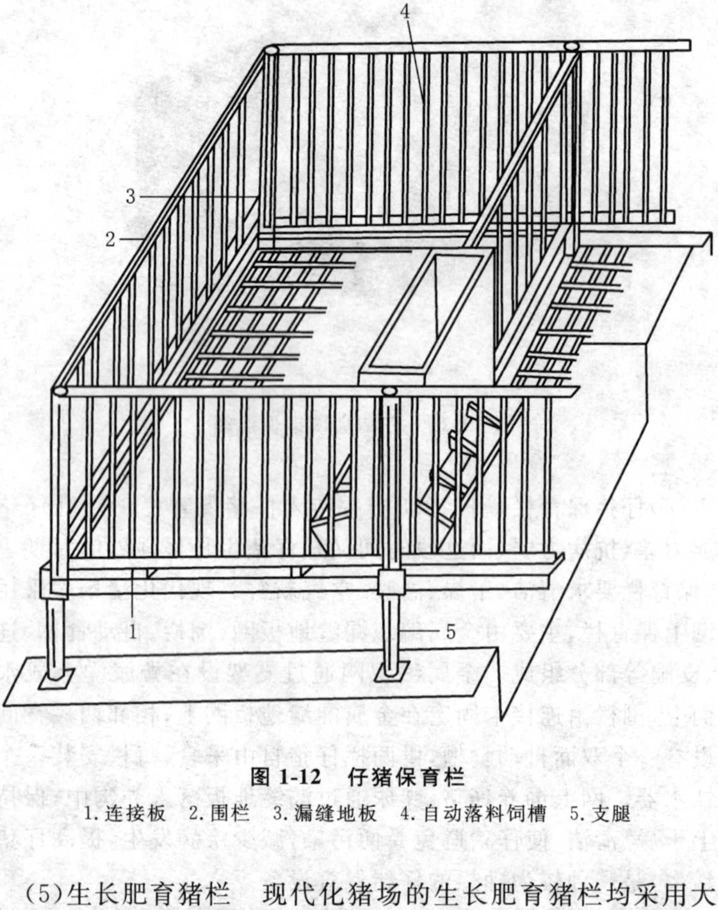

图 1-12 仔猪保育栏

1. 连接板 2. 围栏 3. 漏缝地板 4. 自动落料饲槽 5. 支腿

(5)生长肥育猪栏 现代化猪场的生长肥育猪栏均采用大栏饲养,其结构类似,只是面积大小稍有差异。生长猪栏与肥育猪栏有实体、栅栏和综合 3 种结构。常用的有以下几种:一种是采用全金属栅栏和全水泥漏缝地板条,金属栅栏安装在钢筋混凝土板条地面上,相邻两栏在间隔栏处设有一个双面自动饲槽,供两栏内的生长猪或肥育猪自由采食,每栏安装一个自动饮水器供自由饮水;

另一种是采用水泥隔墙及金属大栏门，地面为水泥地面，后部有0.8～1 m宽的水泥漏缝地板，下面为粪尿沟。生长肥育猪的栅栏也可以全部采用水泥或砖砌墙体结构，只留一金属小门。

2.饲喂设备

大型现代化猪场饲料供给和饲喂的最好办法是，将经饲料厂加工好的全价配合饲料，直接用专用车运输到猪场，送入饲料塔中，然后用螺旋输送机将饲料输入猪舍内的自动落料饲槽或食槽内进行饲喂。这种工艺流程能保证饲料新鲜，不受污染，减少装卸和散漏损失，而且还可以实现机械化、自动化作业，节省劳动力，提高劳动生产率。但这种供料饲喂设备投资大，需要电，目前只在少数有条件的猪场应用，而我国大多数猪场还是采用袋装，饲料由汽车运送到猪场，卸入饲料库，再用饲料车人工运送到猪舍，进行人工喂饲。人工运送喂饲劳动强度大，劳动生产率低，饲料装卸、运送损失大，又易污染，但这种方式机动性好、设备简单、投资少、故障少、不需要电力，各种类型的猪场均可采用。

饲槽可分为单槽和通槽，有固定式和活动式两类，有水泥饲槽、钢制饲槽和自动落料饲槽等。因饲槽设计不完善，可损失约10%的饲料，因此必须科学设计饲槽。要求饲槽构造简单严密，便于饲喂、采食，坚固耐用，便于洗刷，容量为每次饲喂量的1～2倍。

对于限量饲喂的种公猪、种母猪、分娩母猪一般都采用钢板饲槽或混凝土地面饲槽；对于自由采食的保育仔猪、生长猪、肥育猪多采用钢板自动落料饲槽或水泥自动落料饲槽，这种饲槽不仅能保证饲料清洁卫生，限量还可以减少饲料浪费，满足猪的自由采食。饲槽可分为限量饲槽和自动饲槽。

(1)限量饲槽　采用金属或水泥制成，每头猪喂饲时所需饲槽的长度大约等于猪肩宽(图1-13)。

(2)自动饲槽　在保育、生长、肥育猪群中，大多采用自动饲槽让猪自由采食。自动饲槽的顶部装有饲料贮存箱，贮存一定量的饲料，当猪吃完饲槽中的饲料时，料箱中的饲料在重力的作用下不断落入饲槽内。因此，自动饲槽可以隔较长时间加一次料，减少了喂饲工作量，提高了劳动生产率，同时也便于实现机械化、自动化喂饲。但进入饲槽口的饲料不能过多，否则，容易流出造成浪费。

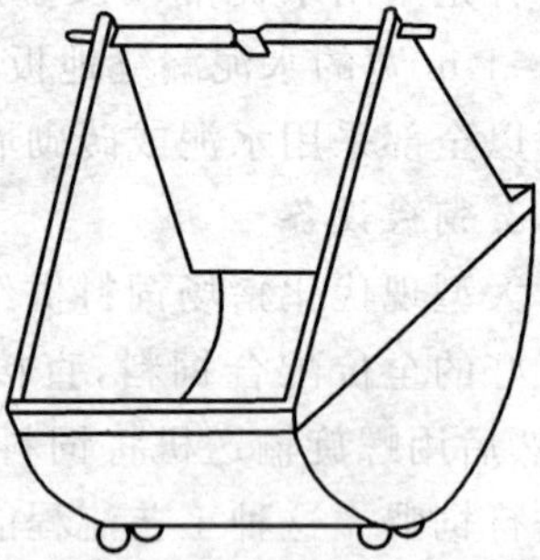

图 1-13 限量饲槽

自动饲槽可以用钢板制造，也可以用水泥预制板拼装。自动饲槽有长方形、圆形等多种形状，分双面、单面两种形式。双面自动饲槽供两个猪栏共用，单面自动饲槽供一个猪栏用。每面可同时供 4 头猪吃料（图 1-14）。

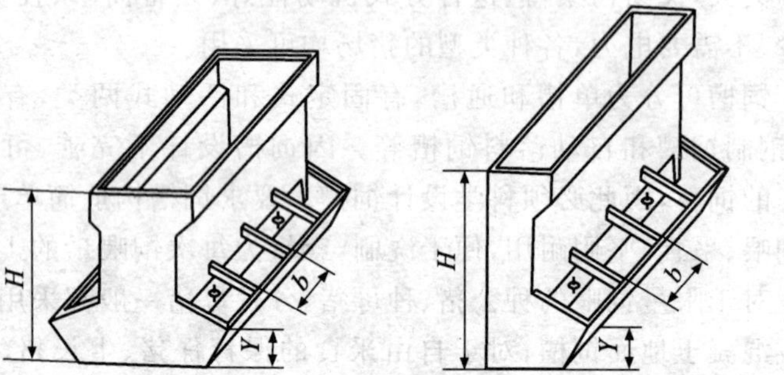

图 1-14 长方形自动饲槽

各类猪占用饲槽的规格和自动落料饲槽主要结构参数见表 1-1 和表 1-2。

表 1-1　各类猪占用饲槽的规格　cm/头

类别	长度	宽度	高度
母猪	40～45	35～45	12～22
仔猪	15～20	15～20	8～10
肥育猪	40～50	30～35	12～22
公猪	50～60	35～45	12～22

表 1-2　钢板制造自动落料饲槽主要结构参数　cm

类别		高度(*H*)	前缘高度(*y*)	最大宽度(*B*)	采食间隔(*b*)
双面	保育猪	70	12	52	15
	生长猪	80	15	65	20
	肥育猪	80	18	69	25
单面	保育猪	70	12	27	15
	生长猪	80	15	33	20
	肥育猪	80	18	35	25

3. 采暖与降温设备

(1)供热保暖设备　猪场中公猪、母猪和肥育猪，由于抗寒能力强，饲养密度大，自身散热能够保持所需的舍温，一般不予供暖。哺乳仔猪和断乳仔猪，由于热调节机能发育不全，对寒冷抵抗力差，要求较高的舍温，在寒冷的冬季必须供暖。

猪舍的供暖，分集中供暖、分散供暖和局部供暖。

集中供暖是由一个集中供热锅炉，通过管道将热水输送到猪舍内的散热片，加热猪舍的空气，保持舍内适宜的温度。在分娩舍为了满足母猪和仔猪的不同温度要求，常采用集中供暖，维持舍温18℃。在仔猪栏内设置红外线保温灯或电热等可以调节的局部供暖设施，保持局部温度达到30～32℃。各类猪舍的温差由散热片多少来调节。

分散供热就是在需供热的猪舍内，安装热风炉或民用取暖炉来提高舍温，这种供热方式灵活性大，便于控制舍温，投资少，但管理不便。

局部保温可采用远红外线取暖器、红外线灯、电热板、热水加热地板等。这种方法简便、灵活，只需有电源即可。目前大多数猪场实现高床分娩和育仔，因此，最常用的局部环境供暖设备是采用红外线灯或远红外板，前者发光发热，后者只发热不发光，功率规格为 175～250 W。这种设备发热量和温度是固定的，通过调节灯具的吊挂高度来调节仔猪群的温度。采用保温箱加热效果更好。传统的局部保温方法采用厚垫草、生火炉、搭火墙、热水袋等方法。这些方法目前多被规模较小的猪场和农户采用，效果不甚理想，且费时费力，但费用低。电热保温板可直接放在栏内地面适当位置，也可放在保温箱的底板上。在分娩栏或保育栏也可采用热水加热地板，利用热水循环加热地面。加热温度的高低，由通入的热水温度来控制。

(2)通风降温设备　通风降温是排除猪舍内的有害气体，降低舍内温度，在猪体周围形成适宜的气流，加强猪体散热的有效方法。在猪舍面积小、跨度小，而门窗较多的猪场，可通过设置地脚窗、天窗、通风屋脊等方式，利用自然通风。如果猪舍跨度大、饲养密度高，应采用风机强制通风。

适合猪场使用的通风机多为大直径、小功率、低速的通风机。这种风机通风量大、噪声小、耗电少、可靠耐用，适宜长期使用。

在生产中猪舍常采用水蒸发式冷风机、湿帘降温系统、降温喷头等制冷设备降温，利用水蒸发吸收舍内热量以降低舍内温度。在干燥的气候条件下降温效果好。

在母猪分娩舍内，可采用滴水降温法。冷却水在母猪的头颌部和背部下滴，在母猪背部体表蒸发，吸热降温，未等水滴流到地面上已全部蒸发掉，不易使地面潮湿。

4. 饮水设备

现代化猪场需要大量饮用水和用于生产的清洁用水。因此，供水、饮水设备是猪场不可缺少的设备。

(1)供水设备　猪场供水设备主要由水井提取、水塔贮存和输送管道等部分组成。现代化猪场的供水一般都采用压力供水，其供水系统主要包括供水管路、过滤器、减压阀、自动饮水器等。

(2)自动饮水器　猪用自动饮水器的种类很多，有鸭嘴式、乳头式、杯式等，应用最为普遍的是鸭嘴式自动饮水器。这里主要介绍鸭嘴式自动饮水器。

鸭嘴式自动饮水器采用纯铜或不锈钢制成，主要由阀体、阀芯、密封圈、回位弹簧、塞盖、滤网等组成。阀体、阀芯选用黄铜或不锈钢材料，弹簧、滤网为不锈钢材料，塞盖用工程塑料制造。整体结构简单、耐腐蚀、工作可靠、不漏水、寿命长。猪饮水时，嘴含饮水器，咬压下阀杆，水从阀芯和密封圈的出水间隙流出，当猪嘴松开后，靠回位弹簧的张力，阀杆复位，出水间隙被封闭，水停止流出。鸭嘴式饮水器密封性能好、流速较低，符合猪只饮水要求。

鸭嘴式自动饮水器流量为 1 000～3 000 mL/min。安装这种饮水器的角度有水平的和 45°两种，离地高度随猪体重变化而不同。

饮水器要安装在远离猪只休息区的排粪区内。单体限位饲养栏安装在猪前方的上部或下部。使用期间应定期检查饮水器的工作状态，清除泥垢，调节和紧固螺钉，发现故障及时修理。

5. 漏缝地板

为了保持栏内的清洁卫生，改善环境条件，普遍采用粪尿沟上敷设漏缝地板。漏缝地板有钢筋混凝土板条、板块、钢筋编织网、钢筋焊接网、铸铁、塑料板块等。漏缝地板要求耐腐蚀、不变形、表面平整、防滑、导热性小、坚固耐用、漏粪效果好、易冲洗消毒、适应各种日龄猪的行走站立、不卡猪蹄。漏缝断面呈梯形，上宽下窄，其主要结构参数见表 1-3。

表 1-3　各种猪栏漏缝地板间隙宽度　　mm

漏缝地板主要参数	公猪栏	母猪栏	分娩栏	保育栏	育成栏	肥育栏
漏缝间隙宽度	20～25	20～25	10	10	15～20	20～25

金属编织地板网，由直径 5 mm 的冷拔圆钢编织成 1 cm 宽，4～5 cm 长的缝隙网片，再与角钢、扁钢焊接而成。圆钢编织网漏粪效果好，猪只行走不滑，适宜分娩母猪的高床产仔栏及断乳仔猪的高床育仔栏。

塑料漏缝地板由塑料模压制而成，可将小块连接组合成大块。它可用于高床产仔栏、高床育仔网及母猪、生长肥育猪的粪沟上敷设，热工性能上优于金属编织网，使用效果好，但造价较高。

铸铁漏缝地板与钢筋混凝土板条、板块相比，使用效果好，但造价高，适用于高床产仔栏母猪限位架下及公猪、妊娠母猪、生长肥育猪的粪沟上敷设。

6. 消毒设备

集约化养猪场，必须有完善严格的卫生防疫制度，对进场的人员、车辆、种猪和猪舍内环境都要进行严格的消毒。

(1)车辆、人员清洁消毒设施　集约化猪场要求场内车辆不出场，场外车辆不进场。必须进场的车辆，经过大门口车辆消毒池，消毒池与大门等宽，长度为机动车轮胎周长的 2.5 倍以上。车身经过冲洗喷淋消毒方可进场。

进场人员都必须经过温水冲洗，更换工作服，通过消毒间、消毒池，经过紫外线消毒灯，进行双重消毒。

(2)环境清洁消毒设备　常用的清洁消毒设备有以下两种：①电动清洗消毒车。该机工作压力为 15～20 kg/cm^2，流量为 20 L/min，冲洗射程为 12～15 m，是工厂化猪场较好的清洗消毒设备。

②火焰消毒器。火焰消毒器利用液化气或煤油高温雾化，剧烈燃烧产生高温火焰对舍内的猪栏、饲槽等设备及建筑物表面进行瞬间高温燃烧，达到杀灭细菌、病毒、虫卵等消毒净化目的。火焰消毒杀菌率高达 97%以上，避免了用消毒药物造成的药液残留。

第四节　猪舍环境控制

通过不同类型的猪舍克服气候因素对猪产生的不良影响，建立有利于猪只生存和生产环境的设施，叫做猪舍的环境控制。猪舍环境的控制主要有以下几个方面。

一、猪舍内温度控制

猪舍依靠外围护结构不同程度地与外界隔绝，形成舍内小气候。通过合理设计猪舍的保温隔热性能，采取有效的供暖、降温、通风、换气、采光、排水、防潮等措施，建立满足猪只生理需要和行为习性的条件，为猪只创造适宜的生活环境。

(一)保温隔热

保温，就是在寒冷的季节，通过猪舍将猪体产生的热和用热源(暖气、红外线灯、远红外线取暖器、电热板等)发散的热能保存下来，防止或减少向舍外散失，从而形成温暖的环境。隔热，就是在炎热的季节，通过猪舍和其他设施(凉棚、遮阳、保温层等)，以隔断或减少太阳辐射热传入舍内，防止舍内的气温升高，形成较凉爽的环境。

1. 保温

加强猪舍外围护结构的保温性能是提高猪舍保温能力的根本措施。开放式、半开放式猪舍的温度状况受外界气温影响大，冬季一般稍高于舍外。密闭式猪舍冬季的温度状况，取决于舍内温度空气对流状况和通过围护结构散失热量的多少。

猪舍内的热能主要通过屋顶、天棚向外散失，其次是墙壁、地面和门窗。

屋顶面积大，又因热空气轻而上浮，容易通过屋顶散失。因此，必须选用保温性能好的材料修造屋顶，而且要求有一定的厚度，以增强保温效果。我国多采用加气混凝土板、玻璃棉、保温板、传统的草屋顶或在屋顶铺锯末、炉灰作为保温层，可取得良好效果。在寒冷地区适当降低猪舍的净高或进行吊顶，对猪舍的保温具有良好效果。

墙壁设计时一定要注意保温性能，确定合理的结构。选用导热性小的材料，利用空心砖或空心墙体，并在其中充满隔热材料，可明显地提高热阻，取得更好的保温效果。据试验，用空心砖代替普通红砖，热阻可提高41%，用加气混凝土块，热阻可提高6倍。

门窗失热量大，门窗设置及其构造影响猪舍的保温。在寒冷地区应在能满足采光或夏季通风的前提下，尽量少设门窗。地窗、通风孔应能够启闭，冬季封闭保温，夏季打开通风。在寒冷地区，猪舍门应加门斗，窗户设双层，冬季迎风面不设门，少设窗户，气温低的月份应挂草帘保温。

地面的保温性能取决于所选用的材料，应采用导热性小、不透水、坚固、有弹性、易于消毒的地面。导热性强的地板（如水泥地面）在冬季传导散热很多，影响生产和饲料转化率，仔猪常因此造成肠炎、下痢。为减少从地面的失热，可采用保温地板，哺乳仔猪还可采用电热或水暖供热地板，或在地板上铺垫草，既保温又可防潮。采用漏缝地板水冲清粪工艺的猪舍,舍内比较潮湿,空气污浊,因此,更要注意舍内的换气和保温。

建造猪舍时为了节约建筑材料和降低建筑成本,可在猪舍不同部位采用不同建筑材料修建符合要求的地面。猪床用保温好、柔软、富有弹性的建筑材料,其他部位用坚实、不透水、易消毒、导热性小、不透水的建筑材料,以提高保温效果。

在以防寒为主的地区,应尽量减小外围护结构的面积,以利于保温。在不影响饲养管理的前提下,适当降低猪舍的高度。冬冷夏热地区,檐高应在 2.4～3 m。跨度大的猪舍外围护结构面积相对较小,有利于保温,但跨度大,不利于自然通风和光照。跨度超过 8～9 m,必须设置机械通风。

2.防寒

猪舍的温度状况不能满足要求时,需进行必要的人工供暖。我国一般采用暖气、热风炉、电暖气、烟道、火墙、火炉等设备供暖。仔猪要求温度高,一般采用红外线灯、电热板、火炕、热水袋等局部供暖。

在冬季,适当加大猪的饲养密度,可以提高猪舍的环境温度。舍内防潮可减少机体热能的损失,在猪床铺垫草可以缓和冷地面对猪的刺激,减少猪体失热。

猪舍在冬季不能达到所要求的适宜温度时,对产房和幼猪舍采用人工供暖。

初生仔猪活动范围小,对低温反应敏感,采用红外线灯进行局部采暖,既经济又实用。

也可利用太阳能、沼气和工厂的余热供猪舍采暖。

近年来,在母猪分娩舍采用红外线灯照射仔猪,既保证仔猪所需的较高温度,又不影响母猪。红外线灯的功率和悬挂高度见表 1-4。

表 1-4 红外线灯的功率和悬挂高度

灯下水平距离/cm		0	10	20	30	40	50
灯泡功率/W	高度/cm	温度/℃					
250	50	34	30	25	20	18	17
	40	38	34	21	17	17	17
125	50	19	26	18	17	16	15
	40	23	28	19	15	14	14

(二)防暑降温

炎热季节舍外高温和强烈的太阳辐射会使猪舍温度升高，加之猪只散发大量体热，在白天舍内温度往往高于舍外，影响猪只的正常生产。外围护结构内表面温度升高，也会对猪只造成热辐射。为搞好猪舍夏季防暑，除绿化遮阴、降低饲养密度外，还需加强猪舍的隔热设计，必要时采取降温措施。

1.防暑

在夏热冬暖地区，屋面的最下层用导热系数小的材料建造，中间用蓄热系数大的材料，上层用导热系数大的材料，这样可缓和热量向舍内的传递。在夏热冬冷的地区，上层以导热系数小的材料为宜。

为了提高屋顶的隔热性能，在以防暑为主的地区可采用通风屋顶。屋顶建成两层，冷空气由进气口流进，被晒热的空气从排气口流出，如此不断循环，减少了传至里层的热量，降低了屋顶内表面和舍内的空气温度。

炎热地区应适当加大窗户面积，但须注意窗户的遮阳，并适当减小窗户之间墙的宽度，以减少舍内的涡风区。

2.降温

在夏季，大多数地区猪舍内环境温度偏高，当大气温度接近或超过猪的体温时，只有采取降温的办法来缓解高温对猪只健康和生产力的影响。

猪舍降温方法很多，常用方法如下：

(1)通风降温　自然通风猪舍空气流动靠热压和风压，在猪舍设地窗、天窗可形成“扫地风”、“穿堂风”直接吹向猪体，并可加强热压通风，明显提高防暑效果。夏季自然通风的气流速度较低，一般采用机械通风来形成较强气流，进行降温。

(2)蒸发降温　向地面、屋顶、猪体上洒水，靠水分蒸发吸热而降温。在猪场中，将水喷成雾状，使水迅速汽化，在蒸发时从周围空气中吸收大量热，从而降低舍内温度。这种降温系统设备简单，蒸发降温效率较高，但使舍内湿度增大，因而一般需间歇工作。在高湿气候条件下，水分蒸发速度慢，故降温效果不佳。

(3)滴水降温　适合于单体限位饲养栏的公猪和分娩母猪。在这些猪的颈部上方安装滴水降温头，水滴间隔性地滴到猪的颈部、背部，水滴在猪背部体表散开，蒸发，对猪进行了吸热降温。滴水降温不是针对舍内气温降温，而是直接降低猪的体温。

(4)湿帘-风机降温系统　是一种生产性降温设备，由湿帘、风机、循环水路及控制装置组成。它主要靠蒸发降温，也辅以通风降温。在干热地区的降温效果十分明显。湿帘-风机降温系统既可将湿帘安装在一侧纵墙，风机安装在另一侧纵墙，使气流在舍内横向流动；也可将湿帘、风机各安装在两侧端墙上，使气流在舍内纵向流动。

以上 4 种冷却方法，气流越大，水温越低，空气越干燥，降温效果越好。

二、猪舍内有害气体的控制

在封闭式饲养的情况下，通风换气可改善猪舍的空气环境，通风既可排除舍内的热量，又能排除舍内污浊的空气和多余的水汽，降低舍内湿度，防止围护结构内表面结露，同时可排除空气中的尘埃、微生物、有毒有害气体，改善猪舍空气的卫生状况。

猪舍通风分自然通风和机械通风两种方式。

1. 自然通风

自然通风是靠舍外刮风和舍内外的温差实现的。风从迎风面的门、窗户或洞口进入舍内，从背风面和两侧墙的门、窗户或洞口穿过，即利用“风压通风”。舍内气温高于舍外时，舍外空气从猪舍下部的窗户、通风口和墙壁缝隙进入舍内，而舍内的热空气从猪舍上部的屋面经自然通风器、通风窗、窗户、洞口和缝隙压出舍外，为“热压通风”。舍外有风时，热压和风压共同起通风作用，舍外无风时，仅热压起通风作用。

2. 机械通风

在炎热地区的夏季单独利用自然通风往往起不到降温的作用，需进行机械通风。机械通风分为以下3种方式。

(1)负压通风　负压通风又叫排风，即用风机把猪舍内污浊的空气抽到舍外，使舍内的气压低于舍外而形成负压，舍外的空气从屋顶或对面墙上的进风口被压入舍内。

(2)正压通风　正压通风又叫送风，即将风机安装在侧墙上部或屋顶，强制将风送入猪舍，使舍内气压高于舍外，舍内污浊空气被压出舍外。

(3)联合通风　同时利用风机送风和排风，可分为两种形式。第一种形式适用于比较炎热的地区，即进气口设在低处，排气口设在猪舍的上部，此种形式有助于通风降温；第二种形式应用范围较广，在寒冷和炎热地区均可采用，将进气口设在猪舍的上部，排气口设在较低处，便于进行空气的预热，可避免冷空气直接吹向猪体。

无论是自然通风还是机械通风，设置进排风口及确定风机的位置和数量时，必须满足猪舍的排污要求，使舍内气流分布均匀，无通风死角，无涡风区，避免产生通风短路。此外，要有利于夏季防暑和冬季保暖。如在自然通风中可通过设地窗或屋顶风管，增大进排风口间的垂直距离，从而增大通风量，并可使气流流经猪体，加强气体对流和蒸发散热，在冬季可关闭地窗以利于保温。在进风口总面积确定后，可酌情缩小每个进风口的面积，增加进风口的数量，使舍内气流分布均匀。在冬季，进风口不宜设置过低，避免冷风直接吹向猪床。机械通风中，一侧排风对侧进风时，排风口宜设于墙的下部，而对侧墙上的进风口宜设在上部，并尽量使进风口与排风口错开设置。将风机设在屋顶风管中排风时，设在墙上的进风口位置不宜过低，或装导向板，以防冬季冷风直接吹向猪床。为兼顾不同季节的通风需求，可将风机开关分组并相间设置，根据季节确定开启的组数，以保证开启任何一组都能使舍内通风均匀。猪舍通风量(每千克活重每小时所需空气体积数)和风速见表1-5。

表 1-5 猪舍通风换气量参数

猪群类别	通风量/[m^3/(h·kg)]			风速/(m/s)	
	冬季	春秋季	夏季	冬季	夏季
种公猪	0.45	0.60	0.70	0.20	1.00
成年母猪	0.35	0.45	0.60	0.30	1.00
哺乳母猪	0.35	0.45	0.60	0.15	0.40
哺乳仔猪	0.35	0.45	0.60	0.15	0.40
培育仔猪	0.35	0.45	0.60	0.20	0.60
肥育猪	0.35	0.45	0.65	0.30	1.00

注：表中风速指猪所在位置猪体高度的夏季适宜值和冬季最大值。在最热月份平均温度≥28℃的地区，猪舍夏季风速可酌情加大，但不宜超过 2 m/s，哺乳仔猪不得超过 1 m/s。

三、生物侵害控制

猪群疫病主要是由病原微生物的传播所造成的，而猪舍又是病原微生物理想的栖息地。病原微生物存在于养猪生产的各个角落，如场地、饮水、空气、饲料、猪舍等。因此，如何控制病原微生物的生长繁殖及传播是猪群保健措施的关键。良好的环境卫生和消毒措施能够有效控制病原微生物的传入和传播，从而显著降低猪只生长环境中的病原微生物数量，为猪群健康提供良好的环境保证。

生物侵害控制的有效方法是建立生物安全体系。生物安全体系是指能以某些方式减少新病原体进入猪场的各种措施，以及能避免这些病原体在猪场中持久存在的所有措施，是经济有效的疫病控制手段。通过建立生物安全体系，采取严格的隔离、消毒和防疫措施，降低和消除猪场内的病原微生物，减少或杜绝猪群的外源性继发感染，为猪只生长提供一个舒适的生活环境，同时尽可能使猪只远离病原体的攻击，从而从根本上达到减少和依赖用疫苗和药物实现预防和控制疫病的目的。

生物安全是一个系统工程，涉及生产过程的每一个环节，忽视任何一个环节都可能造成整个系统的失败。

规模化猪场必须实施非常严格的生物安全措施才能有效预防疾病的传入，并且最大限度地降低猪场内的病原微生物，从而提高猪群的整体健康水平，减少疫病的发生。有些养猪生产者对生物安全的重要性认识不足，不能充分认识猪群疾病发生的原因、传播途径和疾病防治的原则。最基本的生物侵害控制措施如下。

(一)猪场的卫生管理

(1)清扫圈舍　保持猪舍干燥清洁，每天打扫卫生，清理生产垃圾，打扫清理粪便，尽可能做到猪、粪分离。清扫后进行必要的清洗。

(2)猪舍消毒　猪只转群后的空栏舍，用清洗消毒机彻底清理，包括栏舍、墙面、食槽、地板等，清洗后用广谱消毒药消毒备用。繁殖舍每月彻底打扫冲洗 1 次，产房断奶后彻底打扫冲洗，保育仔猪50日龄后冲洗地板1次,育成、肥育舍每月打扫冲洗1次。

(3)通风换气　在保持温暖干燥的同时,适时通风换气,排出猪舍内有害气体,保持舍内空气新鲜。

(二)猪场的消毒措施

严格消毒是防止动物疫病侵入和流行的一项重要防疫措施,是当前养猪生产中不可忽视的重要环节。消毒可分终端消毒和经常性的卫生保护消毒,前者指空舍或空栏后的消毒,后者指舍内及四周的经常性消毒(定期带猪消毒、场区消毒和人员入场消毒等)。

(1)栏舍、设备和用具的消毒　使用广谱消毒药彻底消毒栏舍内所有表面及设备、用具。必要时,可先用2%～3%氢氧化钠溶液对猪栏、地面、粪沟等喷洒浸泡,30～60 min后低压冲洗;然后用0.5%过氧乙酸喷雾消毒。消毒后栏舍保持通风、干燥,空置5～7 d。入猪前1天再次喷雾消毒。

(2)人员消毒　进入猪场的一切人员,须经"踩、照、洗、换"四步消毒程序(踩氢氧化钠消毒垫,照射紫外线5～10 min/次,消毒液洗手,更换场区工作服、鞋等并经过消毒通道)方能进入场区,进入猪场须穿专用胶鞋,用具在入场前需喷洒消毒。

(3)车辆消毒　种猪场建立门口消毒池,可用2%～3%氢氧化钠溶液作为消毒液,每周更换1次,保持消毒池内消毒药液的有效性。

(4)场区消毒　猪舍内外、猪场道路每周定期消毒。舍内带猪消毒,可用对人畜无害的消毒液,如百毒杀或0.3%过氧乙酸溶液等。运动场及场内道路可用2%～3%氢氧化钠溶液消毒。在进行消毒前必须彻底清扫、冲洗,用氢氧化钠溶液消毒后亦须彻底冲洗,除去消毒液,以免腐蚀皮肤和用具。

(5)猪体消毒　种母猪在分娩前需用百毒杀或0.1%～0.3%过氧乙酸溶液喷雾消毒对体表进行冲洗,乳头、阴户用0.1%高锰酸钾溶液擦洗消毒,然后送入消毒过的产房待产。

(三)消灭老鼠、蚊蝇和昆虫

野生动物、昆虫是将新疾病引入猪场的最重要的危险因素之一,如老鼠、犬、猫、鸟等。并且要尽可能消灭老鼠,防止咬坏麻袋、水管、电线、保温材料等。

(1)消灭蚊、蝇、蠓等病媒昆虫　由媒介生物传播的疾病,包括由病毒、立克次体、细菌、螺旋体、原虫及蠕虫等病原体所引起的疾病。猪场中节肢动物如疥螨、虱子、虻、刺蝇、蚊子、蜱、蠓等能够携带附红细胞体传染给猪。蚊子在猪附红细胞体病的传播中是最主要的传播途径。蚊、蝇、蠓等吸血昆虫促进了猪疫病的发生和流行。注意消灭吸血昆虫,除用药物驱杀外,还可在猪舍上安装纱网,防止蚊、蝇、蠓的叮咬,以减少疫病传播。

(2)灭鼠　老鼠是许多疫源性疾病的贮存宿主。通过老鼠体外寄生虫叮咬等方式,可传播猪瘟、口蹄疫、伪狂犬、萎缩性鼻炎、弓形虫、鼠疫、钩端螺旋体病、地方性斑疹、伤寒、流行性出血热、羌虫病、吸血虫病、鼠咬热和肠道传染病等30多种疫病。因此,一定要做好灭蚊防蝇灭鼠工作。灭鼠药要选择诸如敌鼠钠盐、安妥等对人、畜毒性低的毒鼠药。蚊蝇多发季节,至少每周灭蚊蝇1次,可选用敌百虫、敌敌畏、倍硫磷等杀虫药,应注意对人、畜的毒性。老鼠除自身体内感染携带病原传播外,还将病菌带入洁净环境造成污染。因此,老鼠是猪场中最可恨的动物,也是人们最厌恶的有害动物。

(3)控制野生动物和飞鸟　经常性的卫生保护还要对野鸟进行控制。猫可造成弓形虫病多种传染病的传播,因此,猪场内不宜养犬猫。要控制猪场的啮齿动物、昆虫、鸟类以及野兽等。

第五节　猪场粪污的处理

猪场产生大量的氨气、硫化氢、粪臭素等恶臭气体和粪便,对周围环境的水质、土壤和空气等造成严重污染，成为畜禽传染病、寄生虫病和人畜共患疾病的传播途径。这严重影响畜禽的生产性能和人们的身体健康。因此，饲养场畜禽粪便处理和不良气味的治理是畜禽集约化规模饲养中亟待解决的问题。

一、猪粪的处理

1. 猪粪的收集

猪粪便应尽快清出猪圈，特别是幼猪圈舍，这是猪粪便处理环节的第一步。除人工清粪法外还有以下常见方法：

快速清粪的最好办法是采用漏缝地板。应用良好的漏缝地板，猪粪较易漏至板下面的集粪区或粪池。但要特别注意地板条的宽度、质地和板条间缝隙的选择。漏缝地板板条和缝隙宽度的参考值见表 1-6。

表 1-6　板条和缝隙宽度的推荐值

猪类型	猪体重/kg	最大板条宽度/mm	缝隙宽度/mm
泌乳母猪	180	100*	9.5(仔猪栏内)
培育前期仔猪	5.5～13.5	50*	9.5
培育期仔猪	13.5～34	50～100*	25
生长期猪	34～68	150	25
肥育猪	68～100	150～200	25
种猪	145～180		
在圈内		150～200	25
在栏内		100	25

* 仔猪用漏缝地板总缝隙面积较大，板条应光滑，无孔隙，如用金属网等。

如果地面是实体水泥地面，可采用水冲法。实体水泥地面倾向排水沟的坡度为 4%～5%，才能使冲洗液迅速从猪的栖息区流入粪沟。地面要勤冲洗，以保持清洁。舍内要维持一定的空气流动和供热，以使地面迅速干燥，尤其是在冬天。实体地面冲洗粪便比刮粪效果好，因为刮粪后地面还留有一薄层粪尿，仍然可以向舍内散发水汽和臭气。

如果地面是实体水泥地面，还可采用刮粪方法，也可采用手工或机械，将相对固态的猪粪集中堆积在集粪区。

2. 粪便贮存和综合利用

(1)粪便的贮存　粪便常贮存在土粪池、水泥池或有防护层的钢罐中，它们只起到施肥前的贮存作用，如不加盖会产生大量臭味、气体和苍蝇。贮粪池主要用于贮存尚未肥田的猪粪，而不是为了作生物学处理。化粪池的设计则是通过生物学作用来减少必须处理的粪便量。因此，化粪池要比上述粪池大得多，以便繁衍大量的有益微生物，从而消化处理粪便。土粪池和贮粪罐的设计体积应能容纳贮存期内相应猪舍饲养猪的粪、液体排放物和雨水。土粪池的渗漏可能成为地表水和地下水污染的主要因素。因此，土粪池必须用黏土封固或加设人工衬里以便将渗漏问题减弱到最低水平。

(2)化粪池的生物处理　设计合理、容量适度、管理得当的化粪池能为微生物活动提供良好的条件，从而可以有效地避免猪粪处理过程中产生的臭味、气体和苍蝇问题。用化粪池处理粪便有赖于微生物活动，因此化粪池务必设计管理适宜，以便不断地为有益细菌提供良好的生存环境。在温暖的气温条件下，化粪池处理效果最好，因为细菌作用时间较长。春秋两季气温骤然变化可导致池中细菌总数锐减。因此，粪便应有规律地加入化粪池，每天至少 1 次，以供细菌的需要。

(3)猪粪的综合利用　猪粪便中含有大量的有机物质，可以用作肥料、饲料、沼气发酵和其他用途。

①用作肥料。猪粪用作肥料可直接施用，也可经腐热堆肥和药物处理后再进行施用。

a.直接施用(土地还原法):新鲜猪粪可直接施入农田,每亩地可施鲜粪 20 t。但用鲜粪施肥时,粪便施用后应立即翻耕,使之埋入土中,不致造成恶臭四溢,产生污染。

b.腐热堆肥法:堆肥固体粪便可采用堆肥的形式加以利用。在粪堆的底层垫有刨花、木屑、稻草或麦秸等,用以吸收尿素和废渣。在堆肥的过程中会产生大量的热量,从而加速了废物的降解速率。堆肥可以保证废物不会在不适合的条件下分解,从而有效地保存各种养分,以利于农作物的循环利用。另外,堆肥还可以有效地减少空气污染。

c.药物处理:在钩虫病及血吸虫病等疾病流行的地区,可用药物对猪粪进行处理,50%敌百虫每 100 kg 粪便 2 g,处理 1 d,或加 1.5%尿素处理 1 d。

②用作培养料。

a.用作食用菌培养料:将猪粪腐熟后可用作食用菌(如双孢菇)的生产。

b.用作蚯蚓生产培养料:粪便腐熟后可用作蚯蚓生产的培养料。

c.用作单细胞及藻类生产的培养料:利用猪粪中的养分培养细菌和藻类(小球藻、螺旋藻等)。

③生产沼气。沼气是优质的清洁能源。目前很多猪场生产沼气,为当地居民提供生活能源,取得了好的经验,应大力推广。

在沼气生产系统中厌氧菌发酵产生的气体含 50%～60%的甲烷、40%～50%的二氧化碳和少量的氧、氢、一氧化碳和硫化氢等。厌氧菌的消化作用稳定了粪便,减少了臭气和苍蝇繁殖。沼渣、沼液基本保全了猪粪中的原来养分,因此,猪粪消化后成沼渣、沼液,肥田面积不减,且沼气可为猪场和居民提供燃气。每立方米新鲜沼气含能量 55 kW。每 68 kg 活猪就能产生 0.05～0.1 m^3 沼气,但这些能量的 1/3 要用于消化作用本身。沼气体积大,难以贮存与运输，如果生产液化沼气，可有利于贮存运输。

二、猪场废水及其无害化处理

减少养猪废弃物最简单的方法是降低必须处理的猪粪量。对许多系统，水在废弃物体积中占主要部分，因此，简单而有效的解决方法是提高冲洗水的使用效率，减少无助于改善系统功能的水进入其内，后者包括防止养猪供水系统的漏水或其他进入系统的外来水。

规模猪场污水处理的原则：

1. 排放水达标；
2. 粪渣消化作为农肥或高效肥或专用肥；
3. 资源的综合利用，如沼气作为生活能源，排放水回收作生产用水。

养猪场中产生的尿液与污水中亦含有大量的有机物质，甚至可能含有一些病原微生物，在排放或重新利用之前需进行净化处理，处理的方法主要有物理、化学和生物学法等，如图 1-15 所示。

1. 物理处理

物理处理主要是利用物理沉降方法使污水中的固形物沉淀，主要设施是格栅与化粪池。经物理处理后的污水，可除去 40%～65%的悬浮物，BOD_5 下降 25%～35%。化粪池内沉淀物应定期捞出，晾干后再行处理。

2. 化学处理

根据污水中所含主要污染物质的化学性质，用化学药品除去水中的污染物质。常用的化学处理方法有混凝沉降处理和化学消毒处理。

(1)混凝沉降处理　利用一些混凝沉降剂，如三氯化铁、硫酸铝、硫酸亚铁、明矾等，在水中形成带正电荷的胶状物，与水中带有

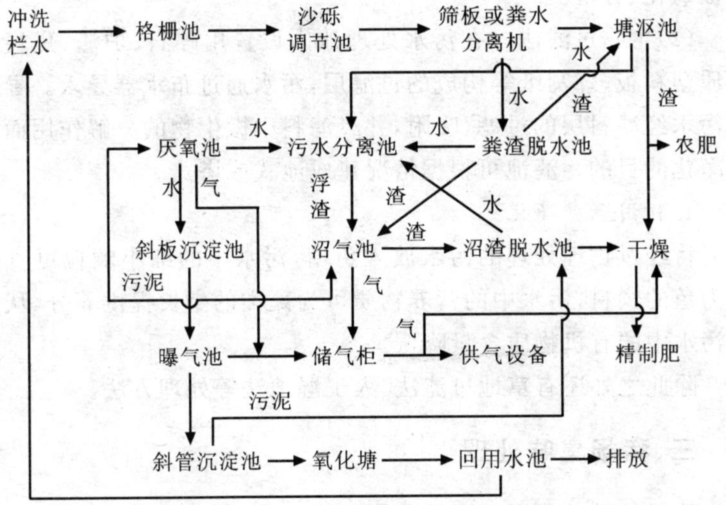

图 1-15 规模化猪场污水处理工艺

负电荷的微粒结合形成絮状物而沉降。混凝沉降一般可除去70%以上的悬浮物和90%以上的细菌。常用沉降剂的用量为硫酸铝 50～100 mg/L、三氯化铁 30～100 mg/L、明矾 40～60 mg/L。

(2)化学消毒处理　水的消毒有多种方法,猪场的污水在经过物理沉降处理后,可不经过消毒而进一步进行生物处理,经过消毒后的水可作为冲刷粪尿用水再行循环利用。常用的消毒方法主要是氯化消毒。

3.生物处理

生物处理是指利用微生物分解污水中的有机物质,使污水达到净化的目的,处理方法有好气处理与厌气处理。

(1)生物曝气法(活性污泥法)　在污水中加入活性污泥并通入空气,使活性污泥中的好氧微生物大量繁殖,使污水中的有机物质被氧化、分解。

(2)生物过滤法　在污水处理池内设置用碎石、炉渣、焦炭或轻质塑料板、蜂窝纸等构成的过滤层,污水通过布水器导入。导入的污水经滤料层的过滤、吸附,并经滤料中微生物的分解作用而达到净化的目的。滤池可根据情况建成池式或塔式。

4. 利用鱼塘净化

将经过物理处理的污水放入鱼塘,污水中的细小颗粒可直接作为鱼的饲料,污水中的营养物质可为藻类的生长提供养分,从而使污水中的有机物质含量降低。

除此之外还有草地过滤法、人工湿地法等处理方法。

三、猪场臭味处理

猪场的另一个污染源是臭味污染,不但影响猪群健康,更影响工作环境和周围大气环境,是猪场废物控制的另一个重要问题。臭味有物理和情绪的成分。家畜臭味的产生、扩散、传送和感知是生化和物理的过程,可在设计和管理中加以控制。

土壤是极佳的臭味清净介质,因其可对有机物气体化学吸附、氧化和有氧分解。液体猪粪喷洒土壤,可减少 90%以上的臭味。在浅的泥土床中,配以打孔通气管的土壤过滤器,能有效地清净来自处理过程或畜舍所排放的臭气。

目前,还没有确实可接受的臭味防治鉴订标准。厌氧污水池通常被认为是低成本的粪便贮存和处理方法,但当气温较高时,污水塘也会产生强烈臭味。应用生物添加物、遮蔽剂和臭味抑制剂等,可以部分降低臭味。但有些研究指出,这些方法除臭效果不明显。

第六节 发酵床养猪技术

发酵床养猪技术是一种环保型、成本低、效益高、操作简便的生态养猪新技术。它是利用有机垫料建成一个发酵床，用发酵床来吸收猪的粪尿。这个发酵床利用微生物作为物质能量循环、转换的“中枢”。将选取的特定有益微生物菌群，配加营养剂，按一定比例与木粉、秸秆、玉米芯、花生壳粉、原土、食盐等混合发酵制成有机复合垫料，垫入发酵床，即可满足舍内生猪对温度、微生态、通风透气等生理性需求。它利用生猪的拱翻习性，使猪粪尿和垫料充分混合，经过分解发酵，使猪粪尿的有机质得到充分的分解和转化。微生物以尚未消化的猪粪为食饵，繁殖滋生，并除去臭味，同时繁殖生长的大量微生物又向生猪提供了菌体蛋白质等食物，使猪舍演变为饲料工厂和粪污处理厂，形成了一个生态链，从而达到生猪养殖生态、环保的效果，使养猪又回到了大自然的环境里（图1-16）。

一、发酵床养猪的特点

“发酵床生态养猪技术”具有成本低、效益高、无污染、零排放、操作简便卫生，充分利用农业有机资源等优点。

1. 发酵床养猪具有的优点

（1）减少对环境的污染　利用有机物作垫料的发酵床，含有大量的有益土著微生物。这些微生物具有很强的活性和分解能力，在适宜的条件下，能够将猪粪尿迅速有效地分解转化，猪粪尿直接消解在发酵床内，不需要人工清扫、冲洗圈舍，使圈舍没有臭味，没有大量的冲刷污水和粪便排出舍外，对周围河流、地下水、土壤等环境不再产生污染，达到了真正意义上的养殖污染物的零排放，解决了养猪生产中的环境污染问题。

图 1-16　发酵床养猪生产

（2）提高了猪肉品质　发酵床生态养猪优化了猪生长发育的环境，舍内温湿度适宜，发酵床舒适温和，猪爱活动，状态佳，生活形成良性循环。由于土著微生物和各种营养剂的作用，抑制了有害微生物和病菌的侵入，猪的体质显著增强，抗病能力明显提高，猪的发病大大降低，不需再施用大量的药物防治，也大大减少了抗生素用量。猪在一个温馨适宜的环境条件下生长发育，育成健康的肌体，提高了自身的体质，也提高了猪肉的品质，从而生产出真正意义上的安全无公害猪肉。

（3）充分利用农业废弃有机资源　在发酵制作有机垫料过程中，将木粉、稻壳、花生壳、玉米秸秆等原料，通过添加微生物发酵，制成垫料铺入发酵床。在微生物的作用下，床内有机物和猪粪便被分解转化为微生物自身的营养物质，形成微生物蛋白，部分被猪重新摄食利用，变无用为有用。发酵床垫料一次投入可多年利用，在长期的微生物作用下发酵床垫料可形成优质的微生物有机肥，应用于果树、蔬菜等农业生产，实现了农业废弃有机资源的高效利用和环境生态化。

(4)降低养殖成本，提高养殖效益　应用该技术可节约饲料10%～15%，减少用药40%，节约一定的用水，缩短肥育周期10～15 d，省去了排污管道和猪粪尿及污水处理设施的投资。

2.发酵床养猪存在的不足

在我国不少地区，许多养猪者经过试验后，发现发酵床养猪也存在很多不足的地方，主要体现在以下几方面：

①发酵床养猪猪舍内不能使用化学消毒药品和抗生素类药物。如果使用，将杀灭和抑制微生物繁殖，使得发酵床中的有益微生菌的活性降低，造成“死床”。虽然发酵床养猪较传统饲养发病率会下降，但不是不会发生，因此要解决好发酵床养猪生产与疾病防治的问题。

②建设成本高，占地面积大。

③夏季猪舍内温度过高，影响猪的生长发育，发酵床养猪，夏天不利于猪的健康生长。猪所处的环境温度高，热应激反应明显。

二、技术要点

1.发酵床猪舍的建造

发酵床养猪猪舍的建设十分重要，以选择地下水位低，通风良好的地势为宜。一般要求猪舍东西走向坐北朝南，充分采光、通风良好，南北可以敞开，通常每间猪圈净面积约25 m^2，可饲养肉猪15～20头(图1-17)。

2.发酵床的制备

发酵床应根据当地水位高低选取地下式和地上式。地下式发酵床要求向地面以下深挖80～90 cm，地上式发酵床是在地面上砌成高80～90 cm的坑。

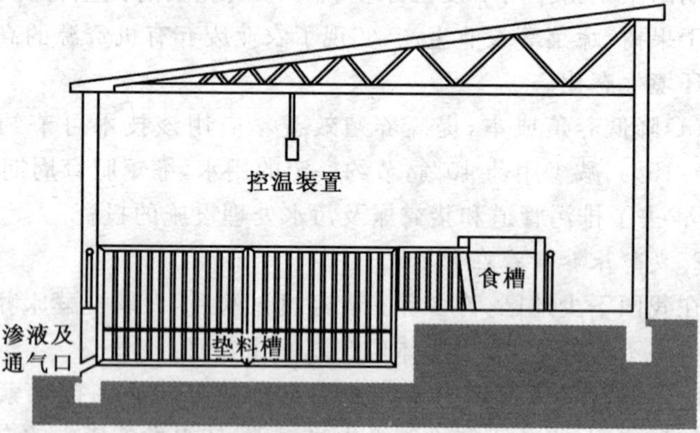

图 1-17 发酵床猪舍示意图

床底均为土地面夯实即可，建好后填满制成的有机垫料，4～5 d 后即可投入使用，猪就可以自由自在地在发酵床上生长了。

3. 酵素菌剂

这是发酵床生态养猪的关键技术。它利用本地区天然植物资源取得多种有益微生菌，对其进行培养、扩繁，然后按一定比例配加载体及营养剂，形成具有较强分解转化能力的酵素菌剂。猪排出的粪便能否充分降解，酵素菌剂起着决定性作用，如果没有很好的酵素菌剂或使用不当，则达不到无污染零排放的效果。整个发酵床分层铺设，每层都要有酵素菌剂，使用量达到 2 kg/m^2 即可。

4. 营养剂

发酵床铺垫料时和使用后均需喷洒一定比例的营养剂，营养剂包括天惠绿汁、氨基酸、乳酸菌、汉方剂、矿物质 MA 等，将各种营养剂按一定比例喷洒到发酵床垫料上。其主要作用是调节微生物的活性，保持对排泄物的降解、消化速度。营养剂的合理使用对发酵床的循环利用有十分重要的作用。

5. 发酵床垫料的制作

发酵床的主体是由有机垫料组成的，垫料可由木粉、秸秆、稻壳、花生壳粉、玉米芯等按比例配合。加入原土、食盐、酵素菌剂、天惠绿汁、氨基酸、乳酸菌、汉方剂、矿物质 MA 等，加水使含水量达到 65%，经过 2～4 d 发酵就可制成供发酵床用的有机垫料。发酵床的垫料 3～5 年更换一次，平时定期添加，一次投资就可以长久使用。

6. 发酵床的日常管理

①每天将猪粪在发酵床的干燥处坑埋，坑埋深度为 20～30 cm。

②控制发酵床湿度为 65%左右，水分过高时，打开通风口散湿。发酵床干燥时，用各种营养剂的 500 倍混合液加矿物质 MA 1 000 倍液调节湿度或喷水调节。

③过分潮湿、水分集中的地方，可加木粉调节水分，并适量添加微生物原种。

④发酵床硬结时，及时进行翻床，一般 7～15 d 翻床 1 次。结合翻床适量施用微生物原种和各种营养剂。

⑤发酵床时间一长，可能造成下沉。发酵床下沉后，要及时填加垫料。在填加垫料时，按要求施加土、盐、微生物原种和各种营养剂。

⑥在加营养剂液或水调节发酵床水分时，要先将床上的猪粪坑埋，不能将营养剂或水直接洒在猪粪上。

⑦严格控制饲养密度，小猪 0.75～1 m^2/头，大猪 1.2～1.5 m^2/头。

⑧猪只入圈前要用去虫药品彻底清除体内外的寄生虫，2～3 d 后可以入舍，防止将寄生虫带入发酵床，以免猪在啃食菌丝时将虫卵再次带入体内而发病。

⑨猪舍内禁止使用化学药品和抗生素类物品。饲料里尽量少

加杀菌剂类物品，防止它们杀害发酵床内微生物，使微生物的活性降低。

⑩为利于猪拱翻地面，猪的饲料喂量应控制在正常量的80%。要密切注意微生物的活性，必要时需加营养剂来调节微生物的活性，保持发酵正常进行。

第七节 优质猪肉的生产

中国养猪生产可以分3个阶段：①总量供应不足（1990年以前）；②总量相对过剩，质量差（1991—1995），要求放心肉（1996—）；③无公害猪肉（2000—），安全优质肉生产（2001—）。

2001年11月10日，中国已经加入WTO，WTO对中国的农业影响较大。中国的饲料价格高于国际市场，而猪肉的价格只有国际市场的50%，主要原因是质量差，药物残留多。

一、"放心肉"和"安全肉"的概念

"放心肉"（1996）是指经兽医卫生检验合格，无传染病、无寄生虫、不注水的肉品。

"安全肉"，猪肉中各种有毒有害物的残留要降低到一定限度。

二、绿色食品的等级

"绿色食品"是我国农业部在20世纪90年代提出来的。它是经过专门机构认证，使用专门标志的无污染、无公害、安全营养食品的统称。由于国际上对保护环境的事业冠以"绿色"字样，为突出这类食品出自良好的生态环境，我国称之为"绿色食品"。

内部又分为A、AA两个等级。

A级：相当于无公害的食品。在严格控制化肥、农药、生长调节剂和饲料添加剂总量的前提下，允许适量、适时使用部分人工合

成化学物质，确保产品中有害物质的残留量控制在允许水平以下。

AA级：类似于有机食品。生产和加工过程中不能使用任何化肥、合成农药、激素和饲料添加剂，也不能使用基因工程生物及其产品。

这一概念已受到联合国粮农组织和世界可持续发展协会的认可。

三、遵守用药规范，确保猪肉质量

根据农业部2002年3月5日发布《食品动物禁用的兽药及其他化合物清单》的通知及农业部第193号公告以及农业部、卫生部、国家药品监督管理局关于《禁止在饲料和动物饮水中使用的药物品种目录》中关于禁止使用对人体有毒有害药物的规定，规模猪场在生产中禁止使用下列药物：

(1)β-兴奋剂类　克伦特罗、沙丁胺醇、西马特罗、莱克多巴胺、盐酸多巴胺、硫酸特布他林。

(2)性激素类　雌二醇、促卵泡生长激素等。

(3)具有雌激素样作用的物质及蛋白同化激素　玉米赤霉醇、碘化酪蛋白等。

(4)氯霉素及其盐、酯及制剂

(5)氨苯砜及制剂

(6)硝基呋喃类　呋喃唑酮等。

(7)硝基化合物　硝基酚钠等。

(8)催眠、镇静类精神药品　氯丙嗪、安定等。

(9)汞制剂　氯化亚汞等。

(10)其他类　林丹、孔雀石绿等。

四、优质猪肉的生产

目前我国的养猪业正在由“数量增长型”向“质量增长型”和

“效益增长型”转化,“安全肉”的生产仅仅解决了猪肉中的有毒害物质的残留问题,还不能解决猪肉的色淡、味差等品质问题。为了参与国际市场的竞争,必须充分利用我国地方猪种资源,进行“优质猪肉”的生产。

随着人民生活水平的提高,人们对食品的质量要求不断提高,目前人们对食品的需求已由能“吃得到”向“吃的好”方向发展。吃鸡要求是草鸡,吃蛋要吃柴鸡蛋,猪肉要求“味美香”。市民对食品的消费出现了“回归热”。

“优质猪肉”的标准(建议):①肌肉的颜色为 3～4 分(5 级计分制);②肌肉的 pH 为 6.0～7.0;③肌肉的保水力在 70%以上;④肌肉脂肪含量为 3%～5%;⑤肌肉的剪切力(嫩度)在 2.6 kg 以下;⑥肉猪体重 90 kg 时,胴体瘦肉率为 56%～58%。

目前,我国用“外三元”(如杜长大)猪生产的猪肉是达不到“优质猪肉”的标准的,必须利用我国地方猪种肉质好的优势,如目前一些地方品种猪又受到欢迎,其主要原因是肉质好。

第二章　猪的品种

第一节　主要猪品种

一、主要瘦肉型猪种

从国外引入的有大约克夏(大白猪)、兰德瑞斯(长白猪)、杜洛克、汉普夏和皮特兰5大品种猪，我国自己培育的有三江白猪、浙江白猪和湖北白猪。这些猪种的共同特点是胴体瘦肉率高(55%以上)。用这些猪种作父本或母本进行经济杂交，都能提高商品猪的瘦肉产量。

1. 大约克夏猪(大白猪)

大约克夏猪18世纪在英国育成，是世界上著名的瘦肉型猪种，有较好的适应性，其主要优点是生长快、饲料利用率高、产仔多、瘦肉率高。

(1)外貌特征　体格大，体型匀称，耳直立，鼻直，四肢较高，全身被毛白色。成年公猪体重350～380 kg，成年母猪为250～300 kg(图2-1)。

(2)生长肥育性能　生后6月龄体重可达90～100 kg，肉料比为1∶3左右，屠宰率为71%～73%，胴体瘦肉率为60%～65%。

(3)繁殖性能　性成熟晚，生后5月龄出现第一次发情，经产母猪产活仔10头左右，35日龄断奶窝重80 kg。

2. 兰德瑞斯猪(长白猪)

长白猪原产于丹麦，是世界上著名瘦肉型猪种之一。长白猪

图 2-1　大约克夏猪

的主要特点是产仔数较多、生长发育较快、省饲料、胴体瘦肉率高，但抗逆性差，饲料营养要求较高。

(1)外貌特征　头狭长，耳向前平伸略下垂，体躯深长，结构匀称，后臀特别丰满且肌肉发达，体躯前窄后宽呈流线形，全身被毛白色。成年公猪体重达 250～350 kg，成年母猪体重 220～300 kg (图 2-2)。

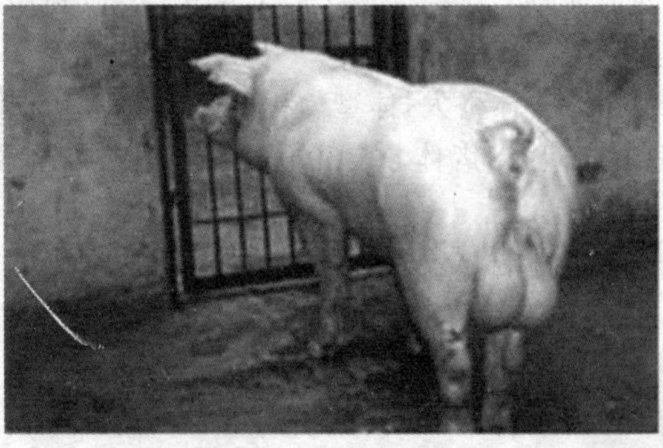

图 2-2　长白猪

(2)生长肥育性能　长白猪6月龄体重可达90 kg以上，日增重500～800 g，肉料比为1∶3，屠宰率为69%～75%，胴体瘦肉率为50%～65%。

(3)繁殖性能　性成熟较晚，公猪一般在6月龄时性成熟，8月龄开始配种。

3. 杜洛克猪

杜洛克猪是19世纪60年代在美国东北部育成的。其特点是体质健壮、抗逆性强、饲养条件比其他瘦肉型猪要求低、生长速度快、饲料利用率高、胴体瘦肉率高、肉质较好、性情温和。成年公猪体重为340～450 kg，成年母猪体重300～390 kg。在杂交利用中一般作为父本。

(1)外貌特征　全身被毛呈金黄色或棕红色，色泽深浅不一，头小清秀，嘴短而直，两耳中等大小，耳尖稍下垂。背腰在生长期呈平直状态，成年后稍呈弓形，胸宽而深，后躯肌肉丰满。四肢粗壮结实，蹄呈黑色，多直立(图2-3)。

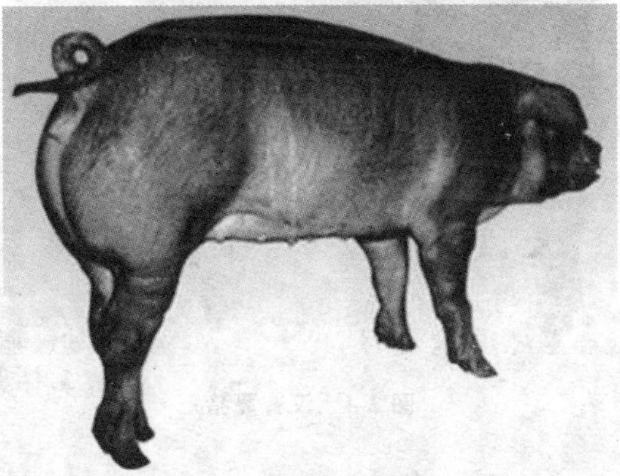

图2-3　杜洛克猪

(2)生长肥育性能　6月龄体重可达90 kg,日增重600～700 g,肉料比为1∶2.99。在体重100 kg时屠宰率为75%,胴体瘦肉率达61%以上。

(3)繁殖性能　性成熟较晚,母猪一般在6～7月龄、体重90～110 kg时开始发情,经产母猪产仔数10头左右。

4. 汉普夏猪

汉普夏猪是美国第二个普及的猪种(薄皮猪),广泛分布于世界各地。其主要特点是生长发育较快、抗逆性较强、饲料利用率较高、胴体瘦肉率较高、肉质较好,但产仔数较少。

(1)外貌特征　毛黑色,肩颈结合处有一白色带(包括肩和前肢),故又称银带猪。头中等大,嘴较长且直,耳中等大且直立。体躯较杜洛克猪稍长,背宽大略呈弓形,后躯臀部肌肉发达,体质强健,体型紧凑,成年公猪体重315～410 kg,成年母猪体重250～340 kg(图2-4)。

图2-4　汉普夏猪

(2)生长肥育性能　6月龄可达90 kg,日增重600～700 g,肉料比为1∶3,体重达90 kg时屠宰,其屠宰率为71%～79%,胴体瘦肉率达 60%以上。

（3）繁殖性能　性成熟较晚，母猪一般在 6～7 月龄、体重90～110 kg 时开始发情。汉普夏猪以母性强，仔猪成活率较高而著称，产仔数平均为 8.66 头。

5. 皮特兰猪

皮特兰猪产于比利时的邦特地区，主要特点是生长发育快、瘦肉率高（达 65%以上）。

（1）外貌特征　毛色灰白，体躯夹有黑斑，耳中等大小，微前倾，头部清秀，颜面平直，嘴大且直。体躯呈圆柱形，肩部肌肉丰满，背直而宽大，体长 1.5～1.6 m（图 2-5）。

图 2-5　皮特兰猪

（2）生长肥育性能　6 月龄可达 100 kg，每增重 1 kg 消耗配合饲料 3.0 kg 以下，90 kg 时屠宰，胴体瘦肉率达 65%以上，后躯占胴体 37%以上。

（3）繁殖性能　性成熟较晚，以 5 月龄后公猪体重达 90 kg，母猪6月龄体重达100 kg以后配种为宜。初产母猪产仔7头以上，经产母猪产仔9头以上。该猪种体质较弱，较神经质，配种时注意观察，尤其在夏季炎热天气需注意防暑和调教。

6. 湖北白猪

湖北白猪原产于湖北，主要分布于华中地区。

(1)外貌特征　湖北白猪全身被毛全白，头稍轻、直长，两耳前倾或稍下垂，背腰平直，中躯较长，腹小，腿臀丰满，肢蹄结实，有效乳头达6对以上(图2-6)。

图 2-6　湖北白猪

(2)生产性能　成年公猪体重250～300 kg，母猪体重200～250 kg。该品种猪具有瘦肉率高、肉质好、生长发育快、繁殖性能优良等特点。6月龄公猪体重达90 kg；25～90 kg阶段平均日增重0.6～0.65 kg，料肉比3.5∶1以下。产仔数初产母猪为9.5～10.5头，经产母猪12头以上。以湖北白猪为母本与杜洛克猪或汉普夏猪杂交均有较好的配合力，特别与杜洛克猪杂交效果明显。杜洛克猪×湖北白猪杂交种一代肥育猪20～90 kg体重阶段，日增重 0.65～0.75 kg，杂种优势率 10%，料肉比为(3.1～3.3)∶1，胴体瘦肉率达 62%以上。

二、主要肉脂型(兼用型)猪种

肉脂型猪的外形特点介于瘦肉型和脂肪型之间。胴体中瘦肉和脂肪的比例是瘦肉稍多于脂肪，胴体中瘦肉的含量为 45%～55%。我国大多数培育猪种属于肉脂型猪种。

1. 北京黑猪

北京黑猪用巴克夏猪、约克夏猪、苏白猪与河北定县黑猪杂交培育而成。其主要特点是体型较大、生长速度较快、母猪母性好，与长白猪、杜洛克猪、大约克夏猪杂交效果好。

(1)外貌特征　头大小适中，两耳向前上方直立或平伸，面微凹，额较宽，肩颈结实，结构匀称，全身被毛呈黑色。成年公猪体重 260 kg 左右，成年母猪 220 kg 左右(图 2-7)。

图 2-7　北京黑猪

(2)肥育性能　体重 20～90 kg 阶段，日增重 600 g 以上，料肉比为 3.5～3.7，体重 90 kg 时屠宰率为 72%～73%，胴体瘦肉率为 49%～51%。

(3)繁殖性能　公猪6～7月龄,体重90～100 kg时开始配种。初产母猪每窝产10头,经产母猪平均每窝产11.5头,平均产活仔10头。

2.新淮猪

新淮猪主要由约克夏猪和淮阴猪杂交培育而成,特点是适应性强、产仔较多、生长发育较快、杂交效果较好,在以青绿饲料为主搭配少量配合饲料的饲养条件下,饲料利用率较高。

(1)外貌特征　头稍长,嘴平直凹,耳中等大小,向前下方倾垂。背腰平直,腹稍大但不下垂,臀略斜,四肢健壮,除体躯末端有少量白斑外,其他被毛呈黑色。成年公猪体重230～250 kg,成年母猪体重180～190 kg(图2-8)。

图2-8　新淮猪

(2)生长肥育性能　2～8月龄,日增重490 g。体重87 kg时屠宰,屠宰率为71%,胴体瘦肉率为45%左右。

(3)繁殖性能　公猪103日龄、体重24 kg时即开始有性行为,母猪于93日龄、体重21 kg时初次发情。初产母猪产活仔9头,经产母猪产活仔11头。

三、主要脂肪型猪种

我国大多数地方品种属于脂肪型猪种，这种类型猪能生产较多的脂肪，胴体瘦肉率低，平均为35%～44%。外貌特点是下颌多肉，皮下脂肪厚，背膘厚为4～5 cm，最厚处可达7 cm，体短而宽，胸深腰粗，四肢短，大臀部发育较快，体长和腰围大致相等。成熟较早，繁殖力高。我国的内江猪、民猪、太湖猪、香猪等均属此类型。

1. 内江猪

(1)产地分布　内江猪主产于四川省内江市、内江县，以内江市东兴镇一带为中心产区，历称“东乡猪”。新中国成立以来，内江猪发展迅速，1950年产区仅有3万多头种猪，1981年已达12.5万头，产区逐渐扩大到资中、简阳、资阳、安岳、威远、隆昌和乐至等县。内江猪在国内推广的面积广，已被大量引至山西、北京、山东、辽宁、青海、甘肃、云南等20多个省、区。1975—1980年期间向省外提供种猪平均每年达4.6万头。1973年曾向越南出口种猪100余头。

(2)外貌特征　内江猪被毛全黑，鬃毛粗长，头大、嘴短，额面横纹深陷，额皮正中隆起形成肉块(俗称“盖碗”)，耳中等大、下垂，体格大，体质较疏松，体躯宽、深，背腰微凹，腹大、不拖地，臀部宽，稍后倾，四肢较粗壮，乳头6～7对，皮厚，成年种猪体侧和后腿皮肤有皱褶(俗称“瓦沟”、“套裤”)(图2-9)。

(3)生产性能　农村传统习惯采用“吊架子”方式饲养肥猪。出栏重多在150 kg左右，间有200 kg以上者，肥育时间长达1.5～2年。

2. 太湖猪

太湖猪主要分布在长江下游，江苏、浙江等地的太湖流域。太湖猪有二花脸、梅山、枫泾、嘉兴黑、横径、米猪和沙乌头等几个类

图 2-9 内江猪

群，类群间略有差异。太湖猪体型中等，梅山猪略大，骨骼略粗，而米猪骨骼细致，其他类群介于二者之间。太湖猪头大额宽，额部皱褶多而深，耳特大下垂，被毛全黑或六白（鼻端、四蹄、尾尖）或灰色，被毛稀疏，背腰微凹，胸较深，腹大下垂，臀部较高而倾斜，乳头 8 对以上（图 2-10）。

图 2-10 太湖猪

四、特种野猪

特种野猪保持了野猪瘦肉率高、适应性强、野味浓厚的优点，又克服了野生母猪仅在春季发情和人工圈养下不易成活和难以发情等缺点，使之能正常饲养繁殖。特种野猪肉香味很浓，具有“野味”的特色，营养丰富，瘦肉率高，脂肪含量低，后腿肉的脂肪只有家猪的 50%，含有 17 种氨基酸、亚油酸，含量比家猪高

2.5 倍。亚油酸是目前科学界认为唯一的人体最重要和必需的脂肪酸。人体本身不能合成亚油酸，必须通过食品摄取而获得。它对人体的生长发育有着极为重要的意义（也是治疗冠心病的特效脂肪酸）。

特种野猪作为家猪中的一个新品种，又面临解决目前家猪生产跌入低谷需转换替代新品种的好机遇，作为外向型和旅游经济产品，市场容量大，发展前景十分广阔。经有关科研单位的专家鉴订，特种野猪肉内，含有较高的亚油酸和亚麻酸，可作为一种新的保健食品，具有降低血脂，有利于动脉硬化所致的冠心病和脑血管硬化性疾病的防治。

可以说，特种野猪有野味、保健、出口创汇 3 大优势（图 2-11）。

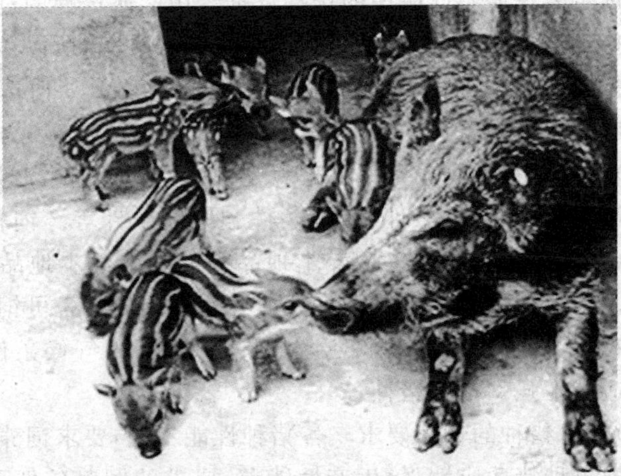

图 2-11　特种野猪

第二节 品种选择和杂交生产方式

在目前的社会经济条件下，养猪生产的经济效益可以由 6 个方面因素决定。这 6 个方面因素就是猪种、饲料（营养）、防疫、管理、设备和市场。猪种是养猪生产的基础，决定养猪生产的最大潜力。规模猪场、养猪专业户都应非常重视猪种问题，重视猪种的选择，这也是养猪生产取得效益的第一步。

一、品种选择

比较优秀的猪种都是经过严格的育种过程形成的。一头更新种猪的选定要按照不同阶段的选择依据经历多次选择的过程。对于商品猪生产者来说，一般都是从种猪场购买种猪，所以最先碰到的问题是选择品种，而不是种猪的选育过程。那么如何选择品种呢？要考虑以下因素：

(1)考虑自身的饲养条件　这就是说自己猪场的生产条件，主要包括饲料条件、设备条件、猪舍条件和气候条件等。饲料粗放、设备简单、开放式猪舍适宜饲养本地品种的猪或经本地品种改良的猪种。饲料全价、设备条件好、环境容易控制的猪舍可饲养进口种猪。我国东北、华北和西北地区的许多地方，因气候条件所限，宜饲养适应性强的培育猪种。

(2)考虑猪种的饲养要求　各猪种性能不同，要求饲养条件不同。我国土种猪适应性强，生产性能差，要求的饲养条件不高；而引进猪种要求较为严格的饲养条件，才能达到预期的生产效果。皮特兰猪要求的条件相对较高，相当难养，必须加强护理，提供全价饲料，否则很难成功。因此，选购种猪前必须首先选择品种，然后才能决定购买种猪。

二、种猪的选购

(1)一般标准 健康无病、无外伤、无疫病、无皮肤病表现、无遗传疾患(主要指阴囊疝、脐疝、瞎乳头、隐睾、六趾、卧系等),符合品种外貌特点(表 2-1)。

表 2-1 种猪的选购标准

品种	头型	耳形	毛色	四肢
长白猪	头型小	耳前倾	白色	结实
大白猪	头较大	直立	白色	结实
杜洛克猪	头适中	半垂半立	红棕色	粗壮
北京花猪	头适中	耳前倾	白底黑花	结实

(2)特殊标准 生殖器官发育正常;公猪尿包大小适中,睾丸大小整齐均匀一致,对已经进入繁殖年龄的公猪,要求精液质量良好;母猪不能有瞎乳头,乳头排列均匀,6 对以上,阴门明显。

种猪出场时,要具备种猪出场证、种猪谱系、种猪免疫记录、推荐的猪群免疫程序和产地检疫证明、种猪检疫证、车辆消毒证等。还要注意索取种猪运输、饲养注意事项和种猪营养需要、推荐饲料配方等。

优良的品种提供了实实在在的生产潜力,提供了良好的生产效果的基础。而这种潜力的发挥,必须在全价的营养、严格的防疫、完善的管理(设施、市场)情况下才能实现。因为生产效果=遗传潜力+环境影响(营养、卫生和管理都属于环境因素)。只有环境提供了发挥遗传潜力的条件,才能达到最好的生产效果。所以好的猪种要好的饲料条件,还要加强管理,加强卫生防疫,才能达到最好的效益。

三、猪的经济杂交

1. 杂交的概念及杂种优势

杂交是指不同品种、品系或品群间的相互交配。这些品种、品系或品群间杂交产生的杂种后代,往往在生活力、生长势和生产性能等方面,在一定程度上优于其亲本纯繁群体,即杂种后代性状的平均表型值超过杂交亲本性状的平均表型值。超过部分就是杂种优势。

2. 杂交亲本的选择

选择生长速度快、饲料报酬高,胴体品质好的品种或品系作父本。为了保证种公猪的种用价值,应强调对性欲、精液品质、性成熟、适应性等方面的选择。

选择本地区数量多、繁殖力高(包产仔数、产活仔数、仔猪初生重、仔猪成活率、仔猪断奶窝重、泌乳力和护仔性等)的品种或品系作母本。由于杂交母本猪需要量大,应强调对当地环境的适应性,在不影响杂种生长速度的前提下,母本的体格不一定要求太大。

根据上述要求,我国大多数地方猪种和培育品种,都具有作母本品种的条件。国外引入的猪种,如长白猪、杜洛克猪、大约克夏猪等,都具备作父本的条件。

3. 杂交方式

根据实际饲养条件及模式,因地制宜,有计划地合理选择杂交方式,是养猪场(户)搞好猪经济杂交的前提。

(1)二元杂交(又称"简单经济杂交") 它将两个不同品种的公、母猪进行杂交所产生的杂种一代猪全部用来肥育(图 2-12)。这就是目前养猪生产推广的"母猪本地化、公猪良种化、肥猪杂交一代化",是应用最广泛、最简单的一种杂交方式。例如:用本地烟台黑母猪与长白公猪进行杂交所产生的"长烟一代杂种猪",全部用来肥育,在良好的饲养管理条件下,日增重 752 g,精料重比为 2.55∶1,瘦肉率达 52.2%,比烟台黑猪纯种繁殖的后代日增重多 105 g,精料重比下降 0.58,瘦肉率提高 3.46%。

(2)三元杂交 它将用甲品种母猪与乙品种公猪杂交的一代杂种猪群选育的母猪,再和丙品种公猪进行交配所产生的后代,全部肥育(图 2-13)。这种杂交方式由于母本是二元杂种,能充分利用母本杂种优势。另外,三元杂交比二元杂交能更好地利用遗传互补性。例如,用“长烟一代杂种母猪”再和杜洛克公猪杂交所产生的后代称“杜长烟杂种猪”,通过饲养试验资料证明,杜长烟杂种商品猪,日增重 717 g,料重比为 2.44∶1,瘦肉率达 60.23%,比长烟杂种一代猪,料重比下降 0.11,提高瘦肉率 8%。因此,三元杂交在商品肉猪生产中已普遍采用。

A♂ ×B♀
↓
AB

图 2-12　二元杂交示意图

A♂ ×B♀
↓
AB♀ ×C♂
↓
ABC

图 2-13　三元杂交示意图

(3)专门化品系配套杂交　杂种猪能产生较好的生产效果,与杂交玉米、杂交稻能够高产的原因是一样的。猪的杂交方式多种多样,从参与猪种的个数说,有二元杂交、三元杂交、四元杂交等。目前流行的主要杂交方式有杜长大、长大花等三元杂交体系。这其中已经包含了二元杂交的因素。

杜长大体系是以杜洛克公猪作终端父本,以长白猪与大白猪杂交产生的长大母猪为母本进行生产的杂交方式(图 2-14)。

长白公猪♂ ×大白母猪♀
↓
杜洛克公猪♂ ×长大杂交母猪♀
↓
杜长大三元杂交肉猪→瘦肉型商品肉猪出售

图 2-14　杜长大体系杂交示意图

迪卡配套系是四元杂交生产体系，主要生产模式如图 2-15 所示：

A × B　　C × D
↓　　　　↓
AB　×　CD
↓
ABCD

图 2-15　迪卡配套系生产模式图

养猪场、户购进种猪时，主要购进长大猪、大长猪、大花猪、迪卡父母代 CD 母猪，以及杜洛克猪、长白猪、迪卡父母代 AB 公猪等。这样的杂交生产方式经过长时间的科学试验，是生产瘦肉型商品猪的高效生产手段。

总之，随着我国养猪业向专业化、规模化的逐步发展，充分利用本地区现有丰富的猪品种资源，开展有计划的品种间杂交，在有条件的养猪场培育一些专门化品系，开展配套系间杂交，建立完整的繁育体系和严格的疫病控制措施，是发展我国商品瘦肉型猪生产的有效途径。

第三节　猪的生物学特性和猪群类别的划分

一、猪的生物学特性

猪的生物学特性是指猪在长期自然选择和人工选择的过程中，所形成的某些独特的本能、特征和特性。

(1)多胎高产　猪的性成熟早，我国地方猪一般在 3 月龄，培育品种和杂种猪在 5 月龄左右性成熟。猪是长年发情的多胎动物，一年可以繁殖两胎，若提早断奶，两年能达到5胎。一般我国地方猪种母猪6～8月龄可开始配种，妊娠期平均114 d，12月龄时或更早可以产第一胎。经产母猪平均每胎产仔10头左右，有的高达20多头，我国浙江的太湖猪曾有一胎产仔36头的最高纪录。猪的利用年限也较长，我国地方猪种一般利用5～6年，培育品种能利用4～5年。

（2）经济成熟早，屠宰率高　猪的生长速度快，我国地方猪种初生重一般为0.6～0.8 kg，国外品种和国内一些培育品种为1～1.5 kg。30日龄体重为初生重的5～6倍，60日龄体重一般达10～20 kg，为30日龄体重的2～3倍。同时，经济成熟早，通过肥育，我国地方猪种和杂交猪8～10月龄体重能达100 kg出栏，国外品种6月龄体重可达90 kg。肥育猪的屠宰率高，为70%～75%。

（3）杂食性强　猪是杂食性动物。它的胃是介于肉食动物的简单胃与反刍动物的复杂胃之间的中间类型。胃容量达7～8 L，小肠长度为16～20 m，大肠长4～5 m。肠子的长度与体长之比，国外猪种为13.5倍。由于猪的杂食性强，所以能广泛利用植物性、动物性和矿物质饲料，而且采食量大，利用能力强，对饲料消化较快。

猪对精饲料有机物的消化率为76.7%，对青草和优质干草的消化率分别为64.6%和51.2%，对粗纤维的消化利用能力较差，消化率为3%～25%。

（4）听觉和嗅觉灵敏，视觉不发达　猪的嗅觉发达，仔猪在生后几小时便能鉴别气味，母猪通过嗅觉能准确地辨别是否是自己所生的仔猪，对串圈的仔猪嗅出后会发生咬伤和咬死现象。

猪的听觉分辨能力很强，能精细鉴别声音的强度、音调和节律。因此，采用对猪呼名、各种口令和声音刺激物调教，容易养成习惯。母猪放奶前发出哼哼声，远在运动场自由活动的仔猪，能迅速听辨，及时回圈吃奶。

但是，猪的视觉很弱，对光线强弱和物体形象的分辨能力不强，分辨颜色能力也差，不靠近物体就看不见东西。

(5)对温湿度敏感　猪对环境温度和湿度的变化敏感。猪怕热，是因为汗腺不发达，皮下脂肪层厚，阻止大量体内热量的散发，以及皮薄毛稀，对阳光照射的防护能力差。猪也怕冷，尤其初生仔猪，皮薄毛稀，皮下脂肪又少，大脑皮层调温中枢还不健全，所以特别怕冷。猪又怕潮湿，在高温高湿或低温高湿的环境条件下，对猪健康和增重均产生不良影响。

(6)定居漫游，群体位次明显　猪在无猪舍放牧的情况下，能够自找固定的地方居住，表现出定居漫游的习性。在有猪舍的情况下，猪出外自由活动或放牧运动，能回到固定的圈舍，包括哺乳仔猪。

猪有过群居生活的习惯，合群性较强。例如同窝仔猪，当它们散开时，彼此距离不远，若受惊，会立即聚集在一起，或成群逃跑。不同窝断奶仔猪合圈喂养时，刚开始会激烈斗架，并按不同来源分小群躺卧，过几天才会形成一个群居集体。在群体中，猪的强弱位次明显，位次排列在前的猪，往往体重大，或战斗力强。

猪还有爱好清洁的习性，不在吃、睡的地方排泄粪便。猪是多相睡眠的动物，一天内活动与睡眠交替几次。

二、猪群类别的划分

在养猪生产中，为了便于对猪的科学饲养管理、组织生产和统计汇报，对不同年龄、体重、性别和生理阶段的猪划分成各种猪群类别。目前，各地猪场普遍采用的猪群类别划分方法介绍如下。

(1)哺乳仔猪　从出生到断奶前的仔猪。一般断奶日期为35～60日龄。

(2)育成猪　从断奶到4月龄留作种用的小猪。公的称育成公猪，母的称育成母猪。

(3)后备猪　从第5月龄到开始配种以前留作种用的猪。公的称后备公猪，母的称后备母猪。

(4)种公猪　已正式参加配种的公猪。在良种繁殖场，又将种公猪划分为以下两类：

①检定公猪。指1～2岁配种的公猪。视其与配母猪的产仔成绩、仔猪断奶成绩，确定是否转入基础公猪群。

②基础公猪。经检定合格留作种用的公猪，年龄在1.5岁以上。

(5)种母猪　已正式参加配种产仔的母猪。在一般良种繁殖场和育种场又将种母猪划分为以下两类：

①检定母猪。指产仔1～2胎的母猪。视其配种受胎、产仔和断奶等成绩，确定是否转入基础母猪群。

②基础母猪。指经检定合格的1～2胎以上的母猪。

(6)肉猪　一般指去势后专门用来肥育作肉食用的猪。肉猪按照生长发育阶段可划分为3期：体重20～35 kg为生长期；体重35～60 kg为发育期；体重60～90 kg以上为肥育期，或相应称为小猪阶段、中猪阶段和大猪阶段。

第三章　猪的饲养管理程序

第一节　种公猪的饲养管理

饲养公猪的目的是使公猪有良好的精液品质和配种能力，完成配种工作。用本交即直接交配的方式，每头公猪可负担20～30头母猪的配种任务，一年可繁殖仔猪400～600头；用人工授精方式配种，每头公猪一年可繁殖仔猪万头以上。公猪对整个猪群的影响很大，把公猪养好，猪群的质量和数量就有了保证。

饲养公猪的要领是：营养是基础，运动是调节，配种利用是目的，精液检查是监督。

一、公猪的精液组成和数量

公猪每次配种时射出精液200～300 mL，含有精子约250亿个，在精液中精子只占2%～5%，其他都是精清。

二、公猪的营养需要和饲粮配合

1. 营养需要

公猪的饲粮中蛋白质含量应为14%～16%，配种季节应增加蛋白质的喂量，饲喂动物性蛋白质饲料对提高精液品质有明显效果。蛋白质给量不足会使精液品质下降。

种公猪能量水平以每千克饲粮含消化能12.56～13.00 MJ为宜。长期能量水平供应过高或过低，都会造成精液品质和性欲下降，影响受胎率。

钙、磷对精液品质有显著影响，钙磷不足或缺乏会使精子发育不全，降低活力或死精增加。每千克饲粮中应含钙 0.65%，含磷 0.55%。

维生素 A、维生素 D 和维生素 E 对精液品质也有很大影响。每千克饲粮应含维生素 A 3 500 IU、维生素 E 9 mg，维生素 D 200 IU，如果能使公猪每天有 1～2 h 日照，也能满足对维生素 D 的需要。

2. 饲粮配合和饲喂技术

公猪的饲料以精料为主，饲粮应多样搭配。除混合精料外，还应适当喂些胡萝卜或优质青饲料，切不可喂粗饲料（如豆腐渣、啤酒糟等），否则会造成种公猪腹部下垂，影响配种利用。

季节配种的猪场，在配种前 1 个月就要提高饲养水平，比日常标准增加 20%～25%，配种期间每天可增加 2～3 个鸡蛋或其他动物性蛋白质饲料，以保证良好的精液品质。配种季节过后再逐渐恢复到标准规定的水平。冬季寒冷时，饲粮的营养水平可比饲养标准提高 10%～20%。

下面介绍一例公猪的饲粮配方（表 3-1），用此配方时，另加维生素和微量元素添加剂。

表 3-1　公猪的饲粮配方　%

饲料	非配种期	配种期	营养成分（计算值）	非配种期	配种期
玉米	46.0	40.0	消化能/(MJ/kg)	12.8	12.68
豆饼	13.0	18.0	粗蛋白质	13.44	15.26
麦麸	21.0	25.0	粗纤维	2.79	4.78
高粱	8.0	5.0	钙	0.59	0.61
大麦	10.0	10.0	磷	0.67	0.71
骨粉	1.5	1.5	赖氨酸	0.63	0.77
食盐	0.5	0.5	蛋氨酸＋胱氨酸	0.47	0.54
合计	100	100			

公猪一般日喂3次,早、中、晚各1次。夏季天气炎热时,早、晚可适当延长时间。

要供给公猪以充足、清洁的饮用水,最好采用自动饮水器。

公猪应当单圈喂饲,这样才能准确地调整和控制喂量,使公猪保持良好的种用状态。

三、公猪的管理

公猪应饲养在阳光充足,通风良好的圈舍里。每头公猪占栏圈面积3～6 m^2,圈舍构造牢固,除注意保持圈舍的清洁干燥外,对公猪的管理还要注意以下几个方面。

(1)运动　运动能使猪的四肢和全身肌肉受到锻炼,增加食欲,提高性欲和精子活力,使种公猪体质健壮,精神活泼。运动不足会使公猪贪睡,肥胖,性欲降低,四肢软弱,影响配种效果。

在配种繁忙季节,应加强营养,减轻运动量;在非配种季节,可适当降低营养,增加运动量。公猪过肥应增加运动量,过瘦减轻运动量。

绝对不能将互不相识的公猪混在一起,否则会咬斗造成严重伤害。

(2)刷拭和修蹄　每天用刷子给公猪全身刷拭1～2次,可以促进血液循环,增加食欲,少得皮肤病和体外寄生虫病。夏天可以给公猪洗澡1～2次。经常刷拭、洗澡的公猪,性情温顺,活泼健壮,性欲旺盛。

(3)防止自淫　自淫是公猪最容易发生的恶癖,是由于公猪受到不正常的性刺激,引起性冲动而自动射精。爬跨其他公猪或饲槽容易造成阴茎损伤。公猪形成自淫习惯后,体质瘦弱,性欲减退,严重时不能配种。

防止公猪发生自淫的措施是杜绝不正常的性刺激。将公猪舍建在远离母猪舍的上风方向,不让公猪见到母猪、闻到母猪的气味和听到母猪的声音。公猪应单圈饲养，防止公猪配种后带有母猪气味，引起同圈公猪爬跨。后备公猪和非配种期公猪应加大运动量或放牧时间，公猪整天被关在圈内不活动，容易发生自淫。

(4)进行精液品质检查　精液品质好坏直接影响受胎率。在配种季节到来之前 20 d 左右，就应当对公猪精液的数量、密度、活力以及颜色、气味等精液品质进行检查。在配种期间，即使不采用人工授精，也要每隔 10 d 检查一次精液，根据检查结果分析公猪承担的配种量是否恰当，以便及时调整配种次数、营养水平和运动量。

(5)建立管理制度，合理调教　公猪要有一套正规的饲养管理制度，定时饲喂、喂水、运动、休息、洗浴刷拭，合理安排配种，使公猪建立条件反射，养成良好的生活习惯，以增强体质，提高配种能力。

从公猪断奶起就要结合每天的刷拭对它进行合理的调教训练，公猪要以诱导为主，切忌粗暴乱打，使公猪对人产生敌意，养成咬人恶癖。

四、种公猪的饲养管理程序及配种有关规定

种公猪管理的主要目标是提高种公猪的配种能力，使种公猪体质结实，体况不肥不瘦，精力充沛，保持旺盛的性欲，良好的精液品质，提高配种受胎率。

(1)种公猪的饲养　种公猪的日粮标准要稳定，一般每日供应量为 2.75 kg。冬季每日供应量为 3.0 kg，每头每日加喂 1～3 枚鸡蛋，夏季每头每日喂青饲料 1.5 kg。

可以采用潮拌料，调制均匀，日喂 3 次，保证充足的饮水，食槽内剩水剩料要及时清理更换。

必须经常注意公猪的营养状况，使其终年保持肌肉结实、精力充沛、性欲旺盛。发现过肥或过瘦必须立即调整日粮，减少或增加

喂量。

(2)种公猪的使用

①后备公猪7.5月龄以上,体重110 kg时才可参加配种。配种前要有半月的试情训练,检查两次精液,精液活力在0.8以上,密度中等以上,才能投入使用,每4 d配种1头次。1～2岁的青年公猪,每周可配种1～2次;2～5岁的壮年公猪,每天可配种1～2次,每周休息2～3 d。采用人工授精的壮年公猪可每周采精4 d,每天1～2次,然后休息。

②每天早晚分别试情1次,上班后1 h进行,试情的顺序不变。母猪接受爬跨进行第一次配种,间隔18～24 h再配第二次。

③认真填写好母猪试情、配种、确妊记录表和公猪考勤表,为母猪确妊提供数据,每天要对母猪配种记录做整理,填好母猪配种记录。

④妊娠检查,对配种后16～23 d的母猪要进行试情观察,以初步确定其妊娠。对超过配种后30 d以上的要进行孕期检查,进一步确定其是否妊娠。

(3)种公猪的运动　2 d不参加配种的公猪,在场内运动800～1 000 m,可以通过试情来完成。运动和配种均要在食后0.5 h进行。

(4)精液检查　每月对公猪检查两次精液,认真填写检查记录。精液活力0.8以上才能使用。对不经常使用的公猪再次配种前也要进行精液品质检查。

(5)管理要求

①对公猪态度要和蔼,严禁恫吓。在配种射精过程中,不得给予任何刺激。

②每天清扫圈舍2次,猪体刷拭1次,保持圈舍和猪体的清洁卫生。冬季要做好保温,夏季要做好防暑降温。

③全群母猪情期受胎率要求85%以上,每头母猪年产仔两

窝，每窝平均总产仔 10 头以上，认真做好各种记录。

每季度统计 1 次每头公猪的使用情况，包括交配母猪数、生产性能（与配母猪产仔情况）。

④对 3 次发情仍未受孕的母猪，要及时提出淘汰请求，上交生产负责人处理。

第二节　配种前母猪的饲养管理与配种

一、后备母猪的饲养管理

1. 后备母猪的选择

为了保证规模养猪生产的正常进行，提高经济效益，必须选择优良的后备母猪。

要有足够数量的后备母猪，在规模猪场，每年需要补充基础母猪。在引种的情况下，一般引进 4 月龄、体重 60 kg 的后备母猪，饲养到 8.5 月龄时参加配种。这样的后备母猪的数量通常占繁殖母猪的 10%～16%。

引进的后备母猪必须来自选择正规、生产规范、卫生条件优良、无特定病原的种猪场，不可从多个猪场引进。因为从多处（场）引种，生产能力不均，传入疾病机会多，加之猪的生活习惯差异，难以统一管理。

在 100 头母猪的猪场，年更新率如为 20%，则每年需要补充 20 头；如育成率为 90%，则需要引入 23 头。引入时间应根据分娩计划分 2～3 批引种。

引种最好在生后 4 月龄，体重 60 kg 时进行，最迟也要在 80 kg 时完成。如引种过晚，往往难以改变原有的生活习性，给饲养管理带来诸多不便。

规模较大的猪场，一般都是自留后备母猪，既经济实惠，没有传入疾病的危险，还可培养出繁殖能力强的母猪。

在自留后备母猪的情况下，以100头基础母猪为例，纯种母猪(长白猪或大白猪)一般占基础母猪数的8%，即8头就可以满足需要。一头纯种母猪年育成杂交一代母猪约为7头，这样8头纯种母猪每年可育成杂交一代母猪56头，可从中选择45头后备母猪。

8头纯种母猪如年更新率为30%，则每年必须保证引入2～3头纯种母猪。自家生产后备母猪应注意杂交一代猪的产出时间，要尽可能做到均衡分娩。

自留后备母猪在生后4月龄，体重达60 kg时，进行第一次选拔。选拔时，从产仔数多的窝中选择，并注意观察有无先天缺陷，外阴、乳头是否正常，4月龄体重应达60～65 kg。

生后6月龄，体重90 kg时，进行第二次选拔，主要选择蹄肢健壮，系关节稍短，有弹力，后肢无广踏，步样良好的母猪。乳头必须在6对以上。外阴部过小、阴部突出向上的母猪要淘汰。

生后8月龄，体重达130 kg时，进行第三次选拔，再次检查肢蹄、外阴、乳头等处。此次选拔后，参加配种。此时的母猪如仍不发情或营养状态不良，则要淘汰。

2.后备母猪的饲养管理程序

目标是成功培育后备母猪，更新繁殖母猪群，提高繁殖母猪效率。

(1)选择依据　良好的健康状况、优良的品种性能、健壮的四肢、足够的有效乳头数、高产母猪的后代。

(2)购买　在配种前45～60 d购买，至少要有15 d的隔离适应期。

(3)饲养　群体饲养占圈面积每头至少0.66 m^2。肥瘦母猪须分圈饲养。每头母猪限饲2～3 kg妊娠母猪前期料。配种前

10～14 d，给每头母猪增加饲喂量至3～3.5 kg，配种后恢复。

（4）配种

①初情期。150～200日龄。

②诱情。可用调圈、合圈和成年公猪刺激的方法。

③初配时间。初情后第三发情周期，体重105 kg以上，225日龄以上时配种。

（5）更新数量　年更新头数＝基础母猪数×年更新率。

二、空怀母猪的饲养管理

1.配种前母猪的饲养

配种前母猪可分为两类，一类是后备母猪第一次配种，另一类是经产母猪的配种。无论是初产母猪还是经产母猪，在配种前养好的标志是：保持不肥不瘦，七八成膘的繁殖体况。就像群众说的那样："待配母猪八成膘，容易怀胎产仔高。"

（1）注意饲粮的全价性，根据母猪的膘情看膘饲喂　应按空怀母猪的饲养标准配制饲料，充分满足母猪对蛋白质、维生素、矿物质等营养及能量的需要。饲料应尽量多样化，有条件的猪场可以喂适量的青绿多汁饲料和粗饲料，合理搭配，确保饲料的全价性。过肥的母猪应适当减少喂量，增加运动；过瘦的母猪应适当增加喂量，使其尽快恢复膘情，以利于繁殖利用（图3-1）。

（2）增加母猪排卵量，提高卵子质量　国内外实践证明，实行"短期优饲"，对增加排卵数、提高卵子质量有良好影响。一般在配种前10～14 d开始，到配种日结束，在原日粮的基础上，加喂2 kg左右的混合精料，提高日粮的能量水平，能增加排卵数2枚左右，这对青年母猪有明显效果，对经产母猪虽无明显效果，但可以提高卵子质量，有利于受胎。

（3）掌握好后备母猪的初配年龄　实践证明后备母猪初配年龄过早过晚都不利，一般来讲以后备母猪体重达成年母猪体重的

图 3-1 空怀母猪膘情比较

40%～50%开始配种为宜。从国外引入的品种在第三个发情期配种较为合适，也利于掌握。否则，配种早将影响繁殖性能(产仔少)和母猪本身的发育；配种晚，加大了饲养管理费，而且还影响产后的泌乳量。

2.发情和发情鉴订

母猪是常年发情的动物，母猪的发情周期平均为 21 d(范围 16～24 d)，发情持续期为 3～5 d。成年母猪比青年母猪短些；地方品种较培育品种长些；秋冬季母猪发情持续期比春季长。

母猪发情时的表现既有生殖器官的变化，又有外表行为和精神状态的表现。发情开始时，母猪表现不安，食欲稍减，有时鸣叫，外阴部开始充血肿胀；之后，随着阴户肿胀程度的增加，阴道内流出少量稀薄的黏液，同时出现交配欲，愿意接近公猪并接受爬跨，也喜欢爬别的猪；到发情旺期，食欲显著下降或废绝，在圈内起卧、不安、鸣叫、逃圈、用鼻子拱地、咬圈门、扒墙、尿频，饲养员用手按压腰部，表现呆立不动；到了发情后期，母猪的发情表现逐渐消失，食欲恢复，阴门逐渐消肿，不原接近公猪，性欲消失。母猪的发情表现，因品种不同而有差异，地方猪种表现明显，而从国外引入的猪种有的呈隐性发情。如杜洛克猪，往往只是阴户肿胀、充血潮红而无其他表现。因此，饲养这些猪种的饲养员要细心观察，也可用试情公猪接近母猪，如果母猪接受试情公猪爬跨，说明母猪已经发情并到了该配种的时候了。

3. 促使母猪发情排卵的方法

有些经产母猪在仔猪断奶后 10 d 内迟迟不发情，为了解决这个问题，生产上可以采取以下措施进行催情与促使排卵。

(1)改善饲养管理　母猪久不发情在管理上的原因是，日粮过于单纯：蛋白质不足，或缺少维生素或矿物质，母猪过肥或过瘦，长期缺乏运动等。

(2)诱情　每天早、晚用公猪追逐或爬跨，把不发情的母猪关在公猪圈内混养，也可用发情母猪的爬跨来诱情。

(3)乳房按摩　分表层按摩和深层按摩。表层按摩的方法是，在每排乳房的两侧前后反复按摩，可促使母猪发情。深层按摩的方法是，在每个乳房的周围用 5 个手指捏摩（不捏乳头），可促使排卵。每日早饲后，表层按摩 10 min。母猪发情后表层按摩与深层按摩各 5 min。交配后，改为深层按摩 10 min。

(4)药物催情及治疗

①药物催情。肌肉注射孕马血清，每日 1 次，每次 1 000 IU，连续 2～3 d；或肌肉注射绒毛膜促性腺激素，一次注射 1 000 IU。实践证明，孕马血清加绒毛膜促性腺激素给母猪注射，母猪产仔数多。也可应用中药方剂。

处方一：当归 45 g，生黄芪 45 g，王不留行 60 g，通草 24 g，烤麦芽 60 g，生神曲 30 g。水煎一次喂完，1 d 1 剂，连服 2～3 剂。

处方二：淫羊藿 50～80 g，对叶草 50～80 g。水煎后内服，1 d 1 剂，连服 2～3 剂。

②药物治疗。对曾患子宫炎或阴道炎而配不上种的母猪，可采用以下的药物治疗：25％高渗葡萄糖液 30 mL，加青霉素 100 万 IU，输入母猪子宫 0.5 h 后再配种，效果显著。据试验，连续 3 个情期配种未孕的母猪 48 头，用此法处理后，受胎率达 96％。

三、配种方法和适时配种

1. 配种方法

常用的配种方法有自然交配、人工辅助交配和人工授精 3 种。

(1)自然交配　自然交配是把公、母猪放在一起饲养,公猪随意与发情母猪交配。一般 15～20 头母猪放入 1 头公猪,让其自然交配。这易造成公母猪乱交滥配,母猪缺乏配种记录,无法推算预产期,公猪滥配,使用过度,影响健康,这种配种方式在养猪生产上已很少采用。

(2)人工辅助交配(图 3-2)　人工辅助交配的公母猪平时不混在一起饲养,而在母猪发情时,将母猪赶到指定地点与公猪交配或将公猪赶到母猪栏内交配。当公猪爬上母猪背时,辅助人员用手把母猪尾拉开,另一只手牵引公猪包皮引导阴茎插入阴道,然后观察公猪射精情况,当公猪射精完后,立即将公猪赶走,以免进行

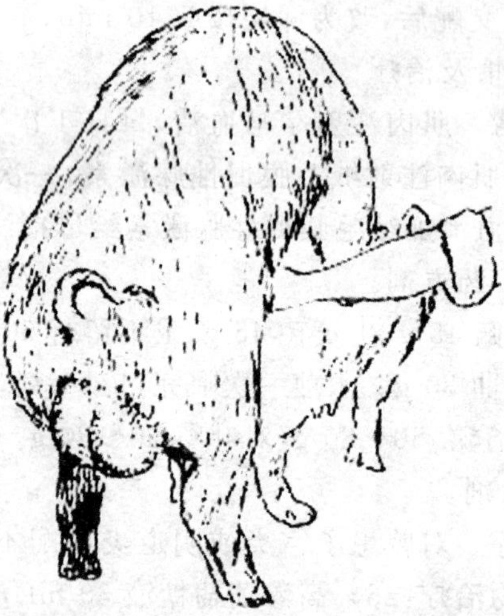

图 3-2　人工辅助交配

第二次交配。这种方法能合理地使用公猪。

(3)人工授精　人工授精是以人为的方法采得公猪的精液，然后通过一定的手段输入母猪子宫内，使母猪怀孕的一项技术。在人工授精技术不很熟练的情况下，采用人工授精的受胎率会比人工辅助交配低一些。目前猪场用得比较多的是在一个发情期中进行一次人工辅助交配和1～2次人工授精，早上进行人工辅助交配，下午人工授精，第二天上午再次人工授精，受胎率平均可达93%。输精的速度宜慢不宜快，以5～8 min为宜。

2. 适时配种

公母猪交配时间是否适时，关系到受胎率和产仔数的多少。精卵的结合处在母猪的输卵管上端，母猪一般是在发情开始后24～36 h排卵，排卵持续时间一般为10～15 h，卵子在输卵管内有8～12 h的受精能力。而公猪交配时排出的精子，要经过2～3 h的游动才能达到受精部位，从理论上讲，最好在母猪发情开始后20～30 h配种。但在生产中我们很难掌握母猪确切的发情开始时间，为了能做到适时配种，在母猪发情时用手按压母猪的臀部，出现“呆立反射”时配种为宜。或者用公猪试情，如母猪喜接近公猪，接受公猪的爬跨就进行第一次配种，为了提高受胎率和产仔数，生产中一般在母猪第一次配种后隔12 h再配一次。如果不是育种工作，复配的公猪可以是第一次配种的公猪，也可换另一头公猪。

3. 猪的人工授精技术

(1)种公猪的调教　瘦肉型种猪一般在7月龄时开始训练采精。

①观摩法。将小公猪赶至待采精栏，让其旁观成年公猪交配或采精，激发小公猪性冲动，经旁观2～3次大公猪和母猪交配后，再让其试爬假台畜进行试采。

②发情母猪引诱法。选择发情旺盛、发情明显的经产母猪，让

小公猪爬跨,等小公猪阴茎伸出后用手握住螺旋阴茎头,有节奏地刺激阴茎螺旋体部可进行试采。

③外激素或类外激素喷洒假母猪台畜。用发情母猪的尿液、大公猪的精液、包皮冲洗液喷涂在假母台畜背部和后躯,引诱新公猪接近假台畜,让其爬跨假台畜(图 3-3)。

图 3-3 利用假台畜采精

对于后备公猪,每次调教时间一般不超过 15～20 min,每天可训练 1 次,一周最好不要少于 3 次,直至爬跨成功。

(2)精液处理所需设备

①采精容器。很多种容器可作为采精容器,然而只能使用能够保温并且容易消毒和清洗的容器。可以使用可罩有消毒过滤纱布的广口保温瓶作为采精容器。

②显微镜。恒温载物台(可保证精液样本处在一个基本恒温的状态中)。

③温度计。两根 30 cm 的温度计。

④若干广口容器。体积 1～5 L 的玻璃或塑料广口容器,用来配制稀释液和稀释精液。

⑤水浴锅。用来控制稀释液的温度。

⑥精液分装袋或输精瓶及瓶盖。

⑦精液贮存设备。短期贮存和运送精液所用的泡沫箱、恒温箱或者培养器。

⑧消毒设备。用来消毒输精管和其他用具的设备，如消毒托盘、电热电动导管消毒器、高压消毒锅。

⑨输精管。橡胶输精管或一次性输精管。

(3)精液质量的检查与稀释

①精液质量的检查。

a. 精液量、色泽和气味：猪的每次射精量为 200～400 mL，正常色泽为乳白色或灰白色，略有腥味。如果精液呈红褐色，可能混有血液；如呈黄、绿色有臭味，则可能有尿液或脓汁。这样的精液不能使用，应立即查找原因。

b. 精子活力：指以直线前进运动的精子数占总精子数的比率。一般采用"十级"1 分制评定。从采精到输精，一般要做 3 次检查，即采出后、稀释后和输精前。方法是在载玻片上放一滴精液，用盖玻片压上，在 400 倍显微镜下观察。若直线前进运动的精子数占 100%则评为 1 分，90%评为 0.9 分，80%评为 0.8 分，依此类推。

②精液的稀释。

a. 稀释液的配制：ⓐ奶粉卵黄稀释液：先将 10 g 奶粉溶于少量水中调成糊状，再加蒸馏水 100 mL，用纱布过滤，95℃水浴 10 min，待冷却后加入卵黄 15 mL、青霉素 10 万 IU、链霉素 10 万 IU；ⓑ葡萄糖稀释液：先将 5 g 葡萄糖溶于 100 mL 蒸馏水中，过滤后煮沸消毒，待冷却后加入磺胺粉。配制稀释液时，要求凡是与精液直接接触的用具都必须严格消毒，使用前用少量同温稀释液冲洗，现配现用。卵黄、抗生素在临用时加入。

b. 稀释方法：将稀释液沿瓶壁徐徐倒入原精液中，并轻轻摇动盛精液的容器。稀释后的精液要防止剧烈震荡、日光直射和其他异物进入。树立无菌观念，周围环境清洁，温度从严掌握。常温保存法为 15～25℃，低温保存法为 0～5℃。

(4)输精 输精时，用手将母猪阴门分开，将输精管沿着斜上方的角度慢慢插入阴道内。当插入 10 cm 左右时，再水平方向插进，感到有一点阻力时，输精管顶端已到了子宫颈口，用手再将输精管左右旋转，稍用力，顶部则进入子宫颈第 2～3 皱褶处，发情好的猪便会将输精管锁定，回拉时则会感到有一定的阻力，此时便可进行输精。

正常的输精时间应和自然交配一样，一般为 3～10 min，时间太短，不利于精液的吸收，太长则不利于工作的进行。

为了防止精液倒流，输完精后，慢慢地抽出输精胶管。母猪的输精量每次 30～40 mL，输精时的精子活力应在 0.7 以上。

四、空怀母猪的饲养管理程序

空怀母猪的饲养管理目的在于，改善母猪体况，使母猪正常发情，排出质高量多的卵子，做到适时配种，提高情期受胎率。

①母猪断奶后，断奶母猪回原空怀猪舍饲养。

②一般每头母猪供应混合料 2.5 kg，冬季供应 3.0 kg，日喂 3 次，保证充足的饮水。夏秋季每天给青饲料 2～3 kg。

③根据母猪体况（肥瘦）分圈饲养，每圈饲养 4～5 头母猪。对于体况较差的母猪要特别标记，并在饲养时特别照顾，做好补饲催情，可供应饲料 3.0 kg。过肥母猪可以减少至 2.25 kg 给量。

④饲养员要经常观察母猪的发情，做到适时配种，在母猪配种完成后，要做好配种记录。

第三节 妊娠母猪的饲养管理

一、母猪妊娠期和预产期的推算

母猪的妊娠期平均为 114 d（范围为 111～117 d）。预产期的推算方法有两种：一是“三、三、三”法，既由配种日期算起，往后加3个月3周再加3 d。如5月8日配种，加3个月是8月，加3周和3天8＋21＋3＝32即为9月2日。二是在配种日期的基础上“月加4、日减6”。同样是5月8日配种，预产期为5＋4＝9(月)，8－6＝2(日)，也是9月2日。生产上为了推算的准确，应在上述推算的基础上加、减妊娠期间的大、小月的多出或不够的天数。如上面的例子中，5月、7月和8月是31 d，在原结果上再减3 d，所以预产期应为8月30日。在生产上准确的推算母猪的预产期非常重要，一方面，我们可以根据母猪的妊娠期间的不同时期，给予相应的饲养管理；另一方面，可以把即将分娩的母猪转到产房，保证生产秩序的正常进行。

二、提高母猪繁殖力的方法

提高母猪繁殖力的方法有两种，一是提高母猪每胎产仔头数，二是提高母猪年产仔窝数。

1. 原理

母猪的一个生产周期是由3个阶段组成的：配种到分娩，这段叫妊娠期，其时间固定不变，平均为114 d；分娩到断奶，这段时间为哺乳期，这段时间是有伸缩性的；从断奶到再发情再配种，叫空怀期，其时间也是固定的，若饲养管理正常，则断奶后3～7 d即可发情再配种。如图3-4所示：

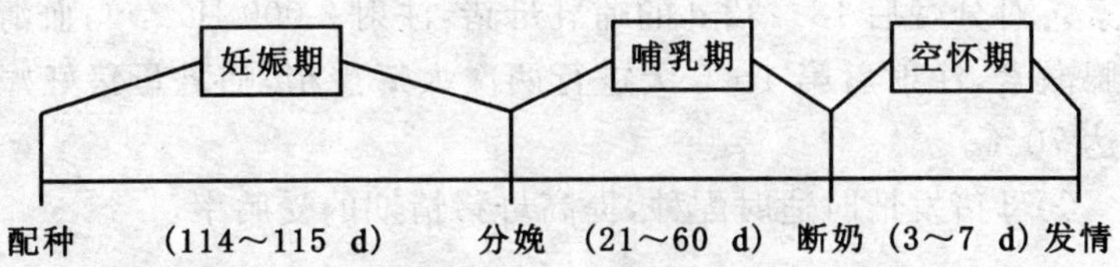

图3-4 母猪生产周期示意图

例如：将哺乳期定为 56 d，空怀期为 7 d，则一个生产周期为：115＋56＋7＝178(d)，即母猪产一窝仔需 178 d，一年有 365 d，则一年产仔窝数为 365÷178＝2.05(窝)。同理，如果哺乳期为 35 d，则一年可产 2.3 窝。

2. 提高母猪年产仔窝数的方法

①仔猪早期断乳。这是提高母猪年产仔窝数的主要方法。目前国外养猪发达国家多提倡仔猪 21～35 日龄断乳，根据我国实际(猪舍、饲料条件等)可采取 30～40 日龄断乳。据养猪户反映，仔猪在 30～40 日龄断乳，60 日龄出售，这样的仔猪适应植物性饲料较早，食欲好、增重快、不拉稀、非常好养。对早期断乳的仔猪，在 5～10 日龄即应进行吃料训练，并注意科学补饲。仔猪离乳后可在原圈饲养，待其适应后再分群饲养。同时要做好防寒保温和卫生消毒工作，防止仔猪生病。

②促使母猪在哺乳期发情配种。在母猪哺乳 20～40 d 内催情，使其能够发情配种，可以既哺乳，又妊娠，大大缩短母猪生产周期。促使母猪哺乳期间发情的方法有 3 种。一是人工间隔断奶法，即人为控制并延长仔猪吃乳的间隔时间，白天只让仔猪吃乳 1～2 次，夜间让其母仔在一起。由于仔猪吃乳间隔拉长，使母猪乳房内积存大量乳汁，造成乳房膨胀，从而限制了催产素的分泌，血液中催产素减少，降低了卵泡刺激素的抑制作用，因而能促进母猪的发情与排卵。二是利用公猪诱情。有公猪的养猪户，可在人工隔乳期间，将公猪赶到母猪运动场内诱情，每次 15～20 min，一天 1 次，连续 3～4 d 后母猪即可发情。三是注射孕马血清促性腺激素。对分娩后 18～32 d 的哺乳母猪，注射 2 000 IU 孕马血清促性腺激素，注射后第 4～5 天进行两次人工授精，哺乳母猪妊娠率可达 70％。

③母猪发情时适时配种，提高母猪情期的受胎率。

三、妊娠母猪的饲养管理

受精是妊娠的开始，分娩是妊娠的结束。妊娠期间，母猪饲养管理的好坏，就成为保证胎儿生长发育、增加产仔数的关键，是使母猪高产、多产的重要环节。母猪的妊娠期平均是 114 d，在生产上一般以 90 d 为界，分为妊娠前期和妊娠后期。前期胎儿的体重、体长增长较慢（在妊娠第 30 天，其体重还不到出生重的 1%，妊娠第 60 天时不到出生重的 10%），即发育较慢。但前期是胚胎组织器官分化发育的旺盛时期，1 个月即能看出猪形，2 个月就能分出性别，骨骼中钙、磷沉积明显增加，发育比较激烈。胎儿重量有 2/3 是在妊娠后期内增长的。由此说明，随着母猪妊娠天数的增加，母猪的营养需要逐渐增加，在妊娠后期达到高峰。根据妊娠母猪的营养需要规律，在整个妊娠期内，必须给予全价饲养，精料型日粮，每千克饲粮中消化能大于 11.72 MJ、粗蛋白质 13%、钙 0.6%、磷 0.5%、食盐 0.3%，还要注重维生素和微量元素的添加（表 3-2）。

表 3-2　妊娠母猪（含空怀母猪）饲料配方　%

饲料种类	配方 1	配方 2	配方 3	配方 4	配方 5
玉米	30	37	35	35	30
高粱				40	
大麦	10	8	10		8
稻谷					28
米糠					13
麸皮	30	25	45	13	10
豆饼	5	8	5	10	6
草粉	20	15			
血粉	3	5	3		3
骨粉	1.5	1.5	1.5	1.5	1.5
食盐	0.5	0.5	0.5	0.5	0.5

续表 3-2

饲料种类	配方 1	配方 2	配方 3	配方 4	配方 5
营养成分(计算值)					
消化能/(MJ/kg)	10.50	11.03	12.01	13.14	12.26
粗蛋白质	13.27	15.38	14.32	11.95	12.26
钙	0.64	0.63	0.60	0.60	0.59
磷	0.75	0.71	0.84	0.59	0.63
赖氨酸	0.61	0.77	0.70	0.53	0.88
蛋氨酸＋胱氨酸	0.50	0.55	0.56	0.43	0.42
粗纤维	9.04	8.31	6.01	3.44	5.47

在饲料搭配上，注意精、青、粗饲料比例，特别是在妊娠前期，可以适当多用些青绿多汁饲料和粗饲料。而在后期，日粮容积要小些，以免影响采食量和压迫胎儿。要控制酒糟等粗饲料的给量，妊娠后期最好不喂。严禁喂给发霉变质的饲料，冬天禁饮冰碴水。饲料喂量要根据母猪的膘情和妊娠的不同阶段来确定，就像群众说的“看膘饲喂”。在配种时膘情较好的母猪，在妊娠前期应减少喂量，后期增加，即“前低、后高”的饲养方式；在配种时膘情较差的母猪，在妊娠前期应适当增加喂量，膘情恢复后再控制喂量，在妊娠后期再增加喂量，即“高、低、高”的饲养方式；对产仔数较多，繁殖性能高的经产母猪和初产母猪，应随着妊娠天数的增加，饲喂量也逐渐增加，即“步步登高”的饲养方式。

在科学地饲养好妊娠母猪的同时，还要正确地管理好妊娠母猪。

要经常保持圈舍的干燥、清洁，避免由于潮湿、缺钙等引起的“趴窝病”。妊娠后期的母猪最好单圈饲养防止机械性流产。实践证明，妊娠母猪适当运动，分娩时会更加顺利，可减少慢产、难产的发生。

四、母猪死胎和流产的防治措施

在养猪生产中，经常见到妊娠母猪没有明显前期症状就突然死胎或流产的现象。还有的母猪在妊娠期间，食欲减退或不食，精神不安，体温微升或正常，乳头肿胀，阴道潮红，并流出黄白色或污血样的分泌物，同时还有腹痛和努责现象，出现流产、早产，有的母猪甚至形成了习惯性流产。

1. 预防母猪死胎和流产的方法

科学饲养，保持母猪良好的种用体况，使母猪保持 8 成膘，喂全价营养的配合饲料，保证胎儿生长发育的营养需要。

①喂一些青绿多汁饲料或喂一些轻泻性饲料如麸皮等，防止母猪便秘；

②不喂发霉变质和有毒及有刺激性的饲料，不喂酸性青贮料和含酒精过多的酒糟；

③防止近亲繁殖，淘汰遗传缺陷的母猪；

④防止母猪在妊娠期患病，特别是一些发高烧疾病；

⑤妊娠期间要防止碰撞、挤压、拥挤、追赶、鞭打等；

⑥不喂冰冻饲料，圈舍要干燥、清洁、卫生。

2. 流产母猪的药物治疗

对习惯性流产的母猪除采取上述办法外，母猪怀孕两个月以后，可肌肉注射黄体酮 3～5 mL，每隔 10 d 1 次，连用 2 次，效果很好。

如发现有流产征兆时，可采取以下急救方法：用益母草 90 g，鸡蛋 4 个，水煎后喂猪，亦可用黄体酮 3～5 mL，肌肉注射，每日 1 次，连用 2 d。

母猪从妊娠至分娩（产猪）结束的整个时期为妊娠期。母猪的妊娠期一般为 111～117 d，平均 114 d。该阶段的基本任务是，保证胚胎正常发育；使母猪多产健壮、活力强、出生重大的仔猪；保持母猪有中上等的体况（7～8 成膘），为哺乳期泌乳做好准备；预防流产。青年母猪的营养在保证繁殖需要和维持生命需要的同时，还要满足自身生长发育的营养需要。

五、妊娠母猪饲养管理操作规程

1. 妊娠前期（配种至妊娠，80 d）

此阶段饲养管理目标是防止母猪流产，保证供给母猪充足营养，促进胎儿整齐发育。

①每头母猪供应混合料 2.5 kg，冬季供应 3.0 kg，日喂 3 次，保证充足的饮水。夏秋季每天给青饲料 2～3 kg。禁止喂发霉、变质和冰冻的饲料。

②做好“看膘饲喂”，瘦弱母猪要酌情增加饲料；膘情较好的母猪要适当减少饲料喂量。

③在配种后 16～23 d，要认真观察母猪，防止母猪发生争斗或外界不良刺激，初步确定其是否妊娠，如发现返情要及时通知配种人员。

④在配种后 70 d 将确定妊娠的母猪挂出预产牌。

2. 妊娠后期（妊娠，80～107 d）

此阶段饲养管理目标是避免弱仔产生，使产出仔猪整齐一致。

①每头母猪饲料供应量增加至 2.75 kg，冬季给量 3.25 kg，饲喂方法不变。

②饲养员必须核实母猪预产期，如有错误，要及时核对；并按要求给够饲料，对体况依然较差的母猪给予特殊照顾。

③产前 1 周调入产房，携带产牌，不得赶得过急，不得惊吓；并对产栏和猪体进行清洗消毒。

第四节 母猪的分娩与接产

一、母猪分娩前预兆

母猪分娩前在生理和形态上发生一系列变化,称为分娩预兆。

(1)行为变化　群众说:"母猪叨草,产仔到了",说明母猪产前有衔草作窝的习性。"母猪频频尿,产仔就来到",母猪不仅排尿次数增加,而且排粪次数也增多,母猪安稳躺下,不吃不喝,为临产预兆。

(2)乳房变化　分娩前15～20 d,乳房由前向后逐渐下垂、膨大。乳头呈"八"字形分开挺直,皮肤紧张。白毛色的初产母猪乳房周围的皮肤还明显地发红发亮(俗称两张皮)。

(3)体态变化　临产前母猪腹大而下垂,躺下时能看到胎儿在腹内跳动。母猪的外阴部松弛,尾根两侧稍凹下(俗称"松胯"),阴唇上的皱襞消失。

(4)乳头的变化　临产前母猪乳头从前向后逐渐能挤出乳汁。前面的乳头能挤出乳汁时,约在24 h内产仔;中间乳头能挤出乳汁时,约在12 h内产仔;最后一对乳头能挤出乳汁时,在4～6 h内产仔或即将产仔。

二、接产

母猪的分娩是否顺利,关系到母猪和仔猪的安全,为了使母猪能安全分娩,我们应做好以下工作。

(1)做好产前准备　有产床(圈)的猪场,应提前5～7 d将临产母猪转到产床(圈),在母猪转到前要对产床(圈)做认真的冲洗、消毒,温度在15～20℃为宜。临产前2～3 d,用温热水刷洗母猪的全身,用2%来苏儿对腹部、乳头和阴户进行消毒,准备好接产用品（2%碘酒、塑料手套、注射器及针头、石蜡油、催产素、青霉素等），有仔猪保温箱的猪场应提前 2 d 将温度调试到 32℃。

分娩准备清单：
①产床维修
②补料槽的冲洗、消毒
③饮水器功能正常
④产床的冲洗、消毒和空床干燥
⑤进入产房前用温热水刷洗母猪的全身
⑥保温设施工作正常
⑦检查母猪的健康状况
⑧准备好接产用品

（2）接产技术　接产人员最好由该母猪饲养员来担任，这样母猪比较安心，产仔快。接产人员的手臂应洗净，并用 2%的来苏儿消毒，并做到以下 3 点：

①三擦一破。仔猪产出后，迅速擦干口、鼻、全身的黏液。如发现胎儿包在胎衣内产出（叫胎盘前置），应立即撕破胎衣，再抢救仔猪。

②断脐。仔猪产出后，有的脐带自然断开，有的未断。对未断的脐带，先将脐带内的血液向仔猪腹部方向挤压，然后在离腹部 4 cm 处把脐带钝性撕断，断头上涂上碘酒。一般经 2～4 d 后脐带就会干枯而自行脱落。

③让仔猪及时吃上初乳。初乳中含有丰富的营养和免疫抗体。实践证明，没有吃到足够初乳的仔猪很难成活。

三、仔猪假死的原因及急救方法

仔猪产出后，呼吸基本停止，但心脏与脐带动脉仍在跳动，这种现象叫假死。

(1)初生仔猪假死的原因 仔猪在产道内停留的时间过长,吸进产道内的羊水与黏液,造成临时窒息。仔猪在产道内停留的时间过长的原因包括:母猪年老体衰,分娩无力;母猪长期不运动,腹肌无力;胎儿过大卡在产道某一部位;母猪产道狭窄,有先天狭窄或后备母猪配种过早发育不全的狭窄等。

(2)急救方法 在急救前必须首先把口、鼻内的黏液与羊水用力甩出或捋出并擦干后,再进行急救。急救速度要快,否则假死会变成真死。急救的方法有以下几种,任选一个即可。

①人工呼吸法。即饲养人员用手托起假死仔猪,或把它放在垫草上,然后用右手伸屈两前肢或前后肢,促其呼吸。

②吹气法。即向假死仔猪鼻内或嘴内用力吹气,促其呼吸。

③右手提起两后肢,使假死仔猪头向下,左手拍胸拍背,促其呼吸。

四、母猪难产的原因及助产技术

在接产过程中,如发现胎衣破裂,羊水流出,母猪用力时间较长,仔猪就是生不下来,可能发生难产。

(1)难产原因 母猪过肥过瘦,过肥造成产道狭窄,过瘦则体弱分娩无力;妊娠期营养过度,造成胎儿过大;近亲繁殖,使胎儿畸形;妊娠期缺乏运动,造成胎位不正;母猪产仔时,人多杂乱,或其他动物进入猪舍,使母猪神经紧张;母猪先天发育不良或配种过早而发育不全,造成产道狭窄;母猪年老体衰,子宫收缩力弱;母猪患其他疾病,致使母猪体弱而造成分娩无力等,都能引起母猪难产。

(2)助产技术 难产时,应实行人工助产。首先使用催产素注射,用量按每 100 kg 体重 2 mL,注射后 20～30 min 可产出仔猪。如注射催产素无效,可采用手术助产。在进行手术前,应剪磨指甲,洗净手臂并消毒后涂润滑剂,五指呈锥形,趁母猪努责间歇时伸入产道,摸到仔猪后随着母猪努责慢慢将仔猪拉出。手术后,母猪应注射抗生素或其他消炎药物，以防产道、子宫发炎。

第五节　哺乳母猪的饲养管理

一、母猪分娩前后的饲养

一般来说，体况较好的母猪，产后初期乳量过多、过稠，母猪易患乳房炎，仔猪吃后消化不良，造成下痢，故在产前 5～7 d 应按日喂量的 10％～20％减少饲料，在产仔当天，可少喂或不喂饲料，只喂给一些麸皮汤或轻泻饲料，防止母猪发生便秘。但对较瘦的母猪，产前可不减料，反而应加喂富含蛋白质的催乳料和青绿多汁饲料。

分娩后的 2～3 d 内，由于母猪产后体质虚弱，代谢机能未恢复正常，所以饲料喂量不宜过多，饲量应逐渐增加，到产仔 5～7 d 后才能按哺乳母猪的饲料量饲喂。但对体质较差，乳量较少的母猪，可以在产后喂给正常数量的饲料(表 3-3)。

表 3-3　哺乳母猪产前、产后喂料量(参考值)　　kg

日期	上午	下午	总量
产前 1 d	0.5	0.5	1.0
分娩时	0	0.5	0.5
分娩后 1 d	1.0	1.3	2.3
分娩后 2 d	1.8	2.2	4.0
分娩后 3 d	2.7	2.7	5.4
分娩后 4 d	2.7	2.7	5.4

二、提高母猪泌乳量的措施

(1)饲养　妊娠母猪特别是妊娠后期的饲养，要防止母猪过瘦或过肥。妊娠后期胎儿发育很快，母猪乳腺也同时发育，如果营养不够，不仅胎儿发育不好，出生重低，而且乳腺发育不好，产后泌乳量低。

(2)营养　泌乳母猪饲料的营养水平应高于妊娠母猪。母猪产后3周达到泌乳高峰，以后逐渐下降，猪乳中各种营养物质都要从饲料中获得。若饲料中能量和蛋白质不足，则母猪泌乳期失重增加，断奶时体质瘦弱使断奶到配种间隔增加。钙和磷不足可引起母猪瘫痪或跛行。饲料中维生素要丰富，母猪能通过乳汁供给仔猪，促使仔猪健康发育，提高仔猪成活率。

(3)提高母猪采食量　母猪产后应逐渐加料，到产后第五天起母猪恢复正常喂量，直到仔猪断奶都应给以充分饲养，母猪能吃多少饲料就喂多少，不限制采食量。母猪采食量越少，泌乳期失重越多，断奶至配种间隔越长。以窝产10头仔猪为例，每头母猪日采食量不低于5.0 kg。

(4)加强管理

①少喂勤添，增加饲喂次数。以日喂4～5次为宜。

②保护好母猪乳房和乳头。仔猪生后应剪牙，防止仔猪因争吃奶而咬伤母猪乳头。仔猪的吸吮能促进母猪乳房发育，尤其是初产母猪，一定要让仔猪均匀地利用全部乳头，使每个乳房都发育良好，提高以后几胎的泌乳量。

三、泌乳母猪的营养标准和饲粮配方

一般来说，180～200 kg体重的母猪，在泌乳盛期，每天每头喂给精料5.6～6.0 kg。每千克饲料中消化能不得低于11.72 MJ，粗蛋白质应在15%左右，钙0.8%左右，磷0.6%左右，食盐为0.25%～0.35%，饲料中要富含微量元素和多种维生素。泌乳母猪全价料参考配方见表3-4。

表 3-4 泌乳母猪全价料配方(参考)

原料	绝对量
玉米/kg	655.6
豆粕/kg	160
膨化大豆/kg	90
鱼粉/kg	20
麸皮/kg	40
磷酸氢钙/kg	13
石粉/kg	8
食盐/kg	3.4
多维素预混料/kg	10
总数/kg	1 000
消化能/(MJ/kg)	13.63
粗蛋白质/%	17.7
赖氨酸/%	0.97
钙/%	0.81
磷/%	0.63

四、产后不食的原因和防治方法

(1)母猪产后不吃食的原因

①产后增料过猛、喂料过多、饲料浓度太大,造成母猪厌食。

②母猪产后吞吃了胎衣,造成消化不良;母猪产后吃了凉食,饮了凉水,伤了胃,造成不愿吃食。

③产后饲喂精粗饲料过多、青饲料太少,造成母猪大便结燥,而食欲减退。

④母猪产仔时间过长,母猪产后疲劳过度。

⑤产后由于产道损伤,被细菌感染而发生炎症不吃食。

(2)预防　根据以上原因进行综合预防,特别是在产前给以营养丰富和易消化的饲料。精料、粗料、青料合理搭配,不宜把母猪喂得过肥或过瘦。做好母猪产前减料、产后逐渐增料的工作;在产前7 d用5%的新鲜石灰水消毒圈舍,防止细菌污染阴道;母猪产出的胎衣要及时清理,不让母猪吞食。

(3)治疗(供参考)　用猪苦胆1个、醋100 mL,苦胆先用水和匀,再加入醋调匀,灌服。产道感染的用青霉素320万IU,链霉素100万IU,混合在20 mL安乃近中进行肌肉注射,每日2次,连续注射2～3 d。

五、母猪不让仔猪吃奶怎么办

母猪不让仔猪吃奶多发生于初产母猪。这是因为初产母猪缺乏哺乳经验,对仔猪拱奶吸吮的刺激总是处于兴奋与紧张状态。

解决措施:将母猪保定,肌肉注射冬眠灵(盐酸氯丙嗪),每千克体重2～4 mg,使母猪睡觉,再放开仔猪吃奶,经过几次哺乳,母猪习惯了就不会拒绝哺乳。

可有的初产母猪不让人接近,无法将母猪保定,也就没有办法肌肉注射冬眠灵,遇到这种情况,可以将浸满酒精(或白酒)的馒头扔到母猪面前,母猪吃了后醉倒,再放开仔猪吃奶。

另外,经产母猪因营养不良而无奶,仔猪吃不饱总跟着母猪吃奶,母猪烦躁而拒绝哺乳。其表现是,母猪长时间平趴在地面上,而不是侧卧在地面上,只要加强营养,母猪有奶后,就不会拒绝哺乳了。

六、母猪产活仔数少的原因分析

目前在养猪生产中,困扰养猪生产的难题为产仔数少,造成猪场的繁殖力下降,猪群补充困难。如果增加母猪存栏,提高产仔窝数,势必增加母猪的饲养成本,而且还造成母猪舍的栏位紧张;不增加母猪的存栏，育仔、育成、肥育栏位相对空置，造成浪费及增加成本。在生产实际中，要分析造成产仔数少的原因，以便在生产中加以防范。

(1)品种原因　有些品种的繁殖能力低，产仔数少，如皮特兰猪、杜洛克猪等，由于品种的原因，产仔数提高非常困难。

(2)年龄原因　猪年龄及胎次影响产仔数的多少，同时影响产活仔数的多少。

①胎次。1～2 胎的母猪繁殖性能低、排卵数少；产仔数少；3～5 胎繁殖性能最好，产仔数及产活仔数最高；6 胎以后的母猪繁殖性能有所下降，产仔数及产活仔数下降。

②猪的年龄。1～2 胎、6 胎以上母猪，由于体力的影响，产仔过程易产生疲劳，时间过长，造成死胎比例过大，在生产中应加强低胎次和高胎次猪的助产，减少产仔的间隔时间。

(3)饲养管理不当　母猪群的饲养管理为猪场的关键，很多产仔数少和产活仔数少的母猪，是由于饲养管理不当造成的，如驱赶、鞭打、咬架等可以造成机械性流产。

(4)疫病的影响　很多疫病都能造成繁殖障碍，造成产仔数下降，死胎、木乃伊胎比例增加，如圆环病毒、蓝耳病、猪瘟、伪狂犬病、细小病毒、乙型脑炎、口蹄疫、猪丹毒、链球菌病和猪流感等。

在母猪的饲养管理过程中，应注意以下几点：

①加强防疫工作，减少各种病原感染；

②减少外引种猪，防止传染病的引入；

③做好母猪群免疫工作；

④加强饲养管理，减少由于管理原因造成产仔数的减少；

⑤引种时选择繁殖性能高的猪种，提高母猪的繁殖率。

第六节　哺乳仔猪的饲养管理

一、哺乳仔猪的生理特点

哺乳仔猪生理机能和成年猪是不同的，要养好哺乳仔猪首先要了解哺乳仔猪的生理特点，根据哺乳仔猪的生理要求和特点，相应地饲养管理，才能养好哺乳仔猪。哺乳仔猪的生理特点有以下几点。

（1）生长发育快　新生仔猪生长发育特别快，生后 10 d 体重即可翻一番，1 月龄时的体重为初生重的 5～6 倍（表 3-5）。

表 3-5　哺乳仔猪的生长速度（陆川猪）

日龄	初生	10	20	30	40	50	60
体重/kg	0.60	1.33	2.63	3.60	4.96	7.02	8.94
增长倍数	1.00	2.22	4.38	6.00	8.27	11.70	14.90

仔猪的快速生长是以旺盛的物质代谢为基础的。因此，仔猪对营养物质的质量和饲料的品质要求都较高，对营养不全反应敏感，所以供给仔猪全价的饲料就显得很重要。

（2）体温调节能力差，特别怕冷　初生仔猪神经发育还不健全，体温调节能力差，再加上初生仔猪皮薄毛稀，皮下脂肪少，因此特别怕冷，容易冻昏、冻僵或冻死。另外，初生仔猪反应迟钝，行动不灵敏，易被踩死、压死。

（3）消化器官不发达，消化机能不完善　初生仔猪消化道容积很小，胃的容积只有 25～40 mL，重 4～5 g；20 日龄胃重才 35 g 左右，每次吃奶容纳的乳汁不多，胃内食物排空的速度也快。因此，仔猪易饱、易饿。这就要求仔猪料容积要小、质量要高、少喂勤添，日喂次数较多(或自由采食)。

(4)没有先天的免疫力　初生仔猪没有先天的免疫力，容易得病，所以应及时吃上足够的初乳。

二、哺乳仔猪的饲养管理

(1)抓乳食，过好初生关　加强初生仔猪的护理工作，防止冻死、压死、病死，甚至饿死的现象发生，是提高仔猪成活率和断奶窝重的关键。

①吃足初乳，固定乳头。母猪产后 2～3 d 以内所分泌的乳汁叫初乳。初生仔猪没有先天免疫力，必须吸吮初乳，否则易发多种疾病。另外，初乳中含有丰富的营养物质，内含大量的蛋白质、乳糖、乳脂，酸度较高，可满足仔猪生长发育的需要，是常乳无法取代的，如果仔猪吃不到初乳则很难成活。

如何保证所有仔猪吃上初乳？

①将你看到的正在吃初乳的仔猪做上标记。

②0.5 h 后，把吃上初乳的仔猪放到保温箱中。

③让剩下的仔猪吃饱，再让所有的仔猪回到母猪身边。

④用分开吃乳的方法(当一半仔猪吃初乳时，把另一半隔开；然后两组轮换。轮换应持续几小时，以保证所有仔猪吃上足够的初乳)。进食 40～60 mL 初乳(4～5 次比较好的进食)将提供足够的免疫蛋白，保证新生仔猪抵御多种疾病。

仔猪有固定乳头的习性，一旦固定下来，一般到断奶都不更换。由于不同位次乳头的泌乳量是不一样的，位次在前面的乳头泌乳量一般较多，位次在后面的乳头泌乳量一般较少(表 3-6)。为了保证全窝仔猪都能均匀发育，可利用人工固定乳头的方法，把初生重小、发育较差的仔猪固定在前面，初生重大、发育较好的仔猪固定在后面的乳头，中间的乳头由剩余的仔猪自由选择、固定，即“抓两头,带中间”,使全窝仔猪发育均匀。

表 3-6 母猪不同位次乳头的泌乳量

乳头位次	仔猪数/头	初生重/kg	仔猪 20 日龄	
			体重/kg	增重/kg
1	10	1.06	5.05	3.99
2	10	1.20	5.60	4.40
3	10	1.24	5.50	4.26
4	10	1.26	5.35	4.09
5	9	1.36	4.94	3.58
6	6	1.38	4.92	3.54
平均		1.25	5.23	3.98

泌乳量较多的乳头依次为第 2、3、4、1 对。

②防冻防压,加强护仔保温。冬、春季分娩的仔猪死亡的主要原因是冻死或被母猪压死。

仔猪的适宜温度是生后 1～3 日龄 30～32℃,4～7 日龄 28～30℃,15～30 日龄 22～25℃,2～3 月龄 22℃。保温的措施很多,如避免寒冷季节产仔。北方如采取全年产仔方式,应设产房、产圈(床),有仔猪保温箱,利用红外线灯,电热板等设备供热。

由于初生仔猪反应迟钝,行动不灵敏,如母猪体大笨重,行动迟缓,产后疲倦,或母性较差等常易压死仔猪。防护措施包括:保持舍内适宜温度,防止仔猪因为怕冷爱钻母猪肚皮底下或垫草堆内而被母猪压死;在产后一周内加强看管,特别是母猪吃食或排泄后回去躺窝时要留心;保持环境安静,避免突然响动使母猪惊吓而踩压仔猪;可在猪圈一侧或一角设置护仔间或护仔栏架,让母猪隔开睡觉。

③及时补铁和硒。铁是合成血红蛋白和肌红蛋白的重要原料。新生仔猪体内贮存 40～50 mg 铁,仔猪生后 1 周内母猪只能

供给 1～1.3 mg 的铁(每 100 g 母乳含铁 0.2 mg,小猪每天能吃到 500～650 g 乳),就是仔猪出生 2 周后的母乳每天也只能供给 2.3 mg 的铁,可是哺乳仔猪每天需要铁 7～11 mg,如不及时补铁,血红蛋白量很快下降,仔猪就得一种低色素的小红细胞性贫血症。其表现为:生长缓慢,精神萎靡,被毛粗糙,皮肤皱起和黏膜苍白。快速生长的仔猪因缺氧突然死亡,其外表特征是呼吸困难或膈肌痉挛。仔猪血液中血红蛋白的含量与健康、生长的关系密切(表 3-7)。

表 3-7 仔猪血液中血红蛋白的含量与健康、生长的关系

每 100 mL 血液中血红蛋白含量	仔猪表现
10 g 以上	够用,生长良好
9 g	符合最低需要量
8 g	贫血临界线,需要补充
7 g 以下	贫血,生长受阻
6 g 以下	严重贫血,生长显著减慢
4 g 以下	严重贫血,死亡率上升

由表 3-7 可见,仔猪每 100 mL 血液中血红蛋白在 8 g 以下时,就要发生贫血。因此,新生仔猪必须补铁。

缺硒仔猪发生皮下水肿、肝坏死、心脏衰竭、白肌病、体脂内沉积棕黄色素、体液内积累黄液、幼猪突然死亡。

现在生产上给仔猪补铁、补硒很方便。有很多兽药厂生产铁、硒合剂,如补铁王、牲血素、富力铁等,使用方法是:在仔猪生后 3 d 肌肉注射 1～2 mL,在 10 日龄时再注射 1～2 mL;口服铁制剂或把铁制剂涂在母猪乳头上,让仔猪吮食;在圈内撒布一些干净的红黏土,让仔猪自由采食,以补铁的不足;在仔猪生后 3 日龄内,每头仔猪口服 1～2 滴 0.5%的稀盐酸和胃蛋白酶,以避免仔猪贫血，增强仔猪的消化机能和防病能力，提高其断奶窝重。

④做好防病工作。主要是预防仔猪下痢。造成仔猪下痢的原因很多，有红痢、黄痢、白痢、传染性胃肠炎、流行性腹泻等。

红痢和黄痢都严重地危害仔猪的生命和健康，为防止这两种疾病的发生，应定期给母猪注射红痢菌苗（没有发生该病的猪场不要注射该疫苗）和黄痢菌苗。在母猪妊娠第10周和第14周龄时，注射上述疫苗各一头份，可有效地预防这两种疫病的发生。

仔猪从3～5日龄起开始补水。由于母乳中脂肪含量高（7%～11%），仔猪常感口渴，如不补给清水，仔猪就会喝脏水或尿液，引起下痢。补水的方法是：在补饲间小水槽中放入清洁水或含0.8%的盐酸水让仔猪饮用，水要常换，以保持新鲜；有条件的可以安装自动饮水器。

引起白痢的原因很多，但大部分为大肠杆菌所致，只要加强管理，还是可以预防的。首先要做到圈舍卫生、干燥、温暖，使仔猪免遭外界环境的打击；其次是加强母猪的饲养管理，严格按哺乳母猪的饲养标准和需要量饲喂母猪，防止母猪乳汁过浓或过稀。

（2）抓开食，过好补料关　哺乳期仔猪生长速度很快，其营养物质的来源主要是母乳。从产猪开始母猪的泌乳量逐日增加，产后20 d达到高峰，如果饲养条件好，这个高峰期可沿长至30 d，然后泌乳量下降。此时仔猪生长发育旺盛，需要的营养物质越来越多，单靠母乳供应是不够的，据资料证明，仔猪生后20 d母乳可以满足其生后需要总的营养物质的97%，30 d能满足84%，而42 d时仅能满足50%。为此，就必须从外界为仔猪提供一定的营养物质，以弥补母猪泌乳不能满足仔猪生长发育的需要。

①训练仔猪尽早开食。仔猪生后4～7 d，活动增加，拱掘地面或啃咬硬物。7～10日龄开始出牙，牙龈发痒，此时正是训练吃料

的好时机。试验证明，从 6 日龄开始训练吃料，30 日龄时日采食量可达 0.24 kg；而 14 日龄开始训练吃料，30 日龄时日采食量仅为 0.18 kg，提早 1 周补料，采食量可提高 30.56%。

②训练开食方法。粒料训练，仔猪生后 4～7 d，把哺乳仔猪料撒在仔猪活动栏补料槽内，让仔猪自由觅食；强迫补料，仔猪生后 4～7 d，将调制好的饲料抹在仔猪嘴内，让其品尝饲料味道，结合控制补乳时间，就可达到预期目的。

③饲料应有良好的适口性。配制哺乳仔猪料，在选择原料时，既要考虑营养需要，还要注重饲料的适口性。玉米、炒黄豆粉、脱脂乳等是仔猪嗜好的饲料，这些饲料的香味可以促进仔猪采食，还可在仔猪补料中添加 3%的蔗糖，以增加饲料的甜味，提高饲料的适口性。另外，还可适当补喂幼嫩的青绿多汁饲料，如苜蓿草、胡萝卜等。

④抓好旺食期的补料工作。仔猪 21 日龄以后，随着母猪泌乳量的下降，消化机能日趋完善，对饲料的要求越来越强烈。此时食量逐渐加大，进入了旺食期，此时食欲特别旺盛，贪吃饲料。随着旺食的出现，仔猪生长也十分迅速，如这个时期饲养得好，还为断奶后仔猪的饲养打下基础，抓好旺食应注意以下几点。

要使仔猪生长迅速，就需要补给适宜营养水平的全价饲料，所以，每千克饲料含消化能不应低于 14.0 MJ，粗蛋白质含量一般不低于 20%，赖氨酸含量要占粗蛋白质的 4.5%或日粮总量的 1.2%以上。仔猪对纤维和谷类淀粉消化率不高，日粮中粗纤维含量不应超过 3%，为此，仔猪日粮不能单靠植物饲料，而应给予一定量的高质量鱼粉、乳清粉、脱脂骨粉等动物性饲料，以满足其营养需要（表 3-8）。

表 3-8　仔猪典型饲料配方　%

仔猪体重/kg	5～10		10～20	
饲料配方编号	1	2	3	4
玉米	43.5	51.0	58.0	54.3
高粱	10.0	10.0	3.0	7.8
麦麸	5.0	—	5.5	6.0
豆饼	20.0	20.0	21.0	21.0
脱脂奶粉	10.0	—	—	—
砂糖	—	2.0	—	—
鱼粉	7.0	10.0	7.5	8.3
酵母粉	2.0	4.0	2.0	—
骨粉	—	—	0.3	—
碳酸钙	0.1	0.6	0.4	0.3
食盐	0.4	0.4	0.3	0.3
微量元素添加剂	1.0	1.0	1.0	1.0
维生素添加剂	1.0	1.0	1.0	1.0
合计	100.0	100.0	100.0	100.0
干物质	90.1	87.8	89.2	88.9
消化能/(MJ/kg)	13.60	13.68	13.56	13.51
可消化粗蛋白/(g/kg)	181	175	160	160
粗蛋白质	22.0	21.8	20.1	20.2
粗纤维	2.49	2.14	2.77	2.75
钙	0.79	0.78	0.65	0.63
磷	0.62	0.61	0.58	0.58
赖氨酸	1.34	1.23	1.16	1.16
蛋氨酸＋胱氨酸	0.70	0.58	0.59	0.60
色氨酸	0.30	0.32	0.26	0.26

饲料应以颗粒料为好，颗粒料营养全面，适口性好，可提高仔猪的增重效果。

哺乳仔猪的补喂要少给勤添，让仔猪总是吃新鲜饲料。规模猪场，利用仔猪补料槽、自动饮水器让仔猪自由采食、自动饮水；按顿补饲的猪场，一般每天补 5～6 次，最好夜间安排补喂 1 次。

总之，抓好乳猪哺乳期补料工作，是争取最大断奶窝重的重要途径之一。

(3)抓旺食，过好断奶关　断乳是养好仔猪的又一关键时期，此时仔猪脱离母猪遭受的环境打击较大，如离开母猪，改吃乳加料为吃料、分群、打防疫针、阉割等，断乳时间、方法及饲方法不当往往造成仔猪生病，重者可造成死亡。

①断乳时间。仔猪断乳的时间可根据各地的具体情况灵活掌握。我国大部分农村一直延续使用 2 月龄断乳制度。该制度与饲料条件差、以青代精、养猪主要为积肥等农村饲养管理制度有关。60 d 断乳制度制约了母猪生产力的提高。因为 60 d 断乳，114 d 妊娠，以及 7 d 断乳后配种空怀期，共计，一头母猪每年只能完成 2 胎的生产任务。另外，60 d 断乳增加母猪的哺乳期饲养时间，加大用料量，使母猪体重损失过大，影响下期的发情、配种。

目前，在一些饲养管理条件较好、商品意识较强的猪场多采用 42 d 或 35 d 断乳的方法，每年每头母猪可生产 2.2 胎或 2.3 胎，母猪体重损失不大，不影响下胎的发情配种。

还有些先进的猪场，已采用 28 d 或 21 d 早期断乳，如此，每年每头母猪可生产 2.4 或 2.5 胎。例如一头母猪平均每胎生产 10 头断乳仔猪，21 d 断乳的母猪要比 60 d 断乳的母猪每年多生产断乳仔猪 6 头，大大提高了母猪的生产力。

②断乳方法。有一次断乳法、分批断乳法和逐渐断乳法。

a. 一次断乳法：当仔猪达到预定的断奶日期时，一次性将母猪与仔猪完全分开。一次断乳，由于仔猪突然改变了生活环境和饲料，往往导致仔猪精神不安，消化不良，生长发育受损，又易使母猪乳房胀痛、不安或发生乳房炎。此法对母猪、仔猪均有影响，多用于全进全出的规模化养猪。使用时，母猪应于断乳前 3 d 减少精料和青绿多汁饲料，使其降低泌乳量，并应注意加强对母猪及仔猪的护理。

b. 分批断乳法：按仔猪的发育、用途等，先后分几批陆续断乳，一般发育好、体大强壮的仔猪先断乳，而体格弱小或拟留作种用的后断乳。此法断乳时间拖得长，仔猪管理也较困难。

c. 逐渐断乳法：在仔猪达到预定断乳日期前 4～8 d，有计划地按时间把母猪和仔猪隔离开，逐渐减少哺乳次数，第一天哺乳 4～5 次，第 2 天哺乳 3～4 次，经过 3～4 d 即可使仔猪脱离母猪。

三、哺乳仔猪饲养管理操作程序

①仔猪出生后，应及时吃上初乳，仔猪 3～5 d 内要人工辅助固定奶头，每隔 1.5 h 放奶 1 次，弱小仔猪固定在前面 2～3 对奶头。

②仔猪生后 3 d 补水、补铁，4～7 d 要补料诱食。仔猪料要少给勤添，严格管理，避免浪费。

③不留种用的小公猪 18 日龄去势。

④要保证补饲槽的清洁卫生。

⑤出生后 35 d 左右断乳，主要依据仔猪的个体重和认食情况、母猪体况进行。断乳后原窝转入仔猪培育舍饲养。

⑥其他要求：要做好仔猪死亡记录（填写仔猪死亡记录表）；注意观察舍内温度变化，并做记录；做好仔猪各种疫苗免疫接种工作，并认真做好记录。

第七节 培育仔猪的饲养管理

一、培育仔猪的饲养

规模化养猪，哺乳仔猪 35 日龄断奶后，调入培育猪舍，在网上饲养 6 周左右下网，体重应达 25 kg 左右。哺乳仔猪调入培育舍前，应对培育舍的一切设备进行检修，然后将所有培育栏清洗消毒，饲槽内的陈料要彻底加以清除，并洗刷干净。一切准备就绪后，方允许转入新猪群。培育舍应经常保持干燥、清洁，冬暖夏凉，空气清新，温度适宜，一般为 18～22℃，冬季也不能低于 18℃。

仔猪断乳后 1～3 周内，由于生活条件的突然改变而往往表现不安，食欲不振，增重缓慢，甚至体重减轻或患病，尤其是哺乳期内开食晚，吃补料少的仔猪更为明显，度过这一个适应阶段后，生长才又加快。

为养好断乳仔猪，过好断乳关，就要做到饲料、饲养制度及生活环境“两维持，三过渡”，即维持在原圈管理和维持原饲料饲养，并逐渐做好饲料、饲养制度和环境的过渡。

(1)饲料过渡　首先在断乳前就要做好断乳准备工作，使仔猪习惯采食饲料。抓好旺食阶段，使它有一个较大的食量和消化力。断乳后，半个月内保持饲料不变，仍然喂哺乳仔猪料，以免突然改变饲料降低食欲，引起消化紊乱。半个月后再逐渐过渡到断乳仔猪的饲料。过渡的方法是第 1～3 天，70％哺乳仔猪料＋30％仔猪料混匀后饲喂；第 4～5 天，50％哺乳仔猪料＋50％仔猪料混匀后饲喂；第 6～7 天，30％哺乳仔猪料＋70％仔猪料混匀后饲喂；第八天以后全喂仔猪料。

培育仔猪饲料中粗蛋白质的含量以 18％为宜。同时，应限制含粗纤维过多的饲料喂量，以免影响仔猪的消化。每千克饲料的可消化能宜为 13.8～14.6 MJ。断乳仔猪日粮配方如表 3-9 所示。

表 3-9　断乳仔猪日粮配方

原料	含量
玉米/kg	637
豆粕/kg	200
膨化大豆/kg	100
鱼粉/kg	20
油/kg	10
磷酸氢钙/kg	13
石粉/kg	7
食盐/kg	3
多维素预混料/kg	10
合计/kg	1 000
消化能/(MJ/kg)	14.0
粗蛋白质/%	19.0
赖氨酸/%	1.14
钙/%	0.79
磷/%	0.61

(2)饲养制度过渡　规模猪场培育仔猪饲喂方法是自由采食，但断乳后 2 周内应限制饲喂，每次喂量不宜过饱。按风干饲料，日食量约为体重的 1/20，但次数要多，以保证仔猪旺盛的食欲和消化力，并可防止拉稀(拉稀往往因过食引起)。

饲料适口性好是增加仔猪采食量的一个主要因素。仔猪对颗粒饲料或粗粉料的喜好超过细粉料。饲料中可以适量添加胃蛋白酶、多维电解质、酸化剂等，减少仔猪腹泻的发生，克服断奶应激。

供给清洁饮水。断乳仔猪采食大量饲料后，常会感到口渴，如供水不足而饮污水会引起下痢。有条件的猪场可设自动饮水器或水槽，以保证饮水的供给。

(3)饲养环境过渡 做好环境的过渡是养好断乳仔猪的又一因素。仔猪断乳后头1～2 d很不安定，经常嘶叫并寻找母猪，夜间尤甚，为减轻仔猪断乳因失掉母猪而不安，最好采取原窝培育法，即将原窝仔猪（剔除个别发育不良者）同时断奶，转入仔猪培育舍，关入同一栏内饲养。如原窝仔猪过多或过少，需调栏并窝，应在断乳后半个月吃食和粪便正常时进行。为避免并窝后的不安和互相咬斗，应在分群前3～5 d使仔猪同槽进食或一起运动，使彼此熟悉。然后根据仔猪的性别、大小、吃食快慢进行分群。同群内以体重相差不要超过2～3 kg为宜。对体弱的仔猪，应另组一群，精心护理以促进其发育。每群的头数，视猪栏面积大小而定，一般可为4～6头或10～12头一栏。仔猪合群后经过1～2 d咬斗，很快建立群居秩序。

猪舍内应保持干燥清洁，冬暖夏凉，舍内的温度以22℃为宜，在冬季不能低于18℃。

二、培育仔猪饲养管理操作程序

①断奶仔猪要防止应激产生的拉稀，采取有效措施。饲料逐渐过渡，冬季要尽可能保证仔猪培育室气温与产房一致，并减小昼夜温差。

②在饲喂上采取前10 d先控制，而后自由采食的办法。

③发生拉稀要积极地对症治疗。

④仔猪转群后，要对栏舍进行冲洗、消毒，然后备用。

⑤其他要求：要做好仔猪死亡记录（填写仔猪死亡记录表）。注意观察舍内温度变化，并做记录。做好仔猪各种疫苗免疫接种工作，并认真做好记录。

第八节　生长肥育猪的饲养管理

仔猪从出生经过5周的哺乳期和6周的培育期后，就要转到生长肥育猪舍内饲养，在这里饲养15周左右，体重达到90 kg出栏较为适宜。

猪的体重达到20 kg后，能达到市场出售体重的机会大约为50∶1。这说明，死亡率低，成活率高，但是不一定盈利。因为许多因素影响经济效益，其中饲料转化率对整体效益影响最大。

影响肉猪生产经济效益的因素：

①猪场的折旧费；②生猪的市场销售价格；③饲料成本；④饲料转化率；⑤增重率；⑥死亡损失；⑦胴体质量。

饲料成本占猪场成本的70%～80%，而饲料成本大部分在生长肥育阶段，因此要想获得利润，这一阶段的饲料转化率是至关重要的。

许多因素降低生产中的饲料利用率，包括：不平衡的日粮；猪群质量差（遗传性能差）；发病率高；饲料发霉变质；饮水质量差；环境条件差；管理差。

由此我们可以看出，要想提高生长肥育猪的生产效益和经济效益，一方面我们要培养高质量猪群，另一方面要科学合理地配制饲料。

一、生长肥育猪的日粮配合

（1）生长肥育猪的营养需要　为了充分挖掘生长肥育猪的生产潜力，提高饲料转化率，给生长肥育前期的猪（30～60 kg）饲喂的日粮中要含16%的蛋白质和0.8%的赖氨酸。给生长肥育后期的猪（60 kg至出栏）饲喂的日粮中要含14%的蛋白质和0.65%的赖氨酸。

(2)避免适口性差的日粮成分　在配合猪的日粮中,要避免适口性差的饲料。避免在日粮中含有有毒物质,如菜籽饼中的葡萄糖异硫氰酸盐、棉籽饼中的棉酚、蚕豆中的血凝素。这些饲料仍然可以在猪饲料中使用,但是必须给以一定的限量。发霉变质的饲料严禁在猪饲料中使用。

(3)要控制好日粮中粗纤维的含量　高含量纤维将对日粮的质量产生不利的影响。当日粮中粗纤维的含量增加时,日增重和饲料利用率将降低(表3-10)。

表3-10　粗纤维对猪生产性能的影响

项目	粗纤维含量/%					
	3.4	3.8	6.8	9.9	13.1	16.2
饲料摄入/kg	1.40	1.50	1.70	1.90	2.20	2.50
日增重/kg	0.51	0.52	0.51	0.51	0.50	0.50
饲料报酬	2.80	3.00	3.30	3.70	4.30	5.00

猪很难消化纤维,含量过高,还会影响其他营养物质的利用,生长肥育猪的日粮粗纤维的含量不应超过8%。

(4)使用益生素　益生素是一种活性生物添加剂,它通过改善肠道的微生物平衡对宿主产生有益的作用。

(5)调味剂的使用　可以提高饲料的适口性和饲料的摄入量。

二、生长肥育猪的饲养管理程序

通常把30 kg至出栏的猪称为生长肥育猪,根据体重,可以划分为生长肥育前期(30～60 kg)和生长肥育后期(60 kg至出栏)两个阶段。生长肥育猪最大的培育目标是保持猪群良好健康状况和稳定的生产环境,挖掘遗传潜力,促进快速生长。

(一)生长肥育前期

①由仔猪培育舍转群来的生长猪按猪只的大小、强弱、种用和非种用、花色分舍分栏饲养。每栏饲养9～10头,要挂牌标出转入时间。对种猪还要注明品种。

②转群后1周内做好调教,使猪只采食、排泄、休息实现三定位。

③采用自由采食的饲喂方法,保持料槽中有足够饲料。每天上午和下午都要检查采食槽中饲料的情况,如饲料不漏或漏出过多都要及时处理。饲料如有浪费,或被猪拱出,或加料撒出要及时回收,杜绝人为浪费。

④每天要认真观察猪群采食、排粪和猪只的精神状况,发现问题要及时向上报告,并及时处理。

⑤要定期驱虫(通常在90日龄进行第一次驱虫,135日龄进行第二次驱虫)。

(二)生长肥育后期

①饲料使用方法和生长肥育前期相同。待用饲料要堆放整齐,以免被踩压、蹄带,使饲料污染,造成浪费。

②出售种猪时,要严格选售合格种猪;出售肉猪时,要本着全进全出的原则,80 kg体重以上的猪均可同栏(圈)出售。

③猪只出栏后的空栏(圈)要尽快冲洗、消毒。

第四章　猪的营养需要和饲料

饲料开支占猪场总成本的80%左右，是决定规模猪场生产效益、经济效益的重要生产要素，饲养标准是在研究猪的营养需要的基础上制定的。营养来源于饲料，不同饲料所含的营养物质的种类、数量及质量不同，科学合理地搭配饲料，不仅能使饲粮的营养全价化，满足各生理阶段猪的营养需要，而且能降低成本，提高养猪经济效益。

第一节　猪饲料的种类

猪的生长繁殖所需要的营养物质主要来自饲料。目前国际上通常根据饲料的营养性质将其分成8大类，即粗饲料、青绿饲料、青贮饲料、能量饲料、蛋白质补充料、矿物质饲料、维生素饲料和饲料添加剂。

一、粗饲料

凡饲料的干物质中粗纤维含量在18%以上的农副产品、干草、糟渣、树叶等都属于粗饲料。这类饲料养分含量少，并含有大量的不易消化的纤维素，大部分不宜作猪饲料；但是有些粗饲料，像槐叶粉、苜蓿草粉等，粗蛋白质含量在16%以上，有效能值可以与糠麸类相比，特别是优质苜蓿草粉的蛋白质质量相当好，其中含有的氨基酸组成与猪需要量组成比例有许多相似之处。因此，用优质苜蓿草粉配制的饲料，基本上无需考虑用别的饲料对苜蓿的氨基酸平衡进行调整。

二、青绿饲料

青绿饲料是指天然水分含量在45%以上的多汁饲料，如树叶，非淀粉质的块根、块茎、瓜果类都属于青绿饲料。青绿饲料有人工种植的和野生的，如苜蓿、草木樨、树叶嫩枝，水生植物（红萍、水葫芦），野草野菜（灰莱、苦荬菜等），块根、块茎（甜菜、洋芋、胡萝卜、南瓜）等。它们含有丰富的粗蛋白质、胡萝卜素、维生素C、维生素B、钙和磷等。它们来源广、数量多、容易消化、猪也爱吃、可与配合饲料一起喂。

三、青贮饲料

在青绿饲料较多的季节，采用窖藏或大塑料袋贮藏的办法，把青绿饲料贮藏起来，这种饲料叫青贮饲料。青贮饲料是长期保存青饲料营养物质和保持多汁性的一种简单可靠的方法，适口性好，猪也爱吃。

四、能量饲料

猪机体所需能量主要来源于碳水化合物、脂肪和蛋白质，而主要的能量来自饲料中的碳水化合物。脂肪的能量虽然比一般饲料高出2倍以上，但除了特殊需要外，一般不用油脂来补充饲料中的能源。蛋白质也可以产生能量，但是从资源的合理利用和经济效益上考虑，在配制饲料时，一般不用蛋白质饲料作为能量饲料。

1. 能量饲料的定义

在干物质中粗纤维含量低于18%，蛋白质含量低于20%的谷实类、糠麸类、草籽、树实类、糟渣类以及淀粉质块根和块茎、瓜果类都属于能量饲料。能量饲料一般蛋白质含量为8%～15%，氨基酸含量也不平衡，特别是限制性氨基酸含量较低，所以必须与优质蛋白质饲料配合使用。

能量的摄取量与增重之间有着密切的关系。如肥育猪能量摄取过剩,可因脂肪过量蓄积而降低肉的质量;繁殖母猪如能量过剩,则可引起不孕或胚胎发育不良。相反,若能量摄取不足,轻者浪费蛋白质饲料,重者造成体内脂肪和蛋白质代偿性分解,使体重下降,更严重时还会阻碍动物正常发育,并招致各种繁殖障碍。所以在实际配制饲料时,应注意保持能量与粗蛋白质以及能量与所有营养物质的平衡关系。

2. 主要能量饲料及其特点

(1)玉米　玉米有饲料之王的美称,主要是因为它产量高、用量大、有效能值高,一般占配合饲料的40%～70%,在饲料中起着提供能量的作用。玉米的蛋白质质量较差,氨基酸也不平衡,无机盐及微量元素含量都比较低,所以使用时应与其他饲料合理搭配、取长补短,充分发挥它的特长。据测定,玉米水分含量在14%以上,在贮藏过程中温度达20℃以上时,极易发生霉变,特别是黄曲霉菌产生的黄曲霉毒素B_1,是一种强烈的有毒致癌物,对人、畜有很大威胁,所以在配制饲料时,应不用发霉变质的玉米。

(2)高粱　高粱主要产于辽宁、黑龙江。高粱与其他谷实类相比,粗脂肪含量较高,有效能值仅次于玉米、小麦。不足之处是高粱的蛋白质质量较差,氨基酸也不平衡,无机盐和微量元素含量也低,特别是高粱种皮中含有较多的鞣酸,具有苦涩味,是一种抗营养因子,会阻碍能量和蛋白质等养分的利用,适口性也较差。高粱中的鞣酸含量因品种而异,一般褐色品种中鞣酸含量为1.3%～2%,黄色品种中含量为0.09%～0.36%,白色品种含量最少,为0.04%～0.06%。采用高粱作猪饲料时,应考虑适口性,且鞣酸含量不宜过高。

(3)大麦　大麦分皮大麦和米大麦两种,这两种大麦的有效能值都不如玉米和高粱,但是蛋白质质量较好,赖氨酸含量比玉米、高粱约高1倍。皮大麦中粗纤维和粗灰分含量较高,影响能量的利用率。两种大麦中钙、铜含量较低,但铁含量比较高。大麦整粒饲喂不易消化,整喂整拉,所以应经破碎或压扁。用大麦喂猪可以获得高质量的硬脂胴体。

(4)小麦　有效能值仅次于玉米、高粱,与大麦近似,粗蛋白质含量高于玉米、高粱,各种限制性氨基酸也高于玉米。小麦中锰、锌含量较高。小麦赤霉病在我国和世界上都有发生,感染此病的麦粒灰色带红,麦粒空心,表皮发皱。赤霉菌可以引起人、猪和其他一些动物的急性中毒,出现呕吐等症状。我国粮食中小麦标准规定,小麦赤霉病粒最大允许含量为4%。采用小麦作猪饲料时,应注意小麦赤霉菌的含量。

(5)小麦麸　小麦麸俗称麸皮,是小麦粒制粉后的副产品。常规小麦麸及低纤维小麦麸中赖氨酸等必需氨基酸含量均较高,含有较丰富的铁、锌、锰,但磷的质量不佳,绝大部分是植酸磷,不利于无机盐吸收。小麦麸中还含有丰富的维生素E、烟酸和胆碱。小麦麸还有轻松的物理特性,因此在猪的配合饲料中,可以调节营养浓度与改变大量精料的沉重性质。小麦麸还有轻泻作用,产后母猪给予适量的麸皮粥,可以调养消化道的机能。由于小麦麸吸水性强,如干饲较大量的麸皮可引起便秘。有些农民有单喂麸皮的习惯,由于植酸磷的抗营养特性有引起软骨症及瘫痪病的可能,应引起注意。

(6)米糠和米糠饼　米糠是糙米加工精米时分离出来的种皮、糊粉层和胚的混合物,其营养价值视精白程度而异。加工的精白米越白,则胚乳中的物质进入米糠的成分越多,米糠的能量价值越高。米糠中含有粗蛋白质约13%,粗脂肪约17%,有效能值仅次于稻谷。但米糠中含有不饱和脂肪酸,易被氧化、发热而酸败,不易保存。米糠中还含有胰蛋白酶抑制因子,它的活性很高,用量过多可抑制猪的正常生长。米糠经榨油后的副产品称为米糠饼。经过烘炒、蒸煮、预压等工艺,米糠饼的适口性和消化性都被改善,除了减少部分脂肪及维生素外，其他营养成分基本保留。试验证明，用米糠饼喂猪还可避免喂米糠使猪肉脂肪发软的缺陷。米糠经榨油后，虽然能量有所降低，但有利于保存，也可防止不利因素，所以米糠饼是我国南方猪配合饲料的主要来源之一。米糠和米糠饼中均含有较多的氨基酸，特别是含硫氨基酸，铁、锰、锌含量也较丰富。缺陷是钙、磷比例极不平衡，磷大于钙 20 倍以上，其中植酸磷含量也高，不利于其他元素的吸收利用。

五、蛋白质补充料

蛋白质是一切生命活动的物质基础，它与核酸构成一切细胞的重要成分。猪在生长发育、新陈代谢、繁殖传代过程中，需要大量的蛋白质来满足细胞组织的更新、修补要求，它是不能用其他种类的养分代替的极重要的养分之一。

1.蛋白质饲料的定义

饲料干物质中粗蛋白质含量在 20%以上，粗纤维含量低于 18%的豆类、饼粕类、动物性饲料及部分糟渣，均属于蛋白质饲料。

我国蛋白质饲料不足的问题，将随着畜牧业的发展日益严重，特别是豆饼、鱼粉等高档蛋白质饲料尤为紧俏。但是近几年来，经过反复研究试验，可用脱毒、去壳、灭酶等手段利用棉籽饼和菜籽饼，还挖掘了工业副产品、畜禽屠宰副产品及一些单细胞蛋白质等饲料，经过合理搭配，使其达到“理想蛋白质”水平，完全可以不用或少用紧俏高档蛋白质饲料，也能获得同样的生产效果。

2.主要蛋白质饲料及其特点

(1)豆饼(粕)　豆饼(粕)是以大豆为原料，提取或榨取食用油脂后的副产品。豆饼(粕)中粗蛋白质含量一般为 40%～48%，其中赖氨酸含量较高，为 2.4%～2.9%。豆饼(粕)与含赖氨酸不足的谷实类、块根块茎类饲料搭配使用，有明显的互补作用。大豆饼(粕)中的微量元素含量受大豆原料、加工方法、产地等因素的影响。总的看来，含有丰富的铁和锌。大豆中含有胰蛋白酶抑制因子，影响蛋白质的利用和吸收。不过这种胰蛋白酶抑制因子有对热不稳定的性质，经过在约100℃下10～15 min的加热处理后，可将胰蛋白酶抑制因子钝化，蛋白效率比值也可以得到明显改善。但加热温度不宜过高，过高会降低豆饼（粕）中粗蛋白质和氨基酸的质量和利用率。

（2）棉籽饼（粕）　棉籽饼（粕）是棉籽榨油后的副产品。去壳的棉籽中含40％左右的粗蛋白质和较丰富的磷、铁、锌，因此棉籽饼（粕）也是当前农村发展养猪业中蛋白质饲料的重要来源之一。但是棉籽饼（粕）中含有0.04％～0.08％的游离棉酚，是一种有毒物质。棉酚中毒是积累性中毒，每头猪每天随饲料吃入150 mg的棉酚，28 d左右就可引起死亡。棉籽饼（粕）中的棉酚含量与棉花的品种、生长的土壤、气候及棉籽的加工方法均有很大关系。棉籽用螺旋机榨和预压浸提或者螺旋机榨后再浸提，这两种方法中的棉酚含量较少，而用土法夯榨后的大块棉籽饼中的棉酚含量则较高。

棉籽饼中的棉酚可与七水硫酸亚铁（$FeSO_4 \cdot 7H_2O$）的亚铁离子（Fe^{2+}）螯合，形成难以被动物吸收的复合物，从而可以钝化其毒性。将棉酚含量5倍量的硫酸亚铁加入饲料中，可以达到缓解毒性的效果。

近几年来棉花育种工作者培育出一种无腺体棉花新品种，这种棉花的籽仁中不含色素腺体，所以不含或很少含棉酚，不仅可供饲料用，而且还可以供食用。

我国国家标准中有关饲料卫生标准规定：在肉猪配合饲料中，游离棉酚的含量不得超过60 mg/kg。

（3）菜籽饼（粕）　一般菜籽饼（粕）粗蛋白质含量为38％，粕中的粗蛋白质含量比饼含量高出2％～3％。菜籽饼（粕）中赖氨酸含量介于豆饼与棉籽饼之间，色氨酸含量较低，但含硫氨基酸却比豆饼、棉籽饼都高。微量元素中含硒量较高，特别是贵州产的菜籽饼中含硒量比其他饼（粕）类高出10倍以上，此外，铁、锰、锌的含量也比较丰富。

菜籽饼（粕）中含硫葡萄糖苷，经芥子酶水解后产生有害物质，因此，菜籽饼（粕）在猪饲料中的用量一般限制在10%以下。不同品种的菜籽含毒量也有差异，目前尚未找到好的脱毒方法，根本途径需从普及应用无毒或低毒菜籽品种着手。

（4）花生饼（粕） 花生饼（粕）蛋白质含量为45%～55%，氨基酸含量也比较平衡，利用率也较高，含有丰富的微量元素铁。此外，花生油的熔点较低，喂残油多的花生饼容易产生软脂质的猪肉。生花生仁和生大豆一样，含有胰蛋白酶抑制因子，不宜生喂。花生收获后往往因翻晒和贮存不当而发霉变质，产生黄曲霉素，这是一种剧毒致癌物质，猪对这一毒素很敏感，应不用发霉变质的花生饼（粕）喂猪。我国国家标准中的猪的配合饲料中黄曲霉毒素B_1的允许量不得超过0.02 mg/kg。

（5）鱼粉 鱼粉属于动物性蛋白质饲料。进口鱼粉含粗蛋白质60%以上，国产鱼粉中等水平含粗蛋白质约50%。鱼粉是一种限制性氨基酸含量丰富的蛋白质饲料。优质鱼粉中含有丰富的铁、锌、硒、钙、磷等元素，鱼粉的价值主要是提供赖氨酸、含硫氨基酸及色氨酸等限制性氨基酸，但是国产鱼粉由于原料不稳定，加之掺有混杂物，变异较大。另外，粗脂肪含量高的鱼粉极易酸败变质。因此，用国产鱼粉配制全价饲料时，应到饲料监测部门进行化验后方可使用。

六、矿物质饲料

无机盐饲料又分常量无机盐饲料和微量无机盐饲料两大类，前者如骨粉、石粉、贝粉、食盐等，后者如铁、铜、碘、钴、锌、硒等。

七、维生素饲料

维生素饲料主要指工业合成或提纯的脂溶性维生素（维生素A、维生素D、维生素E、维生素K）和水溶性维生素（维生素B族、维生素C），不包括天然维生素来源的饲料，如富含维生素的青绿饲料和青贮饲料等。

八、饲料添加剂

这里指的饲料添加剂不包括营养性饲料，主要是抗氧化剂、着色剂、防腐剂、防霉剂、生长促进剂、驱虫剂、抗菌剂、激素等。

什么是瘦肉精，它有什么危害？

瘦肉精就是盐酸克伦特罗。盐酸克伦特罗又名氨哮素、克喘素，为白色或类白色的结晶性粉末，无臭，味苦，溶点161℃。溶于水、乙醇，微溶于丙酮，不溶于乙醚。很小剂量就能起到平喘作用。

医学界早就认识到盐酸克伦特罗具有治疗哮喘的作用，因此在人类医学上作平喘药。

20世纪80年代有人在猪饲料中加入盐酸克伦特罗以提高猪瘦肉产出率，所以俗称“瘦肉精”。

盐酸克伦特罗的副作用主要有激动心脏β受体，特别是原有心律失常的病例更易发生心脏反应，可见心动过速、心室早搏、ST段压低与T波振幅下降；可引起四肢、面颈部骨骼肌震颤，尤其是交感神经功能亢进更易发生；过量应用时或与糖皮质激素合用时，有可能引起低钾血症，从而导致心律失常；反复用药易发生低敏感现象，表现为支气管扩张作用明显减弱。如果人吃了含有“瘦肉精”的猪肉或猪内脏等，也会出现上述症状。

在我国已经发生了食入含有“瘦肉精”的猪肉造成人员中毒的事件。因此，我国严禁在猪饲料中加入“瘦肉精”。

第二节　猪饲料的配制

一、自制配合料原料的选择

用配合饲料养猪，可以提高饲料的利用率，达到快长快出栏的效果，在这方面许多规模猪场已经取得了成功的经验。那么，规模猪场如何利用当地的饲料资源和条件来自制配合饲料呢？一般来讲，要考虑以下5个原则。

(1)品种多样性　单一饲料是不能满足猪对营养的需要的，选用时应尽可能多选择几种原料搭配。猪的配合饲料最好由6种以上原料组成。作为能量饲料的主要有玉米、米糠、麸皮、红薯干等；蛋白质饲料主要有棉饼、菜饼、豆饼等饼粕类；粗饲料主要有草粉、玉米秆等；矿物质饲料主要有骨粉、蛋壳粉、贝壳粉等。配方时，应将上述各类饲料分别选用2～3种，以一定的比例搭配，使营养成分互相补充，从而提高配合饲料的营养价值。

(2)要因地制宜　选用原料要因地制宜，就地取材。原料来源有保障，价格也合理。通过合理配合，既能满足猪的营养需要，又能适当降低成本，饲料的稳定性也有保障。

(3)适口性要好　饲料配合是否合理，首先要看猪爱不爱吃，如饲料适口性差，猪不爱吃，这样的配合饲料营养价值再合理，也不是合格的饲料。在制定饲料配方时，要选择猪只爱吃的饲料，如能量饲料中，高粱有涩味；蛋白质饲料中的菜籽饼有辛辣味，粗饲料适口性差，这些饲料猪都不爱吃，在用量上不可过多。

(4)适宜的体积　配合饲料讲究体积得当，如粗饲料过多，则体积过大，猪虽吃饱，但营养物质不能满足需要。反之，饲料体积过小，猪一天吃下去的饲料即使完全能满足猪对营养物质的需要，但猪得不到饱的感觉，就不会安静卧睡，同样会影响猪的正常生长发育及日增重。

(5)不用发霉变质和有毒有害的原料　如玉米、大豆、花生饼、棉籽饼等很容易被霉菌寄生而发霉，产生毒素，可以造成种猪死胎、流产等，还会造成小猪腹泻、大猪生长发育停滞等，因此，在配制饲料时，发霉变质和有毒有害的原料坚决不用。

二、配制猪饲料的方法

1.根据猪的饲养标准拟定饲料配方

不同生产目的的猪以及不同生长阶段的猪，对营养物质的需要量不同，因而应根据猪的生产目的、年龄、体重等，选择不同的饲养标准来配制日粮。

配制一份日粮的步骤：

①确认猪的生长阶段

②确定该阶段的营养需要量

③确定使用什么原料

④计算将使用原料的成本和营养成分

⑤通过计算来制定饲料配方

拟定饲料配方的计算方法很多，这里主要介绍方形法。方形法又称四角法、对角线法，这种方法简单易学。现以20～60 kg生长猪的饲料配合为例，说明这种计算方法。

第一步，确定饲料营养水平。查表(表4-1)可知20～60 kg生长猪的营养需要为：消化能12.97 MJ/kg，粗蛋白质16％，赖氨酸0.75％，钙0.6％，磷0.5％，食盐0.23％。

表 4-1 生长肥育猪每千克饲粮养分含量

	体重阶段/kg		
	10～20	20～60	60～90
消化能/MJ	13.85	12.97	12.97
粗蛋白质/%	19	16	14
赖氨酸/%	0.78	0.75	0.63
蛋氨酸＋胱氨酸/%	0.51	0.38	0.32
苏氨酸/%	0.51	0.45	0.38
异亮氨酸/%	0.55	0.41	0.34
钙/%	0.64	0.60	0.50
磷/%	0.54	0.50	0.40
食盐/%	0.23	0.23	0.25

第二步，列出现有饲料的种类及养分含量，见表 4-2。

表 4-2 饲料种类及养分含量 %

饲料	消化能/(MJ/kg)	粗蛋白质	赖氨酸	钙	磷
玉米	14.337 4	8.5	0.26	0.02	0.21
麸皮	10.575 4	13.5	0.67	0.22	1.00
槐树叶粉	9.990 2	17.8	0.78	1.91	0.17
国产鱼粉	11.411 4	53.6	3.90	3.10	1.17
豆饼	13.417 8	41.6	2.49	0.32	0.50
棉籽饼	11.536 8	32.3	1.15	0.36	0.81
菜籽饼	11.578 6	37.3	1.18	0.61	0.95
骨粉				30.2	13.46
石粉				35.0	
合成赖氨酸			99.00		

第三步，因为价格、有毒物质及粗纤维含量等方面的原因，对部分原料用量需加限制。如鱼粉只用3%，菜籽饼、棉籽饼和槐树叶粉各用5%。假设饲料添加剂用量为1%，食盐为0.23%，钙、磷、赖氨酸为1%。

第四步，计算上述饲料成分在饲料中所占的比例、这些成分所提供的养分、饲料中剩余成分应有的养分含量（表4-3）。

表4-3　饲料营养成分计算表　%

饲料	比例	消化能/(MJ/kg)	粗蛋白质	赖氨酸	钙	磷
鱼粉	3	0.34	1.61	0.12	0.09	0.04
槐树叶粉	5	0.50	0.89	0.04	0.10	0.01
棉籽饼	5	0.58	1.62	0.06	0.02	0.04
菜籽饼	5	0.58	1.87	0.06	0.03	0.05
食盐	0.23					
添加剂	1					
钙、磷、赖氨酸	1					
合计	20.23	2.00	5.99	0.28	0.24	0.14
需要	100	12.97	16.00	0.75	0.60	0.50
余缺	−79.77	−10.97	−10.01	−0.47	−0.36	−0.36

第五步，根据方形法用玉米、麸皮、豆饼满足饲料对消化能和粗蛋白质的需要。因剩余部分为79.77%，应含消化能10.97 MJ和粗蛋白质10.01%，折成100%，消化能应为13.75 MJ/kg，粗蛋白质应为12.55%。

先配制混合物1，含消化能13.75 MJ/kg，粗蛋白质低于12.55%。

将两种饲料的消化能置于正方形的左侧，所需浓度放在中间，在两条对角线上做减法，大数减小数，得数为两种饲料应占的份数。

```
玉米:14.337 4          3.174 6
            ╲        ╱
             13.75
            ╱        ╲
麸皮:10.575 4          0.587 4
```

3.174 6+0.587 4=3.762 0

玉米:(3.1746÷3.762 0)×100%=84.4%

麸皮:(0.587 4÷3.762 0)×100%=15.6%

合计:　　　　　　　　　　100%

玉米与麸皮混合物的粗蛋白质为:8.5%×84.4%+13.5%×15.6%=9.28%。

同理，再配混合物 2，含消化能 13.75 MJ/kg，粗蛋白质高于 12.55%。

```
玉米:14.337 4          0.332 2——36.1%(玉米)
            ╲        ╱
             13.75
            ╱        ╲
豆饼:13.417 8          0.587 4——63.9%(豆饼)
```

玉米与豆饼混合物的粗蛋白质为:8.5%×36.1%+41.6%×63.9%=29.65%。

最后用这两种混合物配成含消化能 13.75 MJ/kg，粗蛋白质 12.55%的饲料。

```
混合物 1:9.28          17.10——83.9%(混合物 1)
            ╲        ╱
             12.55
            ╱        ╲
混合物 2:29.65         3.27——16.1%(混合物 2)
```

其中:玉米占 84.4%×83.9%+36.1%×16.1%=76.6%

麸皮占 15.6％×83.9％＝13.1％

豆饼占 63.9％×16.1％＝10.3％

3 种饲料在配方中的用量为：玉米 76.6％×79.77％＝61.1％；麸皮 13.1×79.77％＝10.4％；豆饼 10.3％×79.77％＝8.2％。

第六步，计算养分余缺，见表 4-4。

表 4-4 饲料养分含量及余缺 ％

饲料	比例	消化能/(MJ/kg)	粗蛋白质	赖氨酸	钙	磷
玉米	61.1	8.76	5.19	0.16	0.01	0.13
麸皮	10.4	1.10	1.40	0.07	0.02	0.10
豆饼	8.2	1.10	3.41	0.20	0.03	0.04
合计	79.7	10.96	10.00	0.43	0.06	0.27
需要	79.77	10.97	10.01	0.47	0.36	0.36
余缺	－0.07	－0.01	－0.01	－0.04	－0.30	－0.09

第七步，解决赖氨酸不足，饲料中加入含赖氨酸 99％的合成赖氨酸 0.04％，可以满足对赖氨酸需要。

第八步，用骨粉解决磷不足的问题，即 0.09÷13.46＝0.67％，饲料中加入 0.67％骨粉可满足磷的需求，同时也补充了 30.2％×0.67％＝0.20％的钙。

第九步，钙尚缺 0.30％－0.20％＝0.10％，用石粉补充，需 0.10％÷35％＝0.29％。

第十步，完成配方。总量超过或不足 100％时用玉米调整（表 4-5）。

表 4-5 饲料配方表 %

饲料	含量
玉米	61.17
麸皮	10.40
豆饼	8.20
鱼粉	3.00
棉籽饼	5.00
菜籽饼	5.00
槐树叶粉	5.00
骨粉	0.67
石粉	0.29
赖氨酸	0.04
添加剂	1.00
食盐	0.23
消化能/(MJ/kg)	12.97
粗蛋白质	15.99
赖氨酸	0.75
钙	0.60
磷	0.50
食盐	0.23

注:应将鱼粉中的盐分含量考虑在内,食盐用量可相应减少。

在拟定饲料配方时一定要结合当地的饲料原料的来源、价格、猪的营养标准和饲料成分及其营养价值表来进行。如按参考配方来调整,最好是骨粉、食盐、微量元素、多种维生素不动,能量饲料互相调整,蛋白质饲料互相调整。比如:本地区没有高粱,高粱的数量可以用玉米替代。但如果能量够了蛋白质又不够了,可以适当减少能量饲料，减少的部分用蛋白质饲料补充。总之，最后计算所有的营养要符合标准。

2. 合理选择原料

在选择饲料原料时，必须注意以下几点。

①注意原料的种类和用量。原料品种应多样化，以利于发挥各种原料之间的营养互补作用。常用的猪饲料的比例为谷物类如玉米、稻谷、大麦、小麦、高粱等，占 50%～70%；糠麸类如麦麸、米糠等占 10%～20%；豆饼、豆粕占 15%～20%；有毒性的饼、粕如棉籽饼、粕及菜籽饼应小于 10%，种猪不宜使用棉籽饼、粕；动物蛋白质饲料如鱼粉、蚕蛹粉等占 3%～7%，草粉、叶粉小于 5%，贝壳粉或石粉占 3%～3.5%，骨粉占 2%～2.5%，食盐要小于 0.5%。

②注意饲料原料的特性。要掌握原料的有关特性，如适口性，饲料中有毒、有害成分的含量，以及饲料的污染、有无霉变等情况，适口性差、含有毒素的原料用量应有所限制，严重污染的、霉变的原料不选用。

③重视经济性原则。应本着因地制宜，就地取材的原则，充分利用当地饲料资源。

④注意原料的体积。为了确保猪能够吃进每天所需要的营养物质，所选原料的体积必须与猪消化道容积相适应，如果体积过大，猪一天所需的饲料量吃不完，从而造成营养物质不能满足需要，同时还会加重消化道的负担；若体积过小，虽然营养物质得到满足，但猪没有饱感，表现烦躁不安，从而影响生长发育。

3. 加工调制要合理

除麦麸、米糠、鱼粉、骨粉等粉状原料外，玉米、豆类、稻谷等籽实类原料，应适当粉碎，生大豆不能直接喂猪，必须炒熟或煮熟后才能使用。

4.原料混合要均匀

各种原料必须混合均匀，才能保证猪吃进所需的各种营养物质。尤其是加预混料时，如混合饲料时混合不均匀，容易造成一部分猪药物或微量元素中毒，一部分猪药量不足或微量元素缺乏。

第五章 猪场的经营与管理

猪场的经营管理，是提高养猪经济效益的重要环节。

> 提高猪场经济效益的途径：
> ①提高生产效益；
> ②降低成本；
> ③提高经营管理水平。

养猪生产要实现高产、优质、高效的目标，不仅要提高养猪生产的科学技术水平，还必须提高经营管理水平。

养猪企业投入资金大，技术性强，风险大。在猪种、饲料、防疫灭病、环境控制、饲养管理等方面，不仅要采用先进的科学技术，更要注重科学的经营管理。提高猪群整体健康水平和生产性能，降低饲养成本，创造较高的经济效益。

第一节 生产管理措施

一、岗位设置

岗位设置包括健全的劳动组织和劳动制度，贯彻生产岗位责任制，制定合理的劳动定额和劳动报酬，使每个人责任明确，工作有序，坚决杜绝互相推诿、生产窝工等现象，最终目的是调动每个人的积极性，提高劳动生产率和养猪经济效益。

1.健全的劳动组织

根据猪场的各项工作性质进行分工,使干部、职工进行最佳组合,明确每个人的责任,使之相互独立又相互协作,达到提高劳动生产率的目的。各部门的基本职责如下:

(1)管理方面　包括场长、副场长等,负责全场发展计划的制订,对生产经营活动具有决策权和指挥权,合理调配人力,做到人尽其才;对职工有按条例奖罚权,安排生产,指挥生产,检查猪群繁殖、饲养、疾病防治、生产销售、饲料供应等关键性环节,掌握财务收支的审批及对外经济往来;负责全场职工的思想、文化、专业技术教育及生活管理。

(2)技术方面　包括畜牧、兽医技术人员。他们在场长的统一领导下负责全场的技术工作。职责是制定各种生产计划,掌握猪群变化、周转情况,检查饲养员工作情况。各种防疫、保健、治疗工作,疫苗注射部位和操作规程必须准确熟练。同时,还要负责新技术推广、生产技术问题分析、生产技术资料统计等,及时向场长汇报。

(3)饲养方面　主要是饲养员。这类人员要实行责任制,按所饲养猪群制定生产指标、饲料消耗和奖罚制度。他们的职责是按技术要求养好猪,积极完成规定的生产指标,做好本猪群的日常管理、卫生清理工作;注意观察猪群,发现意外或异常情况及时报告;另外,要积极学习养猪技术知识,不断提高操作技能。

(4)后勤管理方面　主要包括财务管理、饲料加工供应及其他服务工作如供销、水电供应、房屋设备维修等。财务管理工作包括日常报账、记账、结账,资金管理与核算、成本管理与核算、生产成果的管理与核算等,并通过报表发现存在的财务薄弱环节,提供给场长,以便及时做出决策,避免造成不可挽回的损失。物资的供应及产品的销售,应本着降低成本、提高效益的原则。

2.猪场的劳动制度

劳动制度是合理组织生产力的重要手段。劳动制度的制定，要符合猪场劳动特点和生产实际，内容要具体化，用词准确，简明扼要，质和量的概念必须明确，经过群众认真讨论，领导批准后公布。一经公布，全场干部职工必须认真执行。

二、确定合理的劳动定额

定额就是规模化猪场在进行生产活动时，对人力、物力、财力的配备、占用、消耗以及生产成果等方面遵循或达到的标准。

定额包括以下几方面内容：

(1)劳动手段配备定额　即完成一定任务所规定的机械设备或其他劳动手段应配备的数量标准，如运输工具、饲料加工机具、饲喂工具和猪栏等。

(2)劳动力配备定额　即按照生产的实际需要和管理工作的需要所规定的人员配备标准。如每个饲养员应承担的各类猪头数定额、机务人员的配备定额、管理人员的编制定额等。

(3)劳动定额　即在一定质量要求条件下，单位工作时间内应完成的工作量或产量。如机械工作组定额、人力日作业定额等。

(4)物资消耗定额　即为生产一定产品或完成某项工作所规定的原材料、燃料、工具、电力等的消耗标准。如饲料消耗定额、药品使用定额等。

(5)工作质量和产品质量定额　如母猪的受胎率、产仔率、成活率、肉猪出栏率、出勤率、机械的完好率等。

(6)财务收支定额　即在一定的生产经营条件下，允许占用或消耗财力的标准，以及应达到的财力成果标准。如资金占用定额、成本定额、各项费用定额，以及产值、收入、支出、利润定额。

三、生产责任制的制定

生产责任制是进行有秩序的生产，养好各类猪和提高饲养人员积极性的重要措施。

1. 生产责任制

全面落实目标生产责任制，是搞好猪场的成功经验之一。猪场的生产责任制形式多种多样，但实质内容都是责任、权力、利益3方面的统一，缺一不可，也可用“定、包、奖”来描述之。“定”就是定目标、任务，如饲养人员就是定饲养任务、繁殖任务或上交生猪数量等；“包”就是包饲养费用，可以按照上年或前几年各类猪每头的物资消耗、定额平均数和平均价格，计算出各类猪全年的饲料、医药、水电、房舍折旧等费用，再加上管理费，一并包给承包者，实行超支不补、节约归己的原则，促使承包者不断降低生产成本；“奖”即奖罚制度，超额完成目标任务者，奖！反之，罚！这有利于调动承包者的生产积极性，发挥因地制宜的灵活性，最大限度地提高生产水平和经济效益。

目前，一般采用联产承包责任制（产量责任制），或利润承包责任制即定出全年上缴利润总额，其他一切费用和经营活动由承包者自己安排。上述承包办法，适于几年或更长期限的承包。对后勤或科室干部职工，应明确规定出不同岗位和人员在整个经营活动中的任务、责任、权力、利益和奖励办法，把各项工作都落实在每一个劳动者身上，并实行量化考核，以确保预期目标的实现。

下面是一种常用的承包模式。

(1)种公猪饲养组

岗位责任：按要求饲喂、供水、清粪，调教、驱赶、刷拭公猪，与母猪饲养员协作进行试情、配种，做好各项记录。

考核项目：公猪体质、精液品质、母猪情期受胎率。

奖惩办法：根据具体情况确定。

(2)空怀、妊娠母猪饲养组

岗位责任：按要求饲喂、供水、清粪，协助配种、母猪保胎，做好各项记录，协助其他人员工作。

考核项目：情期受胎率、产仔窝数、窝产活子数、母猪体况。

奖惩办法：根据具体情况确定。

(3)哺乳母猪饲养组

岗位责任：按要求饲喂、供水、清粪，接产、消毒、护理母猪及仔猪，操作有关设备，做好各项记录，协助有关人员进行防疫、治疗、称重、转群等工作。

考核项目：仔猪断奶成活头数、成活率、个体重、药费开支。

奖惩办法：根据具体情况确定。

(4)幼猪培育组

岗位责任：按要求饲喂、供水、清粪、消毒，操作有关设备，做好各项记录，协助有关人员进行防疫、治疗、称重、转群等工作。

考核项目：日增重、成活率、饲料转化率、药费开支。

奖惩办法：根据具体情况确定。

(5)生长肥育猪饲养组

岗位责任：按要求饲喂、供水、清粪、消毒，操作有关设备，做好各项记录，协助有关人员进行防疫、治疗、称重、转群与出栏称重等工作。

考核项目：日增重、成活率、饲料转化率、药费开支。

奖惩办法：根据具体情况确定。

(6)技术室

岗位责任：协助场长制订生产计划、各项生产技术措施，组织安排好猪群周转，每月统计生产水平变化。对猪场存在的问题进行必要的调查、试验与研究，并提出改进技术管理的意见，制定并落实各项防疫计划与保健措施，治疗猪病、节省药费开支。

考核项目：产活仔总数及各阶段成活率、增重速度、饲料转化率、出栏周期、药费开支。

奖惩办法：根据具体情况确定。

(7)财务室

岗位责任：账目日清月结，每月做出成本核算，管理好各项资金，对生产成本及资金周转、使用情况每季度提出书面报告，并提出降低成本、提高资金利用率的措施，及时向场长汇报，做好场长的财务参谋。

考核项目：账目清楚、准确、及时，成本核算准确，能提出成本与资金运用状况的评价，提出增加效益的具体措施。

奖惩办法：根据具体情况确定。

(8)场长

岗位责任：在上级部门领导下，负责猪场的全面经营管理活动的决策、组织、实施工作；主持制定各种制度、计划，保证各种生产经营活动的基本条件；组织技术培训，提高职工素质；组织考核、讲评，调动职工积极性。

考核项目：出栏数、出栏率、全群饲料转化率、盈利额、总投资利润率，职工工作条件及生活条件的改善、群众评议等。

奖惩办法：根据具体情况确定。

2. 合理地兑现劳动报酬

依照按劳分配为主、效益优先、兼顾公平的原则，结合猪场生产特点及时地兑现劳动报酬，这是调动干部职工生产积极性和进一步落实生产责任制的重要手段和有效措施。目前，一些养猪企业采用结构工资，工资总额包括基础工资、职务工资、奖励工资 3 大部分，每一部分所占工资总额的比例可根据具体情况而定。在猪场经营管理中，要充分利用和发挥这个手段，把生产和效益搞上去，要制定合理的计酬办法和标准，按劳动数量和质量给予报酬。

3. 做好职工的思想工作

在全体员工中树立“猪场是我家，发展靠大家”的本位思想。提高个人职责意识，让每位职工都能将场里的事当成自己的事来对待，发现问题能及时向领导反映。广开言路，经常鼓励大家多提意见和建议，对提出合理建议者给予适当的物质奖励和精神奖励，以便充分调动员工的积极性和创造性。

四、技术管理措施

在一个猪场中，技术操作规程涉及方面广、内容多，如各类猪饲养管理操作规程、饲料加工技术操作规程、种猪繁殖技术操作规程、疫病防治技术操作规程等。在制定技术操作规程时应重点突出、文字精练、意思明确，以利准确执行。

要提高养猪生产水平，真正实现科学养猪，必须加强职工的岗位培训，定期组织饲养员进行技术操作规程的学习，不断提高业务素质。同时不断总结经验，对规程中不够合理的地方及时修改。另外，对猪场管理人员要采取“走出去，请进来”的方法，学习别人的先进经验，不断总结提高本场的技术管理水平。一个猪场的技术操作规程执行程度，将直接影响养猪场的效益。

第二节　生产计划管理

为了对下一年的生产做到心中有数，每年年末，在总结本年度经验、教训的基础上，制定下一年各种计划，包括：生产计划，基本建设计划，饲料生产及采购计划，物资、设备购置计划，销售计划，防疫计划，粪污处理与沼气生产计划，劳动力利用计划，财务收支计划等。

一、做好各项生产记录

各环节的原始记录，是实行计划生产的参数和依据。做好各项生产记录，及时对记录进行整理与分析，有利于发现生产中存在的问题，有利于总结经验教训，不断提高生产水平和改进经营管理。重要的生产记录有：配种记录、母猪产仔哺乳记录、种猪生长发育记录、母猪卡片、公猪卡片、精液的品质检查记录、仔猪培育记录、生长肥育猪记录等。样式如表 5-1 至表 5-3 所示。

表 5-1　配种记录

组号：　　　　　　　　　　　　　　填表人：

母猪号	转入时间
品种	计划转出时间
胎次	配种日期
返情次数	21 d 返检日期
主配公猪	30 d 妊检日期
补配公猪	50 d 妊检日期
配种情况　好　一般　差	90 d 妊检日期

表 5-2　产仔哺乳记录

窝号：　　　　　　　　　填表人：

序号	耳号	性别	乳头数		初生重	断奶重	母猪号		
							品种		
1							胎次		
2							与配公猪	耳号	
3								品种	
4							配种方式		
5							配种日期		
6							预产期		
7							产仔日期		
8							初生窝重		
9							总产仔数		
10							活子数		
11							断奶仔猪数		
12							断奶窝重		

表 5-3　种猪生长发育记录

单位：cm、kg　　　　　　　　填表人：

测定日期			猪号	品种	日龄	体重	体长	胸围	体高	体况（膘情）
年	月	日								

生产上为了便于管理，对配过种的母猪挂配种记录卡，直到母猪转入产房。进入产房的母猪，要在产床上挂母猪产仔记录卡。样式见图 5-1、图 5-2。

配种记录卡	
母猪号：	圈号：
品种：	胎次：
配种日期：	预产期：
与配公猪 1：	品种：
与配公猪 2：	品种：

图 5-1　配种记录卡

母猪产仔记录卡		
母猪号：		品种：
胎次：	配种日期：	预产期：
产仔日期：	死亡情况：	断奶日期：
全仔数：	压死：	断奶数：
活仔数：	弱小：	断奶窝重：
死胎：	腹泻：	
弱胎：	其他原因：	
窝重：		
免疫：		
猪瘟：	伤寒：	其他：

图 5-2　母猪产仔记录卡

记录表格是猪场第一手原始材料，是各种统计报表的基础，各场应有专人负责收集保管，不得间断和涂改。

在原始记录的基础上，计算出各种参数。这些参数应包括：哺乳仔猪成活率、保育期成活率、情期受胎率、产活仔数、每年每头母猪断奶头数、母猪淘汰率、饲料转化率、日增重、平均出栏天数等。这些参数应是近几年正常生产的平均数字。在制订生产计划时，各环节的参数一定要齐全，否则所定的计划与实际生产情况差异较大，造成生产过程的堵塞和圈舍的浪费，不利于降低每头出栏猪所分摊的折旧费用。

二、各种计划编制

为了对下一年的生产做到心中有数，每年年末，在总结本年度经验、教训的基础上，制定下一年各种计划，包括生产计划、基本建设计划、饲料生产及采购计划、物资与设备购置计划、销售计划、防疫计划、粪污处理与沼气生产计划、劳动力利用计划、财务收支计划等。

1. 生产计划

在生产计划中，以猪的配种分娩计划和猪群周转计划最为重要。

制定配种分娩计划是一项较细致的工作，在具体编制配种分娩计划时除了根据本场的经营方针和生产任务外，还必须掌握以下各项必要的资料：年初猪群结构、配种分娩的方式和时间、上一年最后 4 个月母猪配种情况、母猪年分娩胎次、每胎产仔数和仔猪成活率、计划年内淘汰的母猪头数和时间等。根据这些资料，可具体安排配种和分娩的母猪头数及时间、预计产仔头数和时间，制定配种分娩计划表(表 5-4)。

表 5-4　××××年度配种分娩计划表

年度	月份	配种数			分娩数			产仔数		
		基础母猪	检定母猪	小计	基础母猪	检定母猪	小计	基础母猪	检定母猪	小计
上年度	9									
	10									
	11									
	12									
本年度	1									
	2									
	3									
	4									
	5									
	6									
	7									
	8									
	9									
	10									
	11									
	12									
全年合计										

猪群周转计划，主要是确定各类猪群的头数，了解猪群的增减变化，以及年终存栏猪群的结构。它是计算产品产量的依据之一，因而是制定产品计划的基础(表 5-5)。

制定猪群周转计划要有技术上和经济上的依据。在具体编制时，必须全面考虑各类猪群的组成和变动情况，包括：计划年初各种性别、年龄猪的实有头数，计划年末各个猪群按任务要求达到的猪只头数，计划年内各月份(周)出生的仔猪头数，出售和购入猪的头数，计划年内淘汰种猪的时间和数量，由一个猪群转入另一个猪群的头数。

表 5-5　××××年度猪群周转计划表

		存栏	1月	2月	3月	4月	5月	6月	7月	8月	9月	10月	11月	12月	合计
基础公猪	月初数 淘汰数 转入数														
检定公猪	月初数 出售或淘汰数 转出数 转入数														
基础母猪	月初数 淘汰数 转入数														
检定母猪	月初数 淘汰数 转出数 转入数														
哺乳仔猪															
培育仔猪															
后备母猪															
生长肥育猪															
月末存栏总数															
出售淘汰总数	出售断奶仔猪 出售后备公猪 出售后备母猪 出售肉猪 淘汰成年猪														

2.财务收支计划

这是用货币形式反映猪场全年生产经营成果和各项消耗的计划。其内容包括:猪场内部各项收入、生产费用和管理费用计划,年度财务收支盈利计划;还应包括产品成本计划、固定资产折旧与大修理计划等(表5-6)。

表5-6　××××年度财务收支计划　元

收入		支出		备注
项目	贷方金额	项目	借方金额	
一、养猪收入		饲料费		
仔猪		劳动工资		
肉猪		燃料费		
粪肥		药费		
配种		水电费		
其他		销售费		
二、其他收入		管理费		
作物		折旧费		
饲料		基建费		
		维修费		
		福利费		
		培训费		
		其他费用		
盈利		亏损		
合计				

第三节 生产成本的控制

一、生猪价格形成及其影响因素

用货币表现出来的商品的价值就是商品的价格，价格是价值的货币表现。

生猪价格就是生猪出售时价值的货币表现，一般用元/kg（毛猪体重）来表示。

生猪价格是由供求关系、生产资料价格、区域性差异（生产水平、消费水平、物流因素）、人为因素等综合因素作用而体现出来的一种动态性价格。

供求关系是造成生猪价格高低的主要因素，也是决定性因素。在一般情况下，供求关系变化影响价格的涨落。当某种商品供不应求时，买者之间就会相互竞争，使价格高于价值；当某种商品供过于求时，卖者之间就会竞争，使价格低于价值。

生猪的市场供求与生猪价格的制约关系表现为以下 3 种情况：

第一，当生猪市场需求量大于生猪生产量即生猪供不应求时，一般来说，生猪价格将上涨。

第二，当生猪市场需求量小于生猪生产量即生猪供大于求时，一般来说，生猪价格将下降。

第三，当生猪市场需求量与生猪生产量大体相等即生猪供求平衡时，生猪价格以生猪价值为基础，价格不受供求关系的影响。

如 2005 年末至 2006 年上半年生猪价格持续低价运行，养猪户亏损严重，大部分地区的散养户及小规模养殖户大量宰杀及淘汰母猪，这种势头一直持续到 2006 年 8 月左右，多数地区生猪和母猪存栏数大幅减少，使原来的供大于求转化为供求相对平衡，甚至出现供不应求的局面。2007年上半年，由于存栏数的减少和猪病的影响，生猪饲养量大幅下降，致使猪肉价格上涨，大部分地区达历史最高水平。

生产资料价格（产品成本）是影响生猪价格的另一重要因素。产品价格是产品价值的货币表现，产品价格应大体上符合其价值。产品定价是一项复杂的工作，特别是在市场经济条件下，应考虑的因素很多。无论是国家还是企业，在制定产品价格时，应遵循价值规律的基本要求。但现阶段，人们还不能直接计算产品的价值，而只能计算产品成本，通过成本间接地、相对地掌握产品的价值。因此，产品成本就成了制定产品价格的重要因素。

在养猪生产中，生产资料包括的内容很多，如饲料、水电、兽药等。

饲料在养猪成本中占有很大的比重，饲料中使用最多的是玉米，其次是饼粕类、米糠、小麦麸，添加剂仅占饲料很少的一部分。饲料原料的价格波动与生猪的价格是密切相关的，只是两者之间存在一种不协同性，往往是饲料原料的价格已经涨了很长时间，生猪的价格才缓缓地涨起来，有时甚至是一种反比，饲料原料价格上涨时，生猪的价格反倒会下跌。但总的来说，饲料原料与生猪价格在上涨时会有一个共存期，原料价格与生猪的价格在正常情况下是呈跳跃式交替进行的，往往原料价格上涨了一段时间后生猪的价格才会涨上来，而在这期间如果所用的饲料原料是现用现买的，养猪的利润就会出现不同程度的下降；而有时当原料价格已经下跌了，生猪的价格却高高在上，此时养猪行业就会出现高利润，这时会使更多的人跻身养猪业，同时一些正在经营中的养猪场也会盲目地增加生产量，在一定时期内造成供大于求，使生猪价格下降。

由于我国地域广阔，各地区的养猪生产水平不同，消费者的消费水平也不同，生猪的价格也有差异。

另外，有些人为因素或消费信息变化也会造成生猪价格波动，如 2005 年 8 月，在四川省出现了猪链球菌 2 型传染人致死事件，在一定程度上影响了猪肉的国内消费数量，出现了生猪价格下滑现象。

二、成本项目和成本计算

成本是企业生产产品所消耗的物化劳动的总和，是在生产中被消耗掉的价值，为了维护再生产的进行，这种消耗必须在生产成果中予以补偿。

成本核算，就是考核生产中的各项消耗，分析各项消耗增减的原因，从而寻找降低成本的途径。养猪场如果要增加盈利，基本途径有两条，一是通过扩大再生产，增加总收入；二是通过改善经营管理，节约各项消耗，降低生产成本。因此，养猪场的主要经营者应当重视成本，了解成本的内容，学会成本核算。

养猪场的产品成本核算，是把在生产过程中所发生的各项费用，按不同的产品对象和规定的方法进行归集和分配，借以确定各生产阶段的总成本和单位成本。

产品成本核算是养猪场落实生产责任制，提高经济效益不可缺少的基础工作，是会计核算的重要内容。养猪场要进行商品猪生产，必然要发生各种各样的耗费和支出，这些耗费和支出是否符合经济有效的原则，不能以耗费和支出总量的多少来衡量，而只有从单位产品耗费水平的高低才可以反映出来。一般来讲，一个猪场的单位活重成本水平越低，其获得利润能力就越强；反之，其获利能力就差。及时准确地进行产品成本核算，可以反映和监督各项生产费用的发生和产品成本的形成过程，从而凭借实际成本资料与计划成本的差异，分析成本升降的原因，揭示成本管理中的薄弱环节，不断挖掘降低成本的潜力，做到按计划、定额使用人力、物力和财力，达到预期的成本目标。

产品成本是反映猪场生产经营活动的一个综合性经济指标。猪场经营管理中各方面工作的情况，如种猪选择的好坏、产仔的多少、成活率的高低、劳动生产率的高低、饲料的节约与浪费、固定资产的利用情况、资金运用是否合理，以及供产销各环节的工作衔接是否协调等，都可以直接或间接地在成本上反映出来。因此成本水平的高低，在很大程度上反映了一个猪场经营管理的工作质量。加强成本核算，合理降低生产成本，有助于我们考核猪场生产经营活动的经济效益，促进其经济管理工作的不断改善。

产品成本是补偿生产消耗的尺度，为了保证再生产的不断进行，必须对生产消耗进行补偿。猪场是自负盈亏的商品生产者和经营者，生产消耗是用自身的生产成果，即营业收入来补偿的。而成本就是衡量这一补偿度大小的尺子。猪场在取得营业收入后，必须把相当于成本的数额划分出来，用以补偿生产经营中的资金耗费。这样，才能维持资金周转按原有规模进行。如果猪场不能按照成本来补偿生产耗费，猪场资金就会短缺，再生产就不能按原来规模进行。成本是划分生产经营耗费和猪场纯收入的依据，在一定营业收入中，成本越低，纯收入就越多。

(1)成本项目　在养猪生产实践中，需要计入成本的直接费用和间接费用有许多，概括起来，主要有以下 12 项内容：

①工资和福利费。指直接从事生产的工人工资和福利开支。

②饲料费。指直接用于各猪群的饲料开支。

③燃料和水电费。指饲养所耗用的煤、柴油、水、电等方面的开支。

④兽药费。指养猪所耗用的医药费、防疫费等费用。

⑤种猪摊销费。指应负担的种公猪和生产母猪的摊销费用。

⑥固定资产折旧费。指养猪应负担并直接记入的猪舍和专用机械设备折旧费。

⑦固定资产修理费。指固定资产所发生的一切维护保养和修

理费用。如猪舍的维修费、电动机修理费等。

⑧低值易耗品费用。指能够直接记入的低值工具和劳保用品价值。如购买水桶、扫帚、手套等的开支。

⑨凡不能列入以上各项的其他费用。

⑩共同生产费。指几个车间(或猪群)的劳动保护费、生产设备费用等。

⑪财务费用。指猪场贷借款利息支出。

⑫企业管理及销售费。指应按一定标准分摊记入的场部、生产车间管理经费和销售费用。

以上共12项,前9项为直接费用,最后3项为间接费用。

(2)成本计算　计算成本需要有一些基础性资料。首先要在一个生产周期或一年内,根据成本项目记账或汇总,核算出猪群的总费用;其次是要有各猪群的头数、活重、增重、主副产品产量等统计资料。运用这些数据资料,方可计算出各猪群的饲养成本和各种产品的成本。

在养猪生产中,一般要计算猪群的饲养日成本、增重成本、活重成本和主产品成本等。

①猪饲养日成本。这一成本主要表明猪场在饲养期内,平均每天每头猪支出的饲养费,对于猪场的经济核算十分重要。其计算公式如下:

猪饲养日成本＝猪群饲养费用÷(猪群饲养头数×猪群饲养日数)

②断奶仔猪活重单位成本。这一成本俗称"断奶猪毛重成本",它表示断奶仔猪每千克活重所花费的饲养费用。其计算公式如下:

断奶仔猪活重单位成本＝(生产母猪饲养费＋仔猪补料费用－副产品价值)÷断奶仔猪活重

这一公式中的副产品价值，一般就是指哺乳期内生产母猪群产生的粪便的价值。

③生长肥育猪增重单位成本。生长肥育猪增重单位成本表示在生长肥育期每增重 1 kg 所消耗的饲养费用。这是一个重要的成本指标，其计算公式如下：

生长肥育猪增重单位成本＝(猪群饲养费用－猪粪便价值)÷猪群增重量

④生长肥育猪活重单位成本。对于生长肥育猪生产来说，这是一个衡量饲养管理水平的综合指标。它能较全面地反映生产管理的好坏，是极为重要的指标。其计算公式如下：

生长肥育猪活重单位成本＝(期初活重总成本＋本期增重总成本＋转入总成本－死猪残值)÷(期末存栏活重＋期内离群活猪重)

⑤主产品单位成本。这是经营者必须进行分析核算的重要成本指标。在产品单价一定的条件下，主产品单位成本越高，所获得的盈利越少，全场的经济效益就越差。如果主产品成本超过主产品销售价格，势必将发生亏损，应努力避免这种情况发生。

主产品单位成本＝(猪群饲养费用－副产品价值)÷该群产品总产量

三、影响养猪生产成本的主要因素

1. 影响养猪饲料成本的因素

(1)影响因素分析　饲料成本占养猪总成本的比例最大，也是最有挖掘潜力的。料重比是影响养猪成本高低最显著的因素。影响料重比的因素包括生长速度、营养水平、健康状况、饲养环境、遗传潜力、适宜的出栏体重等。这些因素在不同猪场中的影响程度各有差异，有较大的潜力可挖。

(2)料重比对养猪的影响　料重比下降0.1,出栏1头商品猪(体重100 kg)可节约10 kg饲料。

(3)生长速度对养猪的影响　每天多增重50 g,出栏1头商品猪(体重100 kg)可节约7 kg的饲料。

2.仔猪成本影响因素分析

仔猪成本包括母猪的折旧、种猪料摊销及仔猪补料费用。每头母猪年断奶仔猪的数量及成活率是影响该阶段的主要因素。种猪饲料及仔猪补料的价格因素影响较小,提高种猪生产繁殖性能、延长繁殖年限、提高仔猪成活率是降低该阶段成本的主要途径。

3.医疗保健费影响因素分析

提高猪群的健康水平能够显著降低饲养成本。种猪群和仔猪至35 kg前是全群保健的核心阶段。影响健康水平的因素包括:猪的群体素质、生物安全保健、建筑设备和饲养管理、保健方案的制订执行等。

一般医疗保健费用投入参考比例为:疫苗费26%,消毒费6%,保健费40%,治疗费24%,其他费用4%。

4.工资影响因素分析

适宜的工资标准和工作环境,职工道德教育、技术培训、生活条件、工资方案和人事制度等会影响职工的稳定性和积极性的发挥,进而影响工作质量。稳定职工队伍对提高猪场的生产水平起着积极的推动作用。

5.其他影响因素分析

建立物品的合理库存及保管发放供应制度,避免或降低不必要的浪费,使之形成一个良好的节约氛围,提高每位员工的责任心和节约意识。

四、养猪场浪费情况分析

1. 饲料损失

(1)饲料配方不随季节变化的浪费　一年四季,气温不同,猪对营养的需要也不同,但现在不论饲料厂推荐的配方,还是请专家设计的配方,不可能在一年四季都适用。冬季用高蛋白配方,会造成蛋白的浪费,夏季用高能量配方会造成能量的浪费等。如果我们能适时调整配方,使全群料重比从 3.0 降低到 2.9,对 1 个万头猪场来说,一年就可以节省饲料 10 000×90×0.1=90 000 (kg),折合人民币 12 万元以上。

(2)使用高水分的玉米而不改变配方的浪费　在秋冬季,有效养猪场反映饲料配方不变,但猪光吃不长。其原因主要是当时玉米水分过大造成的。秋冬季,气温偏低,猪对能量的需要量要大于春夏季节,而这时的玉米多是新收获的玉米,水分多在 16%以上,所配合出的饲料就存在能量不足现象,如不修改配方,且按固定饲喂程序进行的话,就会出现能量不足影响猪的正常生长。解决的方法:一是在其他原料不变的情况下,加大玉米比例,同时加大饲喂量;二是在用湿玉米的同时,配合高能量饲料如油脂等,这适合于需要能量浓度大的哺乳仔猪料。

(3)不按配方加工饲料的浪费　有几种情况:一是加工饲料时不过秤;二是缺乏一种原料时,轻易用其他原料代替;三是原料以次充好,如用湿玉米代替干玉米等。以上 3 种情况都会破坏饲料配方的合理性,影响饲料利用率。

(4)搅拌不均匀的浪费　搅拌不均匀在许多猪场出现过,手工搅拌出现较多,就是机械搅拌也会出现。有的边粉碎边出料,有的搅拌时间不足。最容易忽视的是饲料中加入药物或微量添加剂,不通过预混直接倒进搅拌机,在上千斤饲料中加入几十克药品,很难做到搅拌均匀。

规模化养猪场一定要重视饲料加工质量的管理，通过严格的管理程序保证饲料的细度和均匀度。否则会降低猪群的饲料转化率，甚至会发生中毒事故。

(5)大猪吃小猪料的浪费　经常遇到小猪吃哺乳仔猪料，中猪吃小猪料，大猪吃中猪料现象，这些都会造成饲料的浪费。而更严重的是让后备猪吃肥育猪料，大大推迟了母猪发情时间，影响正常配种。这些看似不重要，但如果仔细算账，就会发现问题的严重性。

每一个猪场内的饲料浪费是不可避免的。一方面是饲料丢失的浪费，据试验统计，一般饲料浪费都为3%～20%。高床饲养的猪群，在24 h内看到采食槽下方地面的饲料分散平铺一层时，饲料的丢失率为3%。另一方面是饲料营养的浪费。由于工人不按规定投放饲料等原因，如用小猪料饲喂中猪，或投放过多饲料喂怀孕母猪等。以1个万头猪场按1年计算，每减少1%的饲料浪费，相当于创造了7万元以上的经济效益。

(6)人为造成的饲料浪费　人为造成的饲料浪费在猪场中也是严重的。一些猪场不按实际和季节的变化灵活执行饲养管理规章制度，仅凭饲料出库单的数字要求饲养员，否则将予以处罚。一些饲养员为避免受罚而将猪吃不完的料用水冲入下水道，造成人为的饲料浪费。

2. 药品浪费

(1)以次充好的浪费　现在药品市场上，同一产品因生产厂家不同，价位相差很多，有的甚至加倍，如同一药店中土霉素原粉价格在40～80元不等，使用不同价位的药品效果是不同的。使用劣质药品不仅会拖延治疗时间，而且效果不好还会导致损失。进药时片面追求低价，治疗时间延长，会得不偿失。

(2)加药搅拌不均匀的浪费　饲料加药和饮水加药是目前猪场常用的办法。逐步稀释拌料法实际上很少有人使用,因为比较麻烦。现在加药时,有在料车上拌料的,有在地面拌料的,加水溶解后拌料的也有,这些方法有时很难把药在饲料中搅拌均匀。

(3)使用方法不当的浪费　这种情况出现在以下几个方面:一是给已经拒绝采食的猪料中加药;二是不溶于水的药物用饮水给药;三是对发病猪群用药量不足。以上3种情况对治疗是没效果或效果很差的,药品浪费在所难免。所以在大群用药时应考虑到猪群的状况,对症用药。

疫苗预防和药物预防都是控制细菌性传染病的有效措施,但二者同时使用效果欠佳。因为弱毒菌苗仍是活的细菌,如同时使用抗生素,这些菌苗会被抗生素杀死,起不到激发猪体产生免疫力的作用,不但会造成疫苗的浪费,还会误导人们产生麻痹思想,致使已做过防疫的猪仍可能发生该种疾病。

(4)不做药敏试验造成的药物浪费　许多药物的长期或多次重复使用,使猪群产生了抗药性。许多单位仍然在使用这些药物,效果肯定不好,形成浪费。

3.猪的浪费

(1)饲养无效公母猪的浪费　正常猪场母猪年产2.2胎,每胎产活仔猪10头以上,每头公猪应保证25～30头母猪的配种。如果猪场没达到上述指标,很可能是饲养了一定数量的无效公母猪。无效母猪主要包括以下几种:长期不发情的母猪、屡配屡返情的母猪、习惯性流产的母猪、产仔数少或哺乳性能差的母猪。无效公猪主要包括以下几种:有肢蹄病不能使用的公猪,使用频率很低的公猪,精液质量差、配种受胎率低的公猪等。这些公母猪的饲养,浪费人力、饲料、栏舍等,应及时淘汰。

(2)肥猪出栏时间过长的浪费　这是在一些限制饲养猪场出

现的现象。为保证猪的瘦肉体型，严格限制猪采食，本来160 d可以出栏的猪却要养到180 d，有的甚至养到200 d。这是一种严重的浪费。

(3)技术不过关的浪费　这种现象很普遍，如不看食欲随意给仔猪加料而造成剩料或不足，不看膘情机械地饲喂妊娠母猪而引起过肥或过瘦，不适时配种造成受胎率低和产仔数少等。所有这些都是缺乏技术造成的，只有通过加强技术力量解决。

(4)饲养无价值猪的浪费　无价值猪主要是一些病弱僵猪。一些专家提出的“五不治”的病猪都属于无价值猪，如无法治愈的猪，治愈后经济价值不大的猪，治疗费工费时的猪，传染性强、危害性大的猪，治疗费用过高的猪等。这些猪还是及时淘汰为好，否则浪费人力、物品、精力，最后收效很小。

4.其他浪费

(1)资金的浪费　一些猪场一旦养猪盈利了，就会把大量资金用于基建投资，猪场规模扩大了，但猪场效益却没有大的提高甚至减少。所以，与其把有限的资金用在扩大规模上，不如用来提高技术含量或改善猪舍设施，进而增加单位产出。

(2)计划不周的浪费　计划不周在猪场屡见不鲜，资金计划不周导致缺料少药；配种计划不周，配种过于集中导致哺乳仔猪被迫提前断奶，保育猪体重不足转入生长舍，肥育猪不得不提前出栏，降低猪的盈利；饲料计划不周出现积压或不足，饲料配方经常改动，影响使用效果等。

(3)灭鼠不力造成的浪费　1只老鼠在粮仓生活1年，可吃掉12 kg粮食，排泄2.5万粒鼠粪，污染粮食40 kg，再加上污染水源及环境等，往往给猪场造成很大损失。因此，规模化猪场应高度重视灭鼠工作。

五、养猪场成本与费用控制的措施

养猪生产成本与费用支出的合理控制，对促进规模化养猪场的增收节支，提高经济效益意义重大。降低养猪成本的着眼点应放在猪场内部，即降低各项费用的支出和及时查找、堵塞漏洞等方面。

1. 制定成本与费用控制目标，是提高猪场经济效益的有效手段

要对规模化猪场的成本及费用开支做到合理控制，年初就应根据本单位本年度的出栏商品猪头数和预期实现的销售收入，编制出详细的年度成本开支的预算方案。该方案应该包括生产成本和期间费用的可列支的明细项目，制定的依据应该是猪场正常的情况下，本单位近几年来有关成本费用支出的平均数值。在本年度的工作中，应根据月度成本与费用支出表与预算方案进行对比分析，及时发现成本费用控制计划的执行过程中，哪些指标已经达到和超过，存在什么问题等。这样，就可以在有效使用现有资金、降低利息的同时，抓好内部挖潜、堵塞各种漏洞和不合理的费用支出，从而达到增产节约、增收节支的目的。

2. 制定生产监督与计划完成情况分析表，进一步降低生产成本

全年生产计划制定以后，整个猪场都围绕这一目标按照生产周程序开展工作，但计划并不代表实际生产成绩，计划与实施往往存在着一定的差距。例如受胎率可随着母猪的年龄、胎次、环境条件而变化较大，原计划每周配种的头数，则往往会出现不同程度的偏差，致使原定每周所产的窝数不一定能按时完成。因此，对猪场的生产计划的执行与完成情况应有严格的监督和准确的统计分析，从中找出未完成任务的原因，提出解决问题的办法，以便在下周和以后的工作任务中予以弥补，确保年度生产计划的按时完成，进而降低养猪成本。

3. 管好用好饲料，促进增收节支

饲料成本在养猪生产中，占其总成本的70%左右。对商品猪来说，猪的生长肥育阶段吃下的饲料要占其一生总采食量的75%，从而成为猪营养生涯中最昂贵的阶段。就成本核算而言，生产者在各阶段中可能控制的是增重1 kg的饲料费，而它与饲料转化率呈极强正相关，饲料转化率又与饲料单价密切相关，而饲料单价又取决于饲料的质量、购入途径及仓储措施是否得力。这是生长肥育猪营养中必须重视的问题。

(1)把好饲料供应计划关　根据本单位各生产猪群的存栏量，参照各类猪只的营养标准计算出全价饲粮的定额日喂量后，就可以计算出每日、每周和全年的饲料用量，在考虑到饲料的运输、贮藏、加工过程中的正常损耗量后，应制定出月度(或季度)饲料供应和贮存计划(表5-7)，这样就能在筹资方面做到有的放矢，有利于降低利息和饲料损耗。

表5-7　某猪场饲粮需要量

猪群		日定额/kg	头数	饲粮需要量/t		
				每日	每周	全年
种公猪		2.8	20	0.056	0.392	20.440
后备公猪		2.3	10	0.023	0.161	8.395
后备母猪		2.1	68	0.143	1.000	52.122
母猪	空怀母猪	1.9	98	0.186	1.303	67.963
	妊娠前期	2.0	400	0.800	5.600	292.000
	妊娠后期	2.2	660	1.452	10.164	529.980
	哺乳期	6.0	270	1.620	11.340	591.300
仔猪/日龄	15～35	0.2	2 700	0.540	3.780	197.100
	36～70	0.8	2 485	1.988	13.916	725.620
肥育猪/日龄	71～120	1.5	7 632	11.448	80.136	4 178.520
	121～180	2.3	7 632	17.554	122.875	6 407.064
总计				35.810	250.667	13 070.504

(2)把好收购关　对无质量保证以及含水分较高的饲料,坚决不购,同时,要拒绝购入人情饲料;对于所购麸皮,为保证其质量,要与大型面粉厂建立长久的业务关系;在购买高蛋白质饲料特别是鱼粉时,一定要先抽查、验质后再进货,否则,价格再低也不能进,以防上当受骗。

(3)把好储运关　饲料入库前,仓库要保证通风干燥,应有防雀设施;全场要定期灭鼠除虫,以减少不必要的饲料损失。在运输过程中,对包装和装卸的设施,力求严密,以免散失饲料。饲料入库时,保管员要先进行入库核实,对饲料的含水量进行测定,超过规定的限度,必须晒干,等散热后方能储存,以防霉烂变质。

(4)把好饲料的配制和加工混合关　制定全价的饲料配方是促进猪只健康生长的可靠保证,要严格按照所定的配方认真对原料过磅称重。为此,猪场应选择那些工作责任心强的人员担任全场饲料的配制和加工混合工作,不提倡把精料分给饲养员让其自行配制和加工的方法。

对种猪饲料的配制,应在考虑钙磷平衡的前提下,尽可能少使用或不使用棉籽、菜籽饼(粕)等饲料,以防脱毒不力带来繁殖障碍。

4. 采取有力措施,降低疾病损失

规模化工厂养猪饲养规模大,饲养密度较高,一旦疫病传入,轻者会加大疫苗及治疗费用,增加饲养成本;重者会导致猪只大批死亡,出现巨额亏损。因此,要树立全员“防重于治”的意识,在消毒、防疫、保健和兽医卫生监督制度等方面采取相关措施。

5. 提高猪群的质量,增加生产

要使养猪增加生产,就要提高猪群的质量,努力提高“三率”,即母猪的产仔率、仔猪的成活率和肉猪的出栏率。

(1)提高母猪的产仔率　母猪产仔率的高低直接影响经济效

益。据推算，母猪窝产仔6头时，收益和成本持平，因此要提高猪场的经济效益必须提高母猪的产仔率。在正常情况下，1头母猪年产仔20头以上。要想提高母猪的产仔率，必须要养好公猪，使其精液质优量多；要养好空怀母猪，使其早发情，多排卵；要做到适时配种，增加精卵结合的机会；要养好妊娠母猪，不使其发生死胎和流产；要做好接产工作，保证初生仔猪全活。另外，在选留后备母猪时要选产大窝仔猪的后代，还要进行二元或三元杂交，利用杂种优势提高产仔率。

(2)提高仔猪成活率　母猪产仔多，但仔猪成活率不高，同样不能提高经济效益。在正常饲养管理条件下，仔猪的断奶成活率可达90%。要达到这个水平，仔猪须过好“三关”，即初生关、补料关和断奶关。在初生关，主要做好防冻、防压工作和早吃初乳；在补料关，主要是早补料、勤补料，补仔猪爱吃、营养价值高的饲料；在断奶关，要做好“两个维持，三个过渡”，尽量降低仔猪断奶应激的影响。同时还要养好哺乳母猪，使其奶多、质好，使仔猪获得丰富的营养。另外还要养好妊娠母猪，使初生仔猪体重大而健壮，为以后的生长发育打下良好的基础。

(3)提高肉猪出栏率　仔猪成活率高只是良好的开端，还必须有较好的饲养管理条件，才能使肉猪出栏率高。提高肉猪的出栏率，主要措施是提高猪群的质量，使其生长快、饲料利用率高；进行经济杂交，充分利用杂种优势；要搭配好饲料，充分满足生长肥育猪的营养需要。

总之，养猪场要使自己处于不败之地，就要降低养猪生产成本和提高经济效益，否则将失去养猪生产的意义。规模化养猪生产要提高经济效益，需从3个方面来抓，即提高饲料利用率、降低饲料费用，提高母猪单产和经营管理水平(图5-3)。

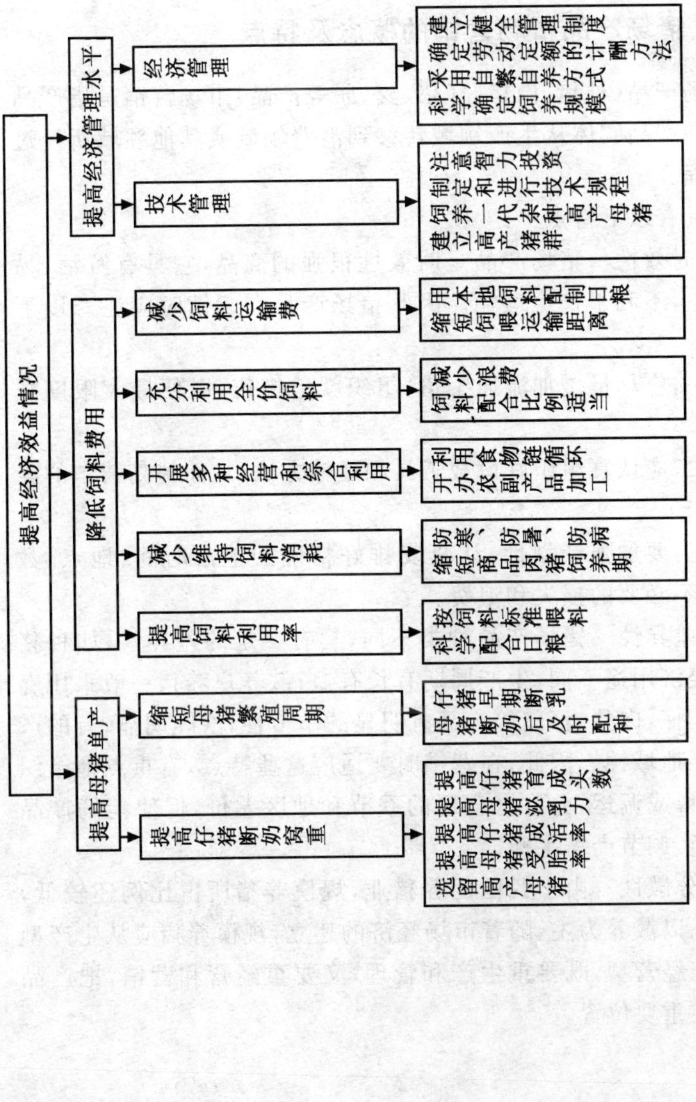

图 5-3　提高养猪场经济效益示意图

第四节 猪场产品营销

一、猪场产品市场营销的概念及特点

猪场产品(种猪、肉猪、仔猪、粪、尿等产品)市场营销是指产品所有权和产品实体从生产领域转移到消费领域或其他领域所经过的全过程。

它具有以下特点:

(1)时效性 猪场产品是时效性很强的商品,它具有鲜活、易损等特点,不利于长途运输。因此猪场产品在营销时应注意以下问题:

第一,应尽量增加流通渠道,组织就近销售,以便最大限度减少损失;

第二,应认真组织好运载工具和运输方法,从而提高营销的经济效果;

第三,要加强计划性,认真安排好精确的上市时间、地点、数量,防止不必要的损失和浪费。

(2)差异性 猪场产品种类不同,具有一定的差异性,如种猪和肉猪经济用途不同,生产周期有长有短;散养户养猪一般采用春秋两季产仔,肉猪、仔猪等产品有明显的季节性,淡旺明显;有的产品有明显地域性。因此,在营销时要适应这些特点,有重点地组织生产、销售或调运,允许有合理的季节和地区差价,促使猪场产品合理流通,调节产需平衡。

(3)分散性 由于我国的养猪业,规模养猪所占比例还较低,大部分仍以散养为主,随着市场经济的建立,规模养猪应从生产型转向生产经营型,既要重生产和管理,又要重经营和营销,把产品流通放在重要位置。

(4)灵活性　养猪生产易受种植业生产和自然条件的影响，易受饲料价格和生产成本的制约，随着中国加入 WTO，还受国际市场的影响，造成供需的不平衡，养猪经营者应及时作出反应，特别是在销售价格上要采取灵活策略。

二、市场营销的内容

市场营销的内容在本质上是一系列的经营活动，这些活动构成了市场营销的内容。

(1)了解、掌握市场需求　这是生产前的市场营销活动。在这个过程中，应进行充分的市场调查，了解消费群体和消费状况，掌握现实市场满足度和潜在市场的可挖掘性。

(2)指导生产经营　为使产品和劳务能满足消费者的需要和愿望，根据市场需求制订生产计划和培训劳务，使商品和劳务符合客观需求。

(3)将有关信息及时传递给消费者　这是现代市场经济的要求，是经营活动中关键的一环。只有通过广告等方式及时将有关信息传递给消费者，才能抓住消费者，占领市场。

(4)使产品顺利地销售和转移到消费者手中　解决好商品供应和促进销售等问题，构成通畅的流通渠道，才能最终实现营销的目的。

(5)搞好销售后服务　收集销售后服务意见反馈给企业，及时调整生产和销售，这是企业长久发展的保障。

由以上内容可见，市场营销不仅包括生产、经营之前的具体经济活动，比如市场调研、分析市场机会、进行市场细分、选择目标市场、设计开发新产品等；而且包括生产过程完成之后的一系列具体的经营活动，比如制定价格、选择最佳分销渠道、做广告、推销等；还包括销售过程完成之后的一系列活动，比如售后服务和信息反馈等。也就是说，市场营销的内容远远超过商品流通范围，而且涉及包括生产、分配、交换和消费的总循环过程。

三、养猪生产经营合同的签订

随着市场经济的发展,定单农业作为一种模式越来越普及,合同在养猪生产中普遍地存在。从根本上说,一个合同是一项法律化的带有强制性义务的协议。在养猪生产中,它是在两方或更多方之间为养猪生产经营这一目的而达成的书面协议。涉及养猪生产经营的合同内容包括如下方面:合同名称,合同当事人,合同标的,数量和质量,价款或酬金,履行的期限、地点和方式,合同的担保,合同的变更和解除,违约责任,合同当事人签章。

在签订合同之前应向有经验的人征求意见,向养猪的管理专家、养猪专家或当地农业专家咨询,以保证合同签订的准确性。

第六章　猪病防治技术

第一节　疾病防控措施

一、常用的综合防治措施

综合防治措施分为平时的预防措施和发生疫病时的扑灭措施两部分，两者相互联系，互为补充。在实际工作中，必须采取包括“养、防、检、治”4个基本环节的综合性措施，控制疫病的发生和流行，最终消灭疫病。

1. 平时的预防措施

为了杜绝疫病的传播，保证养殖业的健康发展，在养殖场规模大、饲养密度高的情况下，更要增强“防疫第一”的观念，建立一整套严格的卫生防疫制度。这是保证猪群健康、提高生产性能、获得最大经济效益的一项重要工作。

①制定具体的卫生防疫制度，明文张贴，作为全体人员的行动准则，遵照执行。

②猪场四周必须建筑围墙，场内不准养犬、猫和其他动物。搞好环境卫生，防止鼠害，消灭各种传播媒介。

③场门口或生产区入口处，要设置消毒池，池内的消毒液应及时更换，并保持一定浓度和深度。场内外运输车辆和工具要严格分开，不得混用。生产区大门设专职门卫，负责来往人员、车辆的消毒。车辆进场时需经消毒池，并对车身和车底盘进行喷雾消毒。

④生产区入口要设有消毒更衣室，并装有紫外线灯。本场职

工进入生产区，要在消毒室洗澡后，更换消毒工作服和靴帽，经消毒池消毒后方可进入。

⑤各猪舍门口设置消毒池，内放消毒液或放置喷洒有消毒液的草垫，并经常更换。

⑥场区每年至少进行春、秋两次大扫除和消毒，每月进行1次一般性消毒。圈舍每周至少进行1次消毒，采取“全进全出”的饲养方式，空舍后彻底消毒。

⑦饲养人员要坚守岗位，自觉遵守防疫制度，严禁串舍。所有用具和设备必须固定在本舍使用。

⑧坚持自繁自养，如需引进畜禽时，为确保安全，防止疫病传播，必须从非疫区购入，经当地防疫检疫机构检疫并取得产地检疫证明和防疫注射证明，再经本场兽医验证、检疫，进场前隔离观察15～30 d，确诊无病后才能混群饲养。

⑨拟订和执行定期预防接种和补种计划，降低动物的易感性。

⑩认真贯彻执行检疫制度，及时发现并消灭传染源。

⑪动物医学人员要调查研究当地疫情分布，有计划地进行消灭和控制，防止外来疫病的侵入。

⑫养殖场谢绝参观。非生产人员不得进入生产区，维修人员也需消毒后才能进入。

2. 发生疫病时的扑灭措施

①养殖场一旦发生疫情，应立即组织有关人员，对动物群进行全面检查，力争做到早发现、早诊断，并通知临近单位做好预防工作。

②发生疫情后，立即向当地县级以上动物防疫机构报告，接受防疫机构的指导，尽快控制、扑灭疫情。

③若发生危害性大的疫病如口蹄疫、炭疽、流感等时，应立即采取封锁措施。

④场内有关人员不得离开场区，无关人员不得进入，场内物品

不得向外搬移。

⑤加强和紧急进行严格消毒，场区出入口要强化消毒设施，并加强监督，切断传播途径。

⑥对与病畜有密切接触的假定健康动物和受威胁的动物，立即投药或进行紧急免疫接种，保护易感动物。对患病动物进行及时和合理的治疗。

⑦组织人力物力对患病动物进行及时治疗，合理处理病死动物和淘汰患病动物，加强检疫，消灭传染源。疫区内最后一头患病动物处理完毕，经过一个发病周期后，进行检疫监测、观察，再未出现新的患病动物，经过彻底消毒后，方能恢复正常生产。

二、传染病的防制措施

1.疫情报告

当发生危害严重、流行性和人畜共患的传染病，特别是发生《中华人民共和国动物防疫法》规定的一类传染病时，必须立即报告当地动物防疫检疫机构或乡镇畜牧兽医站。上级机关接到报告后，除及时派人到现场协助诊断和紧急处理外，根据具体情况逐级上报。当动物医学人员尚未到达或未做出诊断前，应将疑似传染病的动物进行隔离，专人管理。对污染的环境、用具等进行消毒。尸体保留完整，非动物医学人员不得对动物进行宰杀，宰杀后的皮、肉、内脏未经检验不许食用。

2.诊断

及时正确诊断，不仅是为了合理的治疗，更重要的是采取有效防治措施，控制疾病的蔓延，最终给予扑灭。如不能确诊时，应尽快采取病料送有关业务部门检验。在未得出结果前，应根据初步诊断，采取相应紧急措施，防止疫病的蔓延及扩散。

(1)临床诊断　首先用临床诊断学的基本检查方法，对动物进行一般检查，系统检查。对某些有特殊症状的传染病，如破伤风、气喘病、仔猪黄痢、仔猪红痢、猪痢疾、传染性萎缩性鼻炎等，经过仔细的临床检查，即可得出诊断。

(2)流行病学诊断　同时针对患传染病的猪群，与临床诊断相结合进行流行病学诊断。调查发病猪只的年龄、性别、数量，查明其发病率和病死率，以及发病的季节、流行蔓延的情况等进行分析判断。如仔猪黄痢、仔猪红痢多发生于1～3日龄仔猪；猪痢疾多发生于肥育前期的猪；猪细小病毒病主要发生于初产母猪；猪日本乙型脑炎多发生于蚊虫大量滋生的7～9月份；猪口蹄疫传染性强，一旦发病很快蔓延全群等。

(3)病理学诊断　应用病理解剖学的方法，对患传染病死亡猪只尸体进行剖检，查看其病理变化做出诊断，是最常用的诊断方法之一。如猪瘟、气喘病等都有特征性的病理变化，常常有很大的诊断价值。但非典型性病例、最急性死亡和早期急宰的病例，常缺乏特有的病理变化，在进行病理学诊断时，应选择症状较典型的病例剖检，并尽可能多剖检几例，当具备了典型病例的病理变化时，就具有很大的诊断价值。

必要时则应对送检病料进行病原学诊断、动物实验、免疫学诊断和分子生物学诊断等实验室诊断。

3. 隔离和封锁

(1)隔离　发生传染病时，将患病动物和可疑感染的动物与健康动物隔开，以控制传染源，便于管理消毒、截断流行过程，防止健康动物继续受到感染，以便将疫情控制在最小范围内加以就地消灭。

有典型症状、类似症状，或其他特殊检查阳性的病猪，隔离于不易散播病原体、便于消毒的房舍。隔离期内，须有专人负责，搞好卫生、严密消毒和进行治疗。隔离区内的用具、饲料、粪便等，未经彻底消毒处理不得运出。淘汰没有治疗价值的病猪并按规定处理。

未发现任何症状，但与患猪及其污染的环境有过明显接触的可疑感染猪，有可能处于潜伏期，并有排菌（毒）的危险，应在消毒后另选地方将其隔离，限制其活动，详加观察，并立即进行紧急免疫接种或预防性治疗，对出现症状者则按患猪处理。

疫区内其他假定健康猪应与上述两类严格隔离饲养，加强防疫消毒和相应的保护措施，并立即进行紧急接种。

（2）封锁　封锁是把疫源地封闭起来，防止疫病向安全地区散播和健康动物误入疫区而被传染，把疫病控制在疫区内，集中力量就地扑灭。

根据《中华人民共和国动物防疫法》规定，封锁的疫病为一类传染病或当地新发现的传染病。封锁时根据该病的特点、流行规律、动物分布、地理环境、居民点以及交通等条件，确定疫点、疫区和受威胁地区。执行封锁时应掌握“早、快、严、小”的原则，即发现报告疫情，执行封锁要早、行动要快、封锁要严、范围要小。

4. 治疗

治疗患传染病动物，既是为了挽救患病动物，减少损失；也是为了消除传染源，防止病原体散播，是综合性防治措施的一个组成部分。传染病的治疗与一般普通病不同，既要考虑针对病原体，消除其致病作用，又要帮助动物机体增强抗病能力和调整、恢复生理机能，因此，需要采取综合性治疗措施。

（1）针对病原体的疗法　包括特异疗法、抗生素疗法和化学疗法。

①特异疗法。是应用针对某种传染病的高免血清、康复动物血清或全血的治疗。主要用于某些急性传染病的治疗，如破伤风、猪瘟等。免疫血清只对特定的病原体起作用，使用时必须诊断确实，要在病的早期应用，用足够的剂量才能取得良好的效果。使用的血清如果是异种动物的血清，有时会产生过敏反应，应给予注意。血清治疗属于人工被动免疫，随着血清抗体的代谢，作用逐渐

消失，免疫期仅为2～4周，对没有产生主动免疫的动物应适时进行疫苗接种。

②抗生素疗法。抗生素为细菌性传染病的主要治疗药物，对病毒性传染病无效，但可防止或治疗继发感染。抗生素种类繁多，使用时要严格掌握适应症，选择对病原菌敏感的抗生素，还要注意用量、疗程、给药途径和副作用，防止滥用，以免对机体产生不良反应或使病原菌产生抗药性。

③化学疗法。主要是使用喹诺酮类、磺胺类、抗菌增效剂等化学药物，帮助机体杀灭或抑制病原体。抗病毒类药物近年来有所发展，但远较抗菌药物少，毒性一般也较大。目前仅有金刚烷胺盐酸盐和吗啉双胍用于病毒感染的预防和治疗。

(2)针对动物机体的疗法　包括对症治疗、支持疗法和加强护理。

①对症治疗。对症治疗是为了减轻或消除某些严重症状，调节和恢复机体生理机能而进行的治疗，包括解热、止痛、兴奋、镇静、止痉、止血、强心、利尿、止泻、防止酸中毒和碱中毒等。

②支持疗法。支持疗法是增强患猪抵抗力的治疗方法，有维持水和电解质平衡，供给营养和维生素的作用。为此，应针对机体需要，分别静脉注射5%葡萄糖生理盐水、复方生理盐水、25%葡萄糖注射液、维生素、右旋糖苷或其他营养物质，输入全血或血浆，应用肾上腺皮质激素，灌服流质食物等方法。

③加强护理。将病猪隔离在光线充足、通风良好、干爽清洁和安静的畜舍中；冬季注意防寒保暖，夏季注意防暑降温；给予清洁的饮水和营养丰富、容易消化的饲料。

5.免疫接种

(1)免疫接种　给动物接种疫(菌)苗、类毒素或免疫血清，激发动物产生特异性抵抗力，是预防和控制传染病的重要措施之一。按免疫接种的性质不同，将免疫接种分为预防接种、临时免疫接种和紧急免疫接种。

①预防接种。是指在经常发生某些传染病的地区，或有某些传染病潜在的地区，或受邻近地区某些传染病经常威胁的地区，平时有计划地给健康猪群进行免疫接种，防止传染病发生。

②临时免疫接种。是指在引进、外调、运输畜禽时，为避免途中或到达目的地后发生某些传染病，需临时进行的免疫接种。临时免疫接种可用疫（菌）苗进行免疫，或注射免疫血清进行免疫，如家畜去势、手术时，为防止发生破伤风，应及时注射抗破伤风血清。

③紧急免疫接种。是指发生传染病时，为了迅速控制和扑灭疫病的流行，对受威胁的尚未发病的动物进行应急性的免疫接种。一般紧急接种以使用免疫血清较为安全有效，产生免疫快，但血清因用量大，价格高，免疫期短，供不应求而有其局限性。实践证明，使用疫（菌）苗对多种传染病进行紧急免疫接种是切实可行的，例如在发生猪瘟、口蹄疫等一些急性传染病时，应用疫苗作紧急接种，可取得很好的效果。

（2）进行免疫接种时的准备工作

①制定预防接种计划。根据当地猪传染病发生的种类、流行规律、发病季节等情况，制定出预防接种计划，包括统计接种对象及数目，确定接种日期，准备足够的生物制品、器材和消毒药品等。

②确定接种方法和剂量。所用生物制剂的种类不同、接种的对象不同、采用的免疫接种方法及途径不同，动物所产生的免疫力就不同，抗体水平也有显著差异。因此，依据上述差异，应选用不同的接种方法和剂量。

③保证接种效果。接种时要认真负责，消毒严格，剂量、部位准确，做到头头接种，防止遗漏，确保防疫效果。为防止交叉感染，接种时应注意消毒和更换针头。接种后要加强饲养管理，使猪只产生较好的免疫力，减少接种后的反应。

④检查猪群。预防接种前，应对被接种的猪只进行详细检查，

必要时进行体温检查。凡体质过于瘦弱的猪只、体温升高或有临床症状者，均不应进行接种。对妊娠后期的母猪、哺乳仔猪等确需接种时，应选择安全的疫(菌)苗进行接种，以防止不良反应的发生。

生物制剂对机体来说是一种异物，接种后总会有反应过程，但绝大多数动物接种后不引起反应或反应轻微，个别动物可发生强烈反应。

有些活疫苗接种后实际是一次轻度感染，也会发生局部或全身反应。一般表现为局部轻微的红、肿、热、痛，轻度发热，全身不适和食欲减少等，属于正常反应，一般不需处理，经 1～2 d 可完全恢复。

由于个别猪只对生物制品过敏，或某一批生物制品质量差、使用方法不当、接种剂量过大等可引起严重反应，猪只表现卧地不起、皮肤苍白、四肢发凉、肌肉震颤、流涎、呕吐等，重者则出现抽搐甚至昏迷。一旦发生上述情况，应令动物安静休息，避免惊扰，片刻后即可恢复，如经数分钟仍不恢复，可皮下注射 1∶1 000 肾上腺素。

(3)制定免疫程序　一个地区或大型养猪场，可能发生的传染病不止一种，而用来预防这些传染病的疫(菌)苗的性质又不尽相同，免疫期长短不一。因此，就需要多种疫(菌)苗来预防不同的传染病，也需要根据各种疫(菌)苗的免疫特性，合理地制定预防接种的次数和间隔时间，这即是所谓的免疫程序。制定免疫程序应考虑下述几种情况：

①当地疫病的流行情况。传染病的流行具有一定的地区性和季节性，任何一个地区在一定时期内都可能有一种或几种对猪危害较严重的传染病。因此，在传染病流行的地区和期间内，要进行流行病学调查，掌握传染病的种类、范围、危害程度，做到心中有数，以便对危害严重的传染病进行重点预防，使免疫接种有的放矢。

②母源抗体水平。新生仔猪可通过初乳获得母源抗体，在一定日龄内可避免相应病原微生物的侵袭，如猪瘟、猪大肠杆菌病、仔猪红痢等。在母源抗体水平较高时进行免疫接种很难获得成功，必须等到母源抗体消退到一定水平之后才能接种疫苗。为此，有条件的养殖场应进行母源抗体监测，适时进行免疫接种。

③免疫间隔时间的确定。同一类疫苗经过2次或2次以上免疫，所产生的抗体维持时间较长，能够达到较高的抗体水平，产生坚强的保护力。重复免疫的间隔时间是根据抗体的维持时间来确定的。相邻两次免疫的最短间隔时间不得少于14 d。最理想的办法是根据抗体监测结果来确定。

(4)猪常见传染病的免疫程序

● 猪瘟

种公猪：每年春、秋季用猪瘟兔化弱毒疫苗接种1次，颈部肌肉注射。

经产母猪：配种前7～10 d接种1次，颈部肌肉注射。

后备母猪：留做种用时接种1次，配种前7～10 d接种1次，颈部肌肉注射。

仔猪：20～25日龄用猪瘟兔化弱毒疫苗首免，颈部肌肉注射；60～70日龄，作第二次强化免疫，颈部肌肉注射。

● 猪丹毒、猪肺疫

种猪：春、秋两季分别用猪丹毒和猪肺疫菌苗各免疫接种1次，颈部肌肉注射。

仔猪：70日龄分别用猪丹毒和猪肺疫菌苗各免疫接种1次，颈部肌肉注射。

● 猪副伤寒

仔猪：35日龄逐头按常规剂量接种仔猪副伤寒菌苗，颈部肌肉注射。

• 猪大肠杆菌病

妊娠母猪：产前40～42 d和产前15～20 d分别用大肠杆菌菌苗免疫接种1次。

• 猪传染性胃肠炎

妊娠母猪：在产前6周和产前2周用传染性胃肠炎弱毒疫苗肌肉注射1次，同时以相同的剂量进行鼻内接种。

• 猪细小病毒病

种公猪、种母猪：每年用猪细小病毒病疫苗免疫接种1次。

后备公猪、母猪：在配种前1个月免疫接种1次。

• 仔猪红痢病

妊娠母猪：于产前30 d和产前15 d分别用仔猪红痢灭活苗接种1次。

• 猪气喘病

种猪：每年用猪喘气病弱毒菌苗免疫接种1次，右侧胸腔注射。

仔猪：7～15日龄免疫接种1次。

后备种猪：配种前再免疫接种1次。

• 流行性乙型脑炎

种猪、后备母猪：每年在4～5月份用乙型脑炎弱毒疫苗接种1次。

• 猪传染性萎缩性鼻炎

种猪：妊娠母猪产前1个月皮下注射传染性萎缩性鼻炎灭活苗2 mL；免疫母猪所产仔猪1周龄0.2 mL，3～4周龄0.4 mL，皮下注射。同时每侧鼻孔分别滴加不加佐剂活菌液0.25 mL（含50亿菌）和0.5 mL（含100亿菌）。

商品猪：怀孕母猪产前1个月皮下注射2 mL。

• 猪链球菌病

将猪链球菌弱毒菌苗按头份用生理盐水或20%氢氧化铝生

理盐水稀释 1 mL,不论大小皮下注射 1 mL。

● 伪狂犬病

母猪:产前 3～4 周、成年猪各肌肉注射 2 头份,3 月龄以上 1 头份。

哺乳仔猪:第一次 1/2 头份,断奶后再注射 1 头份。

● 口蹄疫

种猪:每年两次用猪相应血清口蹄疫灭活苗 3 mL,颈部肌肉注射。

仔猪:30 日龄用猪相应血清口蹄疫灭活苗 2 mL,颈部肌肉注射 1 次。

6. 常用生物制品知识

凡是具有良好免疫原性的病原微生物,经繁殖和处理后制成的生物制品,均称为疫(菌)苗。根据组织来源及制造方法,疫苗可分为动物培养疫苗(组织苗)、鸡胚培养苗(鸡胚苗)和细胞培养苗(细胞苗);也可根据微生物是否完整,分为全微生物苗和亚单位苗;还可按照投予途径分为注射用疫苗、口服疫苗、气雾疫苗和皮肤划痕疫苗等,按佐剂的有无分为佐剂疫苗和无佐剂疫苗等;按疫苗物理性状分为液体疫苗和冻干苗等。

目前应用最为普遍的是常规疫苗,它们是由细菌、病毒、立克次氏体、螺旋体、支原体等微生物制成的疫苗,分为灭活苗和活疫苗等。

(1)灭活苗　是选用免疫性强的细菌、病毒等经人工培养后,用物理或化学方法将其杀死(灭活),使其失去活性,使传染因子被破坏而保留免疫原性所制成的疫苗,又称为死苗。

灭活苗的优点是比较安全,不发生全身副作用,无返祖;有利于制成联苗、多价苗;制品稳定,受外界条件影响小,便于储存和运输;灭活苗所激发的抗体持续时间较短,有利于确定某种传染病是否被消灭。

灭活苗的缺点是接种次数多、剂量大;必须注射;不产生局部免疫;由于灭活苗不能在体内增殖和复制,所以免疫力产生较迟,通常2～3周后才能获得良好的免疫力,故不适于作紧急防疫使用。

(2)活疫苗　是通过人工诱变获得的弱毒株或者筛选的自然减弱的天然弱毒株或者失去毒力的无毒株所制成的疫苗。例如猪瘟兔化弱毒疫苗。

弱毒疫苗的优点是一次接种即可成功;可采取自然感染途径(如注射、滴鼻、饮水、喷雾、划痕等)接种;可以通过对母畜免疫接种而使幼畜获得被动免疫;免疫力持久,有利于清除野毒。

弱毒苗的缺点是有些疫苗存在散毒问题,如口蹄疫弱毒苗对猪存在散毒问题;弱毒疫苗残余毒力较强者其保护力也强,但副作用也较明显;某些弱毒苗可引起接种的动物免疫抑制和存在返祖的危险。

(3)联苗和多价苗　在常规疫苗中,用不同种微生物或其代谢产物组成的疫苗称为联苗,用同种微生物不同型或株所制成的疫苗称为多价苗。应用联苗或多价苗,可以简化免疫程序,降低人力、物力消耗,减少被免疫动物应激反应的次数,因而对畜牧业生产有利。所以很多国家都在大力研究和开发联苗及多价苗。目前常用的联苗有猪丹毒、猪肺疫二联苗,猪瘟、猪丹毒、猪肺疫三联苗,猪传染性胃肠炎、猪流行性腹泻二联苗。

除常规疫苗外,近年来利用分子生物学技术研制生产的新型疫苗日渐增多,受到世人的瞩目。这些新型疫苗大体可分为4个类型:病原保护性亚单位疫苗、以活病毒或细菌为载体的活载体疫苗、缺失病原致病性的基因缺失疫苗和核酸疫苗。目前已经问世的生物技术疫苗有猪大肠杆菌菌毛疫苗、狂犬病活载体疫苗、伪狂犬病基因缺失疫苗等。

(4)免疫血清　免疫血清是指动物经反复注射同一种病原微

生物的抗原物质后，机体产生大量抗此种抗原的抗体，采取此动物的血液分离的血清。免疫血清主要用作紧急预防注射和治疗，通常是在已经发生传染病或受到传染病威胁的情况下使用。其优点是注射后立即产生免疫，但是这种免疫力维持时间较短，一般仅2～3周，因此，在注射血清后2～3周，仍需再用疫苗进行免疫接种，才能获得较长时间的免疫力。

免疫血清只对某种特定的传染病有效，而对他种病无效，因此，使用时一定要在诊断确实的基础上应用。免疫血清用于某些急性传染病的治疗时，应尽早应用，治疗时应用越早效果越好。血清的用量根据动物的体重和年龄不同而确定。预防时，以皮下注射为主，也可肌肉注射。治疗量需要按预防量加倍，并根据病情采取重复注射，注射方法以静脉注射为主，以使其迅速发挥作用。剂量不大时也可用肌肉注射。不同的抗血清用量相差很大，使用时应按使用说明的规定进行。由于免疫血清是异源血清，有时可能引起过敏反应。如果在注射后数分钟或0.5 h内，动物出现不安、呼吸急促、颤抖、出汗等症状，应立即抢救。抢救的方法是皮下注射1∶1 000肾上腺素0.2～0.5 mL。反应严重者有时抢救不及时，常造成损失，故使用血清时应注意观察，发现问题及时处理。

7.免疫接种技术

免疫接种前要对生物制剂进行检查，如有不合格者，一律不能使用。要求包装完善，运送途中避免日光直射和高温。用户运送少量弱毒疫苗可装在装有冰块的广口瓶内，以免降低或丧失疫苗性能。各种生物制品应保存在低温、阴暗及干燥的场所。菌苗、灭活油苗、免疫血清等应保存于2～15℃，防止冻结；病毒性疫苗应放在0℃以下冰冻保存。不同温度下保存，不得超过所规定期限，否则不能使用。

各种生物制品用前均需仔细检查，有下列情形之一者不得使用：

①没有瓶签或瓶签模糊不清，没有经过合格检查者；

②过期者；

③生物制品质量与说明不符者，如色泽、沉淀、制品内异物、发霉和有臭味；

④瓶盖不紧或玻璃破裂者；

⑤没有按规定保存者，如加氢氧化铝的菌苗经过冻结后，其免疫力可降低。

疫苗使用前，必须充分振荡，混匀后才能应用。免疫血清则不应振荡，沉淀不应吸取。疫苗应按说明书的要求进行稀释。吸取疫苗时，先除去封口上的塑胶盖，用酒精棉球消毒瓶盖。盖上固定一个消毒的针头专供吸取药液，吸药后不拔出，用酒精棉包好，以便再次吸取。给动物注射用过的针头不能吸取药液，以免污染疫苗。已经开瓶或稀释过的疫苗，必须当天用完，未用完的经处理后弃去。

免疫接种时，大猪站立保定，仔猪徒手保定。皮下免疫接种时可在耳根外、股内侧、肘后，注射部位用5%碘酊消毒后，用75%酒精棉球脱碘。左手捏起注射部位皮肤使成皱褶，右手持注射器由皱褶基部刺入2～3 cm，注入疫苗，拔出针头，用碘酊棉球消毒。肌肉注射时，常在耳根后、股内侧或臀部。消毒后用右手将针头垂直刺入，注入疫苗，拔出针头，用碘酊棉球消毒。针头刺入的深度应根据猪的大小和肥胖程度而定。

8. 药物预防

目前，有些传染病有有效的疫苗，但也有不少的传染病没有疫苗进行预防接种，如猪密螺旋体病。因此，在一定条件下有针对性地投服安全、廉价的药物，也是预防传染病的有效措施之一。猪群通常采用拌料给药，给药时应混合均匀，注意给药的种类、剂量、时间、次数，防止抗药性的产生和不良反应、中毒的发生。同时也应注意药物的残留问题，以免影响人们的身体健康。

9.消毒、杀虫、灭鼠

(1)消毒　消毒是指清除或杀灭动物体表、外界环境和相关物品中的病原微生物。目的是切断疫病传播途径,预防、控制和消灭传染病,是综合性防疫的重要措施之一。消毒分为结合平时饲养管理,对动物舍、用具、饲料、饮水和外界环境等进行定期消毒,以达到预防传染病发生的预防性消毒;以及发生传染病时,为消灭传染源排出的病原体而随时进行的临时消毒。

消毒的方法有机械清除、日光暴晒、紫外线照射、焚烧、煮沸和蒸气等物理消毒法;喷洒化学消毒剂杀灭病原微生物的化学消毒法;把粪便堆积发酵处理,杀灭病原微生物的生物热消毒法。

(2)杀虫　就是杀灭传播疫病的蚊、蝇、虻、蜱等节肢动物。杀虫的方法包括机械拍打、火烧、煮沸、蒸气或灯光诱杀等;或用化学杀虫剂进行喷洒、熏蒸或制成食饵等方法。

(3)灭鼠　鼠类是很多种人畜传染病的传播媒介和传染源,因此灭鼠是预防传染病的一项重要工作。灭鼠的方法包括用各种器械以不同方式扑杀老鼠或利用化学毒剂诱杀鼠类。

10.动物淘汰和尸体处理

淘汰患传染病的动物,是消灭传染源的有力手段。为此,对目前没有有效治疗方法,且又不能自愈的患病动物;患有对人畜有严重威胁的人畜共患传染病的动物;治愈需要很长时间,费用超过其痊愈后的价值的动物;感染当地发生危害大,且过去没有发生过的新传染病的动物,为防止疫病蔓延扩散,都应在严密消毒下淘汰处理。

传染病动物尸体含有大量病原体,是一种特别危险的"传染源",如不及时作无害化处理,污染外界环境,可引起人和动物发病。因此,及时而正确地处理尸体,在防治动物传染病和维护公共卫生上都有重要意义。尸体处理方法有焚烧、掩埋、腐败和化制等。

第二节 临床诊断及治疗技术

一、猪的保定方法

(1)站立保定法 用一根小手指粗的尼龙绳,在一端打个活结。保定时,一人抓住猪的两耳并向上提,在猪号叫时,把绳的活结立即套入猪的上颌并抽紧,然后把绳的另一端缠绕在圈栏或木桩上,此时猪常后退,当猪退至被绳拉紧时,便站住不动。解脱时,只需把活结的绳头一抽便可。此法适用于临床检查、肌肉注射和用灌药器灌药。

(2)提举保定法 抓住猪的两耳,迅速提起,使前肢腾空,同时用膝部夹住胸或腰腹部,使猪的腹部朝前。此法适用于灌药或肌肉注射。

(3)倒立保定法 手握住猪两后肢飞节,头部朝下,用膝部夹住其背部即可。对于体格较大的猪或保定时间较长时,用绳拴住两后肢飞节,将猪倒吊在一横梁上即可。

(4)倒卧保定法 一手抓住猪的一个后肢并提起,另一手紧抓该肢同侧膝前皱褶,顺势将猪横卧于地,随后两手分别抓住前后肢,助手用绳缚紧四肢而固定。

二、临床检查方法

在对猪的临床检查中,最常用的是问诊和视诊,必要的时候配合触诊、听诊等进行检查,收集有关资料,综合分析判断,做出诊断。

(1)问诊 以交谈和启发的方式,向动物医学人员、饲养、管理人员调查、了解病猪或猪群发病情况和经过。一般在着手检查前进行，也可边检查边询问。

问诊时，首先询问病猪的日龄、性别，发病的数量，发病时间，病后的主要表现，免疫接种情况，是否经过治疗，用过什么药物，用药剂量、次数和效果如何；再了解猪舍的卫生状况，饲喂日粮的种类、数量和质量以及饲喂方法；最后询问猪群过去曾发生过什么病、其他猪或邻近地区的猪有无类似的疾病发生、其经过与结局如何，以及畜主所估计的致病原因等。

（2）视诊　是检查病猪时最主要的方法，而且获得的资料最为真实可靠。视诊时，先对猪群进行全面观察，发现病猪后再重点检查。检查时，先观察猪的精神状态、饮食欲、体格发育、姿势和运动行为等有无异常，借此以发现病猪；然后仔细检查病猪的皮肤、被毛、可视黏膜（如眼结膜、口黏膜、鼻黏膜等），咳嗽、呼吸、排粪、排尿和粪尿等有无异常变化。

（3）触诊　是用手对被检部位进行触摸，以判断有无病理改变。对猪进行触诊，主要检查皮肤的温度、局部硬肿、腹股沟淋巴结的大小，以及骨骼、关节和有关器官的敏感性等。

（4）听诊　一般直接听取猪的咳嗽和喘鸣音，必要时可听取心音、呼吸音和胃肠蠕动音等。

三、一般检查

对猪进行一般检查时，主要检查猪的精神状态、皮肤、可视黏膜、腹股沟淋巴结、体温等。

（1）精神状态检查　健康肥育猪贪吃好睡，仔猪灵活好动，不时摇尾。精神沉郁是各种热性病、缺氧及其他许多疾病的表现。病猪表现卧地嗜睡、眼半闭、反应迟钝、喜钻草堆、离群独处或扎堆。昏睡时，病猪躺卧不起，运动能力丧失，只有给予强烈刺激才突然觉醒，但又很快陷入昏睡状态，多见于脑膜脑炎和其他侵害神经系统的疾病过程中。昏迷时，病猪卧地不起，意识丧失，反射消失，甚至瞳孔散大，粪尿失禁，见于严重的脑病、中毒等。有的表现为精神兴奋，容易惊恐，骚动不安，甚至前冲后撞，狂奔乱跑，倒地抽搐等，见于脑及脑膜充血、脑膜脑炎、中暑、伪狂犬病和食盐中毒。

(2)皮肤检查　着重检查皮温、颜色、丘疹、水疱、皮下水肿、脓肿和被毛等。

①皮温。检查皮温时，可用手触摸耳、四肢和股内侧。全身皮温增高，多见于感冒、组织器官的重度炎症及热性传染病；全身皮温降低，四肢发凉，多见于严重腹泻、心力衰竭、休克和濒死期。

②皮肤颜色。检查皮肤颜色只适用于白色皮肤猪。皮肤有出血斑点，用手指按压不退色，常见于猪瘟、弓形虫病等；皮肤有淤血斑块时，指压退色，常见于猪丹毒、猪肺疫、猪副伤寒等传染病；皮肤发绀见于亚硝酸盐中毒及重症心、肺疾病。仔猪耳尖、鼻盘发绀，也见于猪副伤寒。

③丘疹。为皮肤上出现米粒大到豌豆大的圆形隆起，见于猪痘及湿疹的初期。

④水疱。为豌豆大小，内含透明浆液的小疱，若出现在口腔、蹄部、乳房部皮肤，见于口蹄疫和猪传染性水泡病；如果出现在胸、腹部等处皮肤，见于猪痘以及湿疹。

⑤皮下水肿。其特征是皮肤紧张，指压留痕，去指后慢慢复平，呈捏粉样硬度。额部、眼睑皮肤水肿，主要见于猪水肿病。体表炎症及局部损伤，发生炎性水肿时，有热、痛反应。

⑥脓肿。猪皮肤脓肿十分常见，主要为注射时消毒不严或皮肤划伤感染化脓菌引起。初期局部有明显的热、痛、肿胀，而后从中央逐渐变软，穿刺或自行破溃流出脓汁。

⑦局部脱毛。主要见于猪疥螨和湿疹。

(3)眼结膜检查　主要是检查眼结膜膜颜色的变化。眼结膜弥漫性充血发红,除结膜炎外,见于多种急性热性传染病,肺炎、胃肠炎等组织器官广泛炎症;结膜小血管扩张,呈树枝状充血,可见于脑炎、中暑及伴有心机能不全的其他疾病;可视黏膜苍白是各种类型贫血的标志;结膜发绀(呈蓝紫色)为病情严重的象征,如最急性型猪肺疫、胃肠炎后期,也见于猪亚硝酸盐中毒;眼结膜黄染,见于肝脏疾病、弓形虫病、钩端螺旋体病等;眼结膜炎性肿胀,分泌物增多,常见于猪瘟、流感和结膜炎等。

(4)腹股沟淋巴结检查　猪浅表淋巴结大多都深在,不易进行检查,只有腹股沟淋巴结位置浅表,便于检查。腹股沟淋巴结肿大,可见于猪瘟、猪副伤寒、猪丹毒、圆环病毒病、弓形虫病等多种传染病和寄生虫病。

(5)体温检查　许多疾病,尤其是患传染病时,体温升高往往较其他症状出现得更早,因此,体温反常是猪患病的一个重要症状。猪的正常体温为 38.5～40.0℃,体温升高,见于许多急性热性传染性病和肺炎、肠炎疾病过程中;体温降低,多见于大出血、产后瘫痪、内脏破裂、休克及某些中毒等,多为预后不良的表现。

四、系统检查

1.心脏检查

猪正常心率为 60～80 次/min。心跳次数增加,主要见于传染病等急性发热性疾病。

2.呼吸系统检查

检查猪的呼吸系统时,着重检查呼吸次数、呼吸运动、鼻液、咳嗽和喉部有无肿胀等。

(1)呼吸次数检查　健康猪的呼吸数为 18～30 次/min。呼吸次数增多,见于肺部疾病,如各型肺炎、肺充血、肺水肿、肺气肿、胸膜炎、胸膜炎及胸水，以及各种高热性疾病、疼痛性疾病和亚硝酸盐中毒。

(2)呼吸类型检查　健康猪呼吸时胸壁与腹壁的运动协调，起伏强度大致相等，为胸腹式呼吸。若呼吸时胸壁的起伏特别明显，而腹壁运动微弱，称为胸式呼吸，可见于膈肌破裂、腹壁创伤、腹膜炎和腹腔大量积液等；若呼吸时腹壁的起伏特别明显，而胸壁运动微弱，称为腹式呼吸，见于胸壁创伤、肋骨骨折、胸膜炎、胸膜肺炎、胸腔大量积液、气喘病等。

(3)鼻液检查　健康猪鼻孔有少量鼻液，如有大量鼻液流出，为呼吸器官患病的表现。流无色透明、水样的浆液性鼻液，可见于呼吸道炎症、猪传染性萎缩性鼻炎、感冒的初期；鼻流黏稠、蛋清样、灰白色不透明、呈牵丝状的黏性鼻液，可见于呼吸道卡他性炎症、猪传染性萎缩性鼻炎和感冒的中后期；鼻流黏稠混浊，呈糊状、膏状、灰白色或黄白色脓性鼻液，可见于感冒、流行性感冒的中后期。猪在打喷嚏时，发生鼻出血，是猪传染性萎缩性鼻炎的特征。若为粉红色鼻液，除见于肺水肿、肺充血外，是猪接触性胸膜肺炎的特征。

(4)咳嗽检查　健康猪不发生咳嗽或仅发生一两声咳嗽，连续发咳，则是呼吸器官患病的表现，如支气管炎、肺炎、各种呼吸器官传染病。猪低头弓腰，连续发咳，直到将呼吸道中的渗出物咳出咽下为止，为慢性气喘病的特征。

3.消化系统检查

消化系统疾病是常见、多发病，其他系统疾病也常会引起消化系统机能紊乱。因此，消化系统的检查有着重要的临床意义。检查猪消化系统，应着重检查食欲、呕吐、腹围、排粪状态及粪便。

(1)食欲　健康猪食欲旺盛，而病猪往往表现食欲不振，甚至食欲废绝。废绝后又出现食欲，表示病情好转。异嗜是食欲紊乱的另一种表现，病猪喜吃垫草、泥土、灰渣、碎布、麻绳等，多由于消化不良、慢性腹泻、维生素和微量元素缺乏症等引起。

(2)呕吐　多于咽、食道、胃肠黏膜或腹膜受到刺激后发生。猪胃食滞、胃炎、仔猪蛔虫病、日本乙型脑炎、脑炎及某些中毒病过程中，都可能发生呕吐。另外，某些传染病如猪传染性胃肠炎、流行性腹泻等也常见呕吐。

(3)腹围检查　腹围较正常增大，特别是左肋下区突出，病猪呼吸困难，表现不安或犬坐，多为胃臌气或过食，触诊左肋下区紧张而抵抗明显。

(4)排粪及粪便检查　排粪扰乱表现为腹泻、便秘、失禁自痢、里急后重等。检查粪便着重注意其性状、颜色及有无寄生虫。7日龄以内的仔猪排血样稀便，为仔猪红痢的特征；肥育猪排黏液性血样稀便，则为猪痢疾的特征；7日龄以内仔猪排黄色水样稀便，是仔猪黄痢的表现；而20～30日龄的仔猪排灰白色糊状粪便，常见于仔猪白痢；猪排灰色腥臭的稀便，多见于猪瘟、副伤寒等。

4. 泌尿生殖系统检查

检查泌尿生殖系统时，着重检查排尿动作、尿量、颜色和外生殖器等。

排尿减少，颜色加深，可见于热性病、各种原因引起的脱水和急性肾炎。病猪停止排尿称为无尿，可见于重剧肾炎、膀胱破裂、某些中毒时。排尿时猪表现不安、疼痛、摇尾、弓背、两后肢张开，见于膀胱炎、尿道炎及结石等疾病。膀胱充满尿液而不能排出叫做尿闭，常见于尿道结石、尿道阻塞、膀胱括约肌痉挛等。排尿淋漓不畅，常见于尿道结石、膀胱及尿道炎。排尿失禁，见于膀胱括约肌麻痹及脊柱受到损伤，也见于昏迷和濒死期的病猪。

尿中带血称为血尿，静置后红细胞沉积于容器底部，多由于肾脏、膀胱和尿道受到损伤引起；血红蛋白尿时，尿呈红褐色，静置后容器底部无沉积的红细胞,可见于猪钩端螺旋体病、附红细胞体病及新生仔猪溶血病等,使红细胞大量破坏时。膀胱炎时,尿液混浊,有氨臭味。

检查公猪生殖器官,注意有无阴囊疝、隐睾,睾丸肿大、疼痛、发热,多见于日本乙型脑炎,也可能为布鲁氏菌病。母猪如果阴道黏膜潮红、肿胀、糜烂或溃疡、分泌物增多,是阴道炎的表现。

5.神经系统检查

(1)中枢神经机能检查　中枢神经机能扰乱,在临床上表现为抑制和兴奋两种形式。抑制是中枢神经机能降低,动物对刺激的感受性减弱或消失。按其程度可分为沉郁、昏睡和昏迷。兴奋为大脑皮质兴奋性增高的状态。病猪表现狂躁不安,不断鸣叫,乱走乱串等症状,见于脑炎、中毒和某些传染病。

(2)感觉机能检查　在临床上主要检查痛觉。针刺时,健康猪有回头竖耳、躲闪等反应。皮肤感觉减弱,见于脑炎、产后瘫痪、濒死期等;皮肤感觉增高,可见于脊髓炎、皮肤局部炎症等。

(3)运动机能检查　注意病猪有无作圆圈运动,向前暴进或后退、运动失调、痉挛和瘫痪等表现,见于各型脑炎、猪瘟、伪狂犬病、猪水肿病、有机磷和食盐中毒等;持续性痉挛,使肌肉呈现僵硬的状态,见于破伤风。

五、治疗技术

(1)肌肉注射法　大猪站立保定,仔猪徒手保定。在耳根后或股内侧、臀部注射部位剪毛,5%碘酊消毒后,用75%酒精棉球脱碘,右手持针头垂直刺入后,接上注射器注入药液或疫苗,拔出针头,用碘酊棉球消毒(也可用金属注射器直接注射)。针头刺入的深度视猪的大小和肥胖程度而定。

(2)皮下注射法　大猪站立保定,仔猪徒手保定。在耳根外或股内侧、肘后注射部位剪毛，5%碘酊消毒后，用75%酒精棉球脱碘，左手捏起注射部位皮肤使成皱褶，右手持注射器由皱褶基部刺入2～3 cm，注入药液或疫苗，拔出针头，用碘酊棉球消毒。

(3)静脉注射法　用捕猪器将猪保定，将耳朵剪毛、消毒，左手拇指和食指压迫耳大静脉近心端，右手弹静脉使其努张，然后用6～8号针头与静脉水平方向平行刺入静脉，连接注射器徐徐注入药液。用输液器输液时，需用医用胶布固定针头，防止针头脱落。

(4)腹腔注射法　大猪站立保定，小猪侧卧保定，但需将后躯垫高，于肷窝处剪毛，5%碘酊消毒后，用75%酒精棉球脱碘，右手持针头稍向骨盆腔入口方向刺入腹腔，将少许药液滴入针座孔，药液流入，说明针头进入腹腔，连接注射器或输液器注入药液。若药液既不流入，也不溢出，说明针头只刺入肌肉；若药液冒出，说明针头刺入肠道，均应重新穿刺。

(5)投药法　大猪站立保定，小猪站立或侧卧保定。将开口器或小木棒从一侧口角插入，从另一侧口角穿出，并固定在口角。另一人将猪用投药器导管插入端用水浸湿或涂抹植物油，使其保持湿润光滑，从口腔插入直到颈的中下部。为确保投药器插入食道，弯折投药器另一端导管并使之密闭，挤压中部的橡皮球。若橡皮球不鼓起，说明投药器确实插入食道，可灌服药液，否则应重新插入。

(6)灌肠法　大猪站立保定，小猪站立或侧卧保定，为降低腹压，均应采取前低后高姿势。将投药器导管或胃导管湿润后由肛门插入20～30 cm。如果直肠内有蓄粪或过于干燥，难以插入，应先灌入温肥皂水，掏出蓄粪再插。灌肠可用于治疗便秘，也可灌入人工补液盐，通过肠道吸收水分和电解质，起到纠正脱水和酸中毒，调节电解质平衡紊乱的作用，有很好的效果。

第三节 猪的主要疾病防治

一、传染病

1. 猪瘟

猪瘟是由猪瘟病毒引起的一种高度接触性传染病，一年四季均可发生，不同品种、性别和年龄的猪均可感染发病。在免疫猪群，多呈零星散发，药物治疗无效。

猪群中存在病猪和慢性的感染猪，引进外表健康的感染猪是猪瘟发生的根本原因。含病毒的猪肉几个月后仍有传染性，因此，在本病的发生上也有重要意义。免疫接种及治疗时不注意注射部位的消毒、不更换针头是猪瘟发生的常见原因。

(1)症状　急性型病猪体温升高到 41～42℃，精神沉郁，卧地嗜睡，畏寒怕冷，肌肉震颤，扎堆或钻入草堆，全身衰弱无力，步态不稳；食欲减退或废绝，喜饮冷水，先便秘，粪便呈球状、干硬、表面常附有灰白色黏液，有的混有血液，而后发生腹泻，恶臭；结膜发炎，眼角有黏液脓性眼眵，严重时将眼睑封闭。公猪阴鞘积尿，可挤出黄白色混浊恶臭尿液。仔猪出现神经症状，怀孕母猪可发生流产。腹股沟淋巴结明显肿大。病至后期，耳朵、颈下、胸部、腹部、四肢内侧等处皮肤有紫绀和出血斑点。

亚急性及慢性型病猪症状不规则，表现消瘦、贫血、全身衰弱无力，走路摇晃。体温时高时低，食欲时有时无，喜饮冷水或脏水，便秘与腹泻交替出现，粪便恶臭，皮肤有紫斑或坏死痂。病程长达 1 个月以上，最后多衰竭而死。

迟发型猪瘟是先天性感染的结果。感染猪在出生后几个月表现正常，随后发生轻度食欲不振、精神沉郁、结膜炎、皮炎、下痢和运动失调。体温正常，大多数能存活 6 个月以上，但最终死亡。

妊娠猪感染可导致流产、胎儿木乃伊化、畸形、死胎、产出有颤抖症状的弱仔或外表健康的感染仔猪。

非典型性型猪瘟由低毒力猪瘟病毒引起，是近年来发生较为普遍的一种病型。其症状和病变不典型，病情缓和，发病率和死亡率均低。病猪体温略有升高，大多数在腹下有轻度的淤血或发绀，皮肤很少有出血点。有的自愈后出现干耳和干尾，甚至皮肤出现干性坏疽而脱落，新生斑痕无色素而呈现“花皮猪”。病程长达1个月以上，较大的猪一般多可耐过，死亡者多为幼猪，少数自愈者变为僵猪。

(2)病理变化 急性型病例病理变化明显并具有特征性。全身淋巴结肿大、出血、暗红色，切面多汁，周边出血或网状出血，呈红白相间的大理石样外观。肾包膜下有数量不等的针尖大小的暗红色出血点。严重病例肾脏表面出血点密集，肾切面皮质、髓质、肾盂和肾乳头均可见到出血。部分病例脾脏边缘有米粒大到豆大的紫黑色、稍突起、硬实的出血性梗死灶，具有诊断意义。会厌软骨、膀胱黏膜、心内外膜、胃肠浆膜和黏膜、胸壁、胆囊、脑软膜等处有的有大小不等、数量不一的小出血点或出血斑，肺有肺炎病变。

慢性病例组织器官的出血变化不明显，特征病变是在回肠后段、盲肠和结肠，特别是回盲瓣附近有同心轮层状或纽扣状坏死溃疡。

先天性猪瘟病毒感染可引起胎儿木乃伊化、死胎和畸形。死胎全身性皮下水肿，有腹水和胸水。胎儿四肢变形，小脑、肺以及肌肉发育不良等。出生后不久死亡的子宫内感染仔猪，皮肤和内脏器官常有出血点，胸腺萎缩。

(3)诊断 急性病例根据发病情况、临床症状和病理变化可作出较确实的诊断。病猪高热稽留，腹股沟淋巴结急性肿大，皮肤出现紫斑和出血斑点，药物治疗无效，死亡率高。剖检可见淋巴结、肾脏、会厌软骨、膀胱黏膜和其他器官出血、脾脏梗死等，这些都是猪瘟的特征。慢性病例根据盲肠、结肠，特别是回盲口附近有扣状溃疡的特征病变，多可做出诊断。对非典型性猪瘟，应多解剖一些病猪，当淋巴结、肾脏、脾脏、膀胱黏膜、会厌软骨及其他器官具备急性病例的病理变化，再结合临床症状和药物治疗无效等，多可做出较确切的诊断。

(4)防治　预防猪瘟的发生，除应加强饲养管理，搞好环境卫生和消毒外，应按免疫程序进行预防接种。免疫注射要确实，防止漏打和打飞针，对未按免疫程序接种的猪只要及时补种。引进猪只后，要进行临时预防接种。免疫接种时，所用器材应严格消毒，做到每头猪 1 个针头，防止交叉感染。采取上述措施后，可有效地控制猪瘟的发生。

猪瘟的免疫程序是仔猪 21 日龄首免，2 头份；60 日龄二免，4 头份，种公猪春秋两季各免疫 1 次，每次 4 头份；母猪在配种前7～10 d 进行免疫接种，4 头份。目前常用的疫苗有猪瘟兔化弱毒苗、牛睾丸细胞苗和猪瘟兔化弱毒乳兔组织苗，免疫效果都很好。

猪群发生猪瘟后，要扑杀病猪，彻底消毒，对假定未感染猪只进行紧急接种，数天后可控制本病的流行。

2. 口蹄疫

口蹄疫是由口蹄疫病毒引起的偶蹄动物的一种急性、热性、高度接触性传染病。临床上以口腔黏膜、蹄部、乳房皮肤发生水疱和溃烂为特征。

口蹄疫病毒具有多型性，共分为 7 个血清型，65 个亚型，各主型之间无交叉免疫性，同一主型各亚型之间有一定的交叉免疫性。病毒还具有易变异性，有时在疾病流行中或实验时都能发生变异。由于上述特性，给本病防疫造成很大困难。所以，当预防接种时，使用的疫苗应与当地流行的病毒型相一致，这样才能达到预防的目的。

病毒对外界环境的抵抗力很强，耐干燥。被病毒污染的饲料、土壤、牧草和被毛传染性可保持数周到数月。高温和直射日光对病毒有杀灭作用。对酸、碱敏感，1%～2%氢氧化钠溶液、0.2%～0.5%的过氧乙酸是良好的消毒剂。

口蹄疫病毒能侵害30多种动物，但以偶蹄兽最敏感。不同年龄、性别、品种的猪均易感，其中以哺乳仔猪病死率较高。本病较易从一种动物传染给另一种动物，但也常见在牛、羊中严重流行很少感染猪，或在猪中严重流行而牛、羊很少发病。

患病动物和带毒动物是主要的传染源。患病动物痊愈后带毒和排毒可超过150 d。病猪经呼吸道排至空气中的病毒量相当于牛的20倍，而且病毒能随风传播到50～100 km以外的地方，所以气源性传播在口蹄疫的流行上起着决定性作用。

口蹄疫病毒的传染性很强，传播迅速，一旦发生往往呈流行性。一年四季均可发生，但受高温和日光直接影响，以天气寒冷多变的季节多见。一般为秋末开始，冬季加剧，春季减轻，夏季平息。

(1)症状　病初体温升高到40～41℃，精神沉郁，食欲减少或不食。很快在蹄冠、蹄叉、蹄踵等处发生米粒大到蚕豆大水疱，水疱破溃后形成红色的烂斑，由于蹄部疼痛，病猪站立不稳或卧地不起。如无继发感染，1周左右痊愈；如有继发感染，可导致蹄匣脱落，病猪卧地不起。病猪鼻盘、唇部、乳头和口黏膜也可见到水疱和烂斑。哺乳仔猪通常呈急性胃肠炎和心肌炎而突然死亡，病死率达60%～80%。

(2)诊断　根据本病的流行特点、临床症状和病理变化多可做出诊断。

(3)防治　平时加强检疫，禁止从疫区引进动物、动物产品、饲料、生物制品等。购入动物必须隔离观察，确认健康方可混群。在经常发生口蹄疫的地区，每年4月和10月定期应用相应血清型的口蹄疫疫苗做好预防接种。所用疫苗的血清型只有与当地流行的口蹄疫毒型相一致，才能起到预防作用。目前用的口蹄疫O型灭活苗，免疫效果不理想。猪O型口蹄疫灭活油佐剂苗，免疫效力明显提高，免疫期可达6个月。

发生口蹄疫时，立即上报疫情，及时采取病料送检，确定毒型，划定疫点、疫区和受威胁区，封锁疫区，捕杀患病动物及同群动物，尸体焚烧或化制，对污染的环境和用具进行彻底消毒，14 d后经过全面彻底消毒，才能解除封锁。对受威胁区的猪群进行紧急接种。

如需治疗，患处用2%硼酸水、0.1%高锰酸钾水冲洗，涂布碘甘油、紫药水等。对有全身症状者，可应用抗生素防止继发感染，并注意维护全身体况和加强护理。

3. 猪水疱病

猪水疱病是由病毒引起的猪的一种急性传染病，流行性强、发病率高，以蹄部、鼻端、口部和腹部、乳头周围皮肤和口腔黏膜发生水疱为特征。在临床上与口蹄疫极为相似，但牛、羊等家畜不发病。

病毒对环境和消毒剂有较强的抵抗力，在低温中可长期保存，在污染的猪舍内存活8周以上，病猪粪便12～17℃积存138 d，病猪肉腌制后3个月仍可检出病毒。3%氢氧化钠溶液在33℃，24 h才能杀死水疱皮中病毒，1%过氧乙酸60 min可杀死病毒。

本病仅猪发生，各种年龄的猪均可感染，一年四季均可发病。病猪、潜伏期病猪和病愈带毒猪通过粪、尿、水疱液、乳汁排毒。健康猪经与病猪互相接触、生猪交易、运输、饲喂含病毒而未经消毒的泔水和屠宰下脚料等感染。

(1)症状　病初体温升高到40～41℃，当水疱破裂后，体温下降至正常。水疱常出现于蹄冠、蹄踵、趾间，或蹄底等处皮肤。小疱明显凸出，黄豆至蚕豆大，里面充满水疱液，水疱很快破裂，露出鲜红的溃烂面，严重时蹄壳可脱落。病猪蹄部疼痛，跛行明显，甚至卧地不起。水疱也可见于病猪的鼻盘、口唇、舌面和母猪的乳头上。一般病猪经1～2周自愈。

少数猪只蹄部发生1～2个水疱，症状轻微，不易被察觉，也有的不表现任何症状。

(2)诊断 本病的临床症状与口蹄疫、水疱性口炎、猪水疱疹相似，特别是与口蹄疫更难区别。因此，以上4种疾病要依靠实验室诊断加以鉴别。

(3)防治 控制猪水疱病的重要措施是严禁从疫区引进猪只，对引进的猪只逐头检疫，对运输工具等进行严格消毒。对经常发生的地区，应用豚鼠化弱毒疫苗或细胞培养弱毒疫苗进行预防接种。

发生本病后，要及早做出诊断，立即上报疫情，对疫区实行紧急隔离封锁和彻底消毒等扑灭措施，防止疫情进一步扩大。

4.猪流行性乙型脑炎

猪流行性乙型脑炎简称乙脑，是由流行性乙型脑炎病毒引起的人畜共患的急性传染病。猪感染本病最为普遍，表现流产、死胎及睾丸炎。其流行特征是感染率高、发病率低。传播媒介为蚊虫，7～9月份是本病流行的高峰期。

流行性乙型脑炎病毒对外界环境抵抗力弱，常用的消毒剂都有良好的灭活作用。

(1)症状 猪常突然发病，多无明显神经症状，体温升高到40～41℃，呈稽留热，持续数日至十几日，精神萎靡，嗜睡，喜卧，食欲减少或废绝，粪便干硬如球状，表面常附有灰白色黏液，尿深黄色。个别猪后肢轻度麻痹，步行踉跄，也有后肢关节肿胀疼痛、跛行。个别表现明显神经症状，视力障碍，头震颤，乱冲乱撞，后肢麻痹，最后倒地不起而死亡。妊娠母猪发生流产或早产，所产胎儿多是大小不等的死胎、木乃伊胎。产下的弱仔高度虚弱，并有震颤、抽搐、癫痫等神经症状。母猪流产后症状很快减轻，体温和食欲逐渐恢复正常。公猪除有一般症状外，发热后出现睾丸肿胀，有热痛，且多为一侧性，但也有两侧性的，数日后炎症消退。病猪精神、食欲无大变化，一般转归良好，但有的睾丸萎缩变硬，性欲减退。

(2)诊断　根据本病多发生于蚊虫多的季节，妊娠母猪发生流产，产出死胎、木乃伊和弱仔，公猪发生睾丸炎等典型症状，多可做出诊断。

(3)防治　加强饲养管理，搞好环境卫生，消灭蚊虫。于4～5月份注射乙型脑炎弱毒疫苗，可有效地防止本病发生。

5. 猪繁殖-呼吸综合征

猪繁殖-呼吸综合征俗称蓝耳病，是由猪繁殖与呼吸综合征病毒引起猪的一种繁殖障碍和呼吸困难的传染病。其特征为发热，厌食，怀孕后期发生流产、死胎和木乃伊胎，幼龄仔猪发生呼吸道症状。

各种年龄的猪均可感染，母猪和仔猪的症状则较为严重，乳猪的病死率可达80%～100%，生长猪和肥育猪感染后的症状比较温和。健康猪与病猪接触，如同圈饲养，频繁调运，可被感染，高度集中更易导致本病的发生和流行。感染公猪的精液中含有病毒，通过交配或人工授精引起母猪发病，怀孕中后期更易传染给胎儿。

猪舍卫生条件差、密度过大、通风不良、气候恶劣可促进本病的发生和流行。

(1)症状　在病的初期，病猪表现发热、厌食、嗜睡。生长猪的体温常为40～41℃，但这种发热在年轻的猪是短暂的，年龄大的猪主要表现是间歇或温和的发热。5%～50%的猪会出现渐进性的厌食。嗜睡是初期阶段的另一个特征，并可延续到各阶段，特点是正常的活动减少或停止，对外界刺激无反应。病猪常侧卧，公猪性欲下降。

哺乳仔猪和刚断奶的仔猪表现快速的腹式呼吸或过度呼吸。其他可见少数病猪出现双耳、外阴、尾部、腹部以及口部青紫发绀，故称“蓝耳病”，但这种病例不超过5%，而且这种发绀现象只存在数小时或数天。

高峰期主要临床症状为早产、流产、死胎、木乃伊胎及弱仔增多。弱仔四肢常呈八字腿，食欲不佳。早产仔猪表现快速腹式呼吸、眼睑水肿、结膜炎、打喷嚏和顽固性腹泻，个别病猪可见到中枢神经症状，断奶后死亡增加。

末期病猪的生殖功能逐渐恢复，达到或接近病前水平。仔猪和生长猪存在不同程度的呼吸症状，仔猪断奶后的死亡率要高于正常对照组。

(2)诊断　根据母猪妊娠后期发生流产、新生仔猪死亡率高，以及哺乳仔猪和刚断奶的仔猪主要表现呼吸系统症状可初步做出诊断。

(3)防治　应用弱毒苗进行免疫效果较好。后备母猪在配种前 2 个月首免，间隔 1 个月进行二免；仔猪在母源抗体消失前首免；母源抗体消失后二免；公猪与妊娠母猪不能接种。

本病无有效治疗方法，主要采取综合性防治措施和对症治疗。为此，可应用解热镇痛剂和抗生素，减少发热，防止继发感染；补充维生素 E 和微量元素硒，延长妊娠期，防止流产发生；提高饲料能量，添加维生素和补充电解质。

6. 伪狂犬病

伪狂犬病是伪狂犬病病毒引起的猪的急性、热性传染病。成年猪症状轻微；孕猪发生流产和产出死胎；哺乳仔猪呈现脑脊髓炎症状。

病毒对外界环境抵抗力很强，在夏季的干草上存活 30 d，冬天 46 d。一般常用的消毒药都有很好的效果。

猪常因吃病鼠、病猪内脏感染，健康猪与病猪直接接触也可感染，哺乳仔猪和胎儿可经乳汁和子宫感染本病。

本病多散发，无明显季节性。在猪群中呈地方流行性，冬春季节多发。

(1)症状　猪的临床表现由于年龄的不同而有很大差异，但都没有奇痒。哺乳仔猪感染本病时，病情极为严重，常导致大批死亡。仔猪出生后1～3 d内一切正常，随后突然发病，体温升高到41～41.5℃，精神沉郁，闭目昏睡，大量流涎，有的有呕吐或腹泻。病猪有明显的脑脊髓炎症状，表现精神紧张，兴奋不安，两眼发直，眼球震颤，有的作圆圈运动，有的后躯麻痹，有的角弓反张，头颈歪斜，呈癫痫样发作，有的四肢完全麻痹，不能站立，头向后仰，侧卧作游泳样划动，最后昏迷以致衰弱死亡。新生仔猪极少康复，3～4周龄猪死亡率可达40%～60%。

断奶后仔猪发病后呈现精神沉郁、厌食、发热，并出现以打喷嚏、鼻塞、咳嗽及呼吸困难等为主的呼吸症状。大多数病猪在发热和厌食症状消失后，可迅速痊愈，病程为5～10 d。出现神经症状者大多死亡。

肥育猪发病率很高，可达100%，但死亡率较低，为1%～2%。除表现发热、精神沉郁、厌食等一般症状外，主要表现轻度呼吸症状，呈现打喷嚏、鼻塞，流鼻汁，有的可发展为肺炎，出现剧烈的咳嗽，腹式呼吸，特别是被驱赶时更为明显。个别猪出现神经症状而往往预后不良。

妊娠母猪主要表现繁殖障碍，产出木乃伊胎、死胎或弱仔，有时还发生晚产。

(2)病理变化　具有诊断参考价值的病变是淋巴结、扁桃体、心脏、肝脏、脾脏、肾脏等器官可见灰白色坏死灶。肝、肾的坏死灶最具特征，中央为黄白或灰白，周围有红色晕圈，异常鲜艳醒目，与仔猪副伤寒及猪弓形体坏死灶有明显区别。另外，肾和心脏的坏死灶在其他疫病极少发现，具有诊断意义。

(3)诊断　根据妊娠母猪主要表现繁殖障碍，哺乳仔猪有明显的脑脊髓炎症状，断奶仔猪出现以打喷嚏、鼻塞、咳嗽及呼吸困难等为主的呼吸症状，淋巴结、扁桃体、心脏、肝脏、脾脏、肾脏等器官可见灰白色坏死灶等病理变化，可初步诊断本病。确诊必须进行实验室检查。

（4）防治　主要依靠注射伪狂犬病弱毒疫苗预防。乳猪第一次注射 0.5 mL，断奶后再注射 1 mL；3 个月以上青年猪注射 1 mL，成年猪及怀孕母猪产前 1 个月注射 2 mL。目前无有效的治疗方法。

7. 猪细小病毒感染

猪细小病毒感染是由猪细小病毒引起母猪繁殖机能障碍的一种传染病。其特征是怀孕母猪，特别是初产母猪产出死胎、木乃伊胎、畸形胎及病弱仔猪，母猪无明显症状。

猪细小病毒对热和一般消毒药耐受力很强，污染的猪舍经一般方法清扫空圈 4～5 个月，再放进易感猪，仍有可能被感染。但 0.5％漂白粉或 2％氢氧化钠溶液数分钟可将其杀死。

本病一般呈地方流行或散发，有的在初次感染的猪群中呈暴发流行。

（1）症状　本病主要引起母猪特别是初产母猪发生繁殖机能障碍，其他各种年龄猪感染，通常都没有明显症状。患病母猪反复发情、久配不孕和空怀，或产出木乃伊胎、死胎和弱仔，以及外观健康仔猪；受感染公猪的性欲或受精率没有明显的影响。

（2）诊断　根据本病多发生于初产母猪，而且母猪出现多次发情，久配不孕，发生流产、死胎、木乃伊胎，胎儿发育异常等可初步诊断为本病。

（3）防治　有本病发生或受威胁的猪场，母猪在配种前 20 d 注射细小病毒弱毒疫苗，或在配种前 2 个月注射细小病毒油乳剂灭活苗，有良好的预防效果。

8. 猪流行性腹泻

猪流行性腹泻是由猪流行性腹泻病毒引起的猪的一种急性肠道传染病，以排水样便、呕吐和脱水为主要特征。各种年龄的猪都可感染发病，以寒冷的12月、1月和2月发生最多，于4～6 d内传遍整个猪场。

猪流行性腹泻病毒对外界环境和消毒剂抵抗力不强，一般消毒药都能将其杀死。

(1)症状　哺乳仔猪表现腹泻、呕吐和脱水。腹泻开始时排黄色黏稠粪便，以后变成水样并含有黄白色凝乳块，严重时排出的粪便几乎全部为水分。病猪有严重脱水，精神沉郁，厌食及衰弱等症状。1周以内的哺乳仔猪常于腹泻后2～4 d内因脱水死亡，病死率约50%，仔猪出生后即感染，其病死率更高。

幼猪、肥育猪和种猪症状较轻，出现精神沉郁，食欲不佳，水样腹泻持续4～7 d，逐渐恢复正常，有的仅表现呕吐和食欲不振。

(2)诊断　本病的症状、流行病学特点和病理变化与猪传染性胃肠炎极为相似，只是死亡率比猪传染性胃肠炎稍低，在猪群的传播速度也比较慢。但根据流行特点、临床表现和病理变化可做出初步诊断。

(3)防治　在本病流行的猪场，接种猪流行性腹泻氢氧化铝甲醛灭活苗(保护率达85%)，或接种猪流行性腹泻和猪传染性胃肠炎二联灭活苗可预防本病，乳猪可通过初乳获得保护。

本病应用抗生素治疗无效，通常采用补液疗法，补充水和电解质，防止酸中毒，饮用口服补液盐可取得很好的效果。

9. 猪传染性胃肠炎

猪传染性胃肠炎是由猪传染性胃肠炎病毒引起的，以呕吐、剧烈腹泻、严重脱水为症状的一种急性消化道传染病。病猪和带毒猪从粪便、乳汁、鼻分泌物、呕吐物及呼出气中排出病毒，污染饲料、饮水、空气、土壤和用具等，经消化道和呼吸道侵入易感猪。

10日龄以内的仔猪发病率和病死率很高，而断奶仔猪、肥育猪和成年猪的症状较轻，大多能自然康复。本病的发生有明显的季节性，以12月至翌年4月发病最多，夏季发病最少。

猪传染性胃肠炎病毒在冷冻条件下非常稳定，但在室温或室温以上很不稳定，常用消毒剂容易将其杀死。

(1)症状 本病传播迅速，数日内可蔓延全群。哺乳仔猪突然发生呕吐，吐出白色凝乳块，继而发生水样腹泻，粪便黄色、绿色或白色，常含有未消化的凝乳块。病猪极度口渴，迅速脱水、消瘦，7日龄以内的仔猪于发病后 2～7 d 死亡。

断奶仔猪、肥猪和成年猪的症状轻重不一，一日或数日内食欲减退或消失，水样腹泻，一周后腹泻停止而康复，极少发生死亡。

(2)病理变化 尸体脱水明显。胃内充满凝乳块，胃底黏膜弥漫性充血，并附有黏液，有小点或斑状出血。肠内充满白色至黄绿色内容物，肠管扩张呈半透明状，肠壁菲薄而缺乏弹性。肠系膜血管扩张充血，呈扇形，淋巴结肿大。

(3)诊断 根据流行病学、症状和病理变化进行综合性判断可做出诊断。

(4)防治 平时注意不从疫区或病猪场引进猪只，以免引入本病。搞好环境卫生，加强消毒。在疫区对怀孕母猪产前 45 d 及 15 d，用猪传染性胃肠炎弱毒疫苗进行肌肉注射和鼻内接种各 1 mL，仔猪通过初乳可获得保护。未受到母源抗体保护的仔猪，在生后进行口服接种，4～5 d 可产生免疫力。

本病目前尚无特效药物治疗，对脱水明显的病猪采取补液或饮用口服补液盐等措施进行治疗，以纠正脱水、解除酸中毒、恢复电解质平衡和防止继发感染，可收到一定效果。

10. 猪流行性感冒

猪流行性感冒是由 A 型流感病毒引起的一种急性呼吸道传染病。临床特征是发热、咳嗽、全身衰弱无力，有不同程度的呼吸道炎症。患病动物和患 A 型流感的病人打喷嚏、咳嗽时病毒随飞沫排出，经呼吸道感染。流感病毒对外界环境的抵抗力较弱，不耐热，对紫外线、甲醛和常用消毒剂很敏感，对低温抵抗力强，－20℃

可存活数个月。

本病传播迅速，流行猛烈，多呈流行性或大流行性。发病率高，病死率低。

(1)症状　潜伏期很短，数小时至数天。表现突然全群暴发，迅速蔓延全群。病猪体温迅速升高至40.5～42℃，精神萎靡，食欲减退或不吃食，眼结膜潮红，呼吸和心跳次数增加，从鼻中流出黏性分泌物，咳嗽，最后严重气喘，呈腹式或犬坐式呼吸。粪便干硬，尿少而黄。肌肉、关节疼痛，不愿走动。如无并发症，多数病猪于2～6 d后康复；如继发感染，发生支气管炎、支气管肺炎等则病程延长，如及时给予治疗，加强护理，病死率一般在4%以下。

(2)病理变化　主要病变在呼吸系统。鼻、喉、气管和支气管黏膜充血、肿胀、被覆黏液，肺的病变部呈紫红色且肺组织萎陷，颈淋巴结和纵隔淋巴结肿大、充血、水肿，脾脏轻度肿大，胃肠有卡他性炎。

(3)诊断　根据本病突然发生，迅速蔓延全群的流行特点，主要表现呼吸系统症状和呼吸器官的病理变化多可做出诊断，确诊需进行实验室诊断。

(4)防治　当前预防流感的主要方法仍然是采取一般性综合性防治措施。发生本病时，应立即上报疫情，及时采取封锁、隔离、消毒等措施，严格处理病死猪尸体，防止蔓延扩大。

若需治疗，可在猪的饲粮中拌入0.05%的盐酸吗啉胍(病毒灵)饲喂1周，或用盐酸吗啉胍(病毒灵)注射液肌肉注射。为解热镇痛可用安乃近注射液，肌肉注射。防止继发感染可用抗生素和磺胺类药物治疗。也可用绿豆250 g，柴胡、板蓝根各10 g，煎水2 000 mL，灌服。

11. 猪圆环病毒感染

猪圆环病毒感染是新发现不久的一种传染病，目前已遍布世界各地，我国大部分地区均有发生，造成很大损失，应引起注意。

(1)症状 本病常见有以下4种表现形式。

①猪断奶后衰竭综合征。此病的症状开始于6～16周龄,尤其在8～12周龄之间,受害猪群发病率为2%～20%,死亡率则为0%～100%。病猪表现发热,精神不振,食欲不佳,生长发育不良,渐进性消瘦,被毛粗乱,有的有贫血、皮肤苍白、衰弱无力和下痢。呼吸症状表现咳嗽、喷嚏、呼吸困难。体表淋巴结,特别是腹股沟淋巴结肿大。

典型病例死亡的猪尸体消瘦,有不同程度贫血和黄疸。最显著的病变是全身淋巴结,特别是腹股沟淋巴结、肠系膜淋巴结、气管和支气管淋巴结及下颌淋巴结肿大到2～3倍,有时可达10倍,切面硬度增大,为均匀的苍白色。若发生细菌感染,则淋巴结可见炎症和化脓病变。肺肿胀,有散在大而隆起的橡皮状硬块,有黄褐色斑散布于肺表面。严重的病例肺泡出血,部分病例在心叶和尖叶有暗红色或棕色斑块。脾中度肿大。肾水肿,苍白,被膜下有白色坏死灶,被膜易剥离,肾盂周围组织水肿。胃在靠近食管区常有大片溃疡形成,盲肠和结肠黏膜充淤血和出血,少数病例盲肠壁水肿而明显增厚。

②猪皮炎-肾病综合征。严重受害的是生长肥育猪,发病率为0.5%～2%,有时达到7%。最显著的症状是胸部、腹部、大腿和前肢广泛的皮炎,状如大小不等的紫红色斑块,斑块有时相互融合,皮下水肿,在极少情况下皮肤病变会消失。患猪精神沉郁,可有发热,不愿运动和采食。其他可见严重下痢、呼吸困难和被毛粗乱。通常病猪在3 d内死亡,有些病例死亡出现在临床症状开始后2～3周。死亡率常为15%,但常可更高。

剖检可见淋巴结,尤其是腹股沟淋巴结出血发红,肿大至3～4倍。最为一致的为肾脏病变,表现为许多点状出血、肿大。腹腔中可能有积液。

③间质性肺炎。主要危害4～14周龄的猪,发病率为2%～

30%,死亡率为4%～10%。眼观病变为弥漫性间质性肺炎,颜色灰红色。

④繁殖障碍。主要表现母猪的返情率增加,怀孕期各个不同阶段的流产、木乃伊胎、死胎和弱仔等,可持续数个月。

(2)诊断 根据本病的流行病学特点、症状和病理变化可做出初步诊断。确诊应需进行实验室诊断。

(3)防治 目前还没有有效的疫苗可以用来预防猪圆环病毒病,因此,主要采取控制继发感染,减少猪只死亡等措施,降低经济损失。

仔猪断奶后的3～4周是预防圆环病毒病发生的关键时期。最有效的方法和措施是尽可能减少断奶仔猪的应激,为此,可采取以下措施控制本病的发生。

①仔猪断奶日龄可延迟至28 d甚至35 d,断奶后要继续饲喂断奶前日粮至少10 d。

②采用小群或小栏原窝饲养,小栏之间要有实墙隔离,防止窝与窝之间传播感染。

③免疫刺激或免疫应激会促使仔猪产生临床症状,必须根据实际情况制定合理的免疫程序,避免过早或过多地对仔猪免疫。

④降低饲养密度,提供舒适的环境,注意通风保暖,清理粪池和粪沟,减少有害气体产生。

⑤断奶仔猪舍在进猪前必须严格清洗消毒,同时采取全进全出制度。

⑥做好猪瘟、猪伪狂犬病、猪细小病毒病、气喘病等疫苗的免疫接种,提高猪群整体免疫水平,减少呼吸道病原体的继发感染,增强肺脏对圆环病毒的抵抗力。

⑦采取完善的药物预防方案,控制猪群的细菌性继发感染。常用药物有强力霉素、支原净、金霉素、土霉素、阿莫西林、头孢噻呋等。母猪在产前和产后1周,仔猪在断奶前和哺乳阶段提前用

药预防。

⑧在饲料中添加多种维生素、微量元素等，提高机体抵抗力，减少发病和死亡率。

12. 猪大肠杆菌病

猪大肠杆菌病分为仔猪黄痢、仔猪白痢和猪水肿病 3 种。

(1)仔猪黄痢　是由致病性大肠杆菌引起的 1 周龄以内新生仔猪的急性、高度致死性肠道传染病，以 1～3 日龄最为常见，7 日龄以上很少发病。带菌母猪由粪便排出病原体，沾染母猪皮肤及乳头，污染周围环境，仔猪由于吸乳及到处乱舔，由消化道感染。

有本病流行的猪场如不采取适当的防治措施，不会自行停息，给猪场造成很大损失。

①症状。仔猪出生时体况正常，一般于出生 12 h 后开始发病，相继发生腹泻，排黄色水样便，混有气泡，含有凝乳小块。捕捉时，由于挣扎和鸣叫常由肛门冒出稀粪，阴门水肿发红。病猪迅速脱水，消瘦，昏迷死亡。同窝仔猪中发病率很高，常在 90%以上，病死率也很高，有的全窝死亡。

②诊断。根据发病以 3 日龄以内的初生仔猪为主，排黄色水样稀便，明显脱水、消瘦、发病率和死亡率都高，多可做出诊断。

③防治。母猪产前 30 d、15 d 各注射 1 次大肠杆菌菌苗，仔猪可通过初乳获得母原抗体，得到很好的保护。根据猪场的流行情况，可分别选用仔猪大肠杆菌 K_{88}、K_{99}、987P 三价基因工程苗，新生仔猪大肠杆菌 K_{88}、K_{99} 双价基因工程苗，大肠杆菌 K_{88ac}-LTB 双价基因工程苗和 MM-3 工程苗等。

产房应注意经常消毒，保持干燥洁净、温暖、通风良好、防止有害气体产生。仔猪出生后，先用 0.1%高锰酸钾溶液擦洗母猪乳头和乳房后，再令其哺乳，并及早让仔猪吃上初乳。在仔猪出生后先灌服调痢生、促菌生等微生态制剂，然后再令其哺乳，可有一定的预防效果。一旦有病猪出现，应立即全窝给予庆大霉素、痢菌净、痢特灵、黄连素、磺胺咪、喹诺酮类等药物。由于细菌易产生抗药性，可同时应用两种药物。

(2)仔猪白痢　是由致病性大肠杆菌引起的10～30日龄仔猪的一种急性肠道传染病，30日龄以上仔猪很少发生，也叫迟发性大肠杆菌病，以排灰白色糊状腥臭粪便为特征。

本病的发生与饲养管理和环境条件密切相关，如母猪奶量过多或过少，奶脂过高，母猪饲料突然改变、过于浓厚或配合不当，气候骤变，圈舍阴冷潮湿，污秽不洁等，导致仔猪抵抗力下降，肠道内菌群失调，引起发病。

①症状。病初精神、体温、食欲多无明显变化，主要表现排乳白色或灰白色糊状粪便，有的有呕吐。如果治疗不当和不消除发病诱因，则病情加剧，病猪下痢次数增多，精神委顿，行动迟缓，怕冷，吃奶减少或不食，但有渴感。严重的可见脱水，逐渐消瘦，被毛粗乱无光泽，眼结膜苍白，一般经过5～6 d死亡，或拖延2～3周以上。

②诊断。根据多发生于10～30日龄哺乳仔猪，体温不高，排灰白色稀便，病死率不高，可做出诊断。

③防治。一般性措施、免疫预防和治疗等可参照仔猪黄痢进行，但应特别注意改善猪舍卫生条件，消除诱发因素，可有效控制本病的发生。

(3)猪水肿病　是由致病性大肠杆菌引起的断奶前后仔猪的一种急性肠毒血症，以生长快、肥胖和体格健壮的仔猪最为常见。带菌母猪由粪便排出病原体，污染饲料、饮水和环境，经消化道感染。仔猪断奶后，由于饲料和饲养方式的突然改变，摄入大量精料，引起胃肠功能紊乱，导致溶血性大肠杆菌在肠道中大量繁殖，产生毒素，造成肠毒血症或发生过敏反应而发病。

①症状。体格健壮的仔猪，突然发病，有的很快死亡。一般病猪精神沉郁，食欲减少或废绝，口流白沫，心跳急速，呼吸初期快而

浅,以后慢而深,体温变化不明显。常便秘,但发病前一两天常有轻度腹泻。病猪行走时四肢无力,共济失调,步态不稳,有时作圆圈运动。静卧时表现肌肉震颤,不时抽搐,四肢划动作游泳状,触动时表现敏感,发呻吟声或嘶哑的鸣叫,继而前肢或后躯麻痹,不能起立。水肿是本病的特殊症状,常见眼睑和脸部发生水肿,有时涉及颈部和腹部皮下。有些病例没有水肿变化。病程一般为1～2 d,个别可达7 d以上。病死率约90%。

②病变。病变主要是水肿。病猪眼睑、头部皮下水肿,呈淡黄色胶冻样。胃以胃大弯和贲门部水肿最严重,可波及胃底和食道部。胃壁增厚,黏膜明显肿胀,变平,呈半透明状。黏膜与肌层间显著增宽,分离,其间充满稀薄水肿液,透明胶冻样,切开后有淡黄色液体流出。肠系膜以结肠系膜水肿明显,呈透明胶冻样水肿,似凉粉样。胸、腹腔和心包积有多量淡黄色液体,暴露于空气中不久呈胶冻状。

③诊断。根据本病多发生于断奶后肥胖健壮的仔猪,病猪有神经症状,眼睑、头部水肿,剖检见胃壁和结肠系膜水肿可做出诊断。

④防治。加强断奶前后的饲养管理,断奶时不要突然改变饲养条件和饲料,防止饲料单一和饲料中蛋白质含量过高。当猪只发病后,应立即调整饲料,降低能量和蛋白质饲料,适当添加维生素、矿物质和微量元素,特别应注意补硒。同时应用抗生素,并配合利尿剂和盐类缓泻剂进行治疗,可收到一定效果。

13.猪链球菌病

猪链球菌病是由多种不同群的链球菌引起的不同临诊类型传染病的总称。本病分布很广,各种年龄的猪都有易感性。败血型、脑膜炎型和关节炎型多见于仔猪,成年猪发病较少,对养猪业的发展有较大的危害。

病原体存在于病猪、康复猪和健康带菌猪的鼻腔、扁桃体、额窦、乳腺等处，通过分泌物、排泄物污染饲料、饮水以及物体，经呼吸道和消化道感染，引起猪只大量发病，也可通过外伤、阉割或注射消毒不严等造成本病的传染。本病一旦传入猪群，可连年发生，无明显的季节性。

(1)症状及病变　急性败血型常突然发病，精神沉郁，食欲减退或废绝，卧地不起，体温升高到41～42℃，呈稽留热。眼结膜潮红，流泪。鼻盘干燥，流浆液性或脓性鼻液，呼吸浅表快速，间有咳嗽。耳尖、颈部、腹下、四肢末端皮肤呈紫红色。部分病猪发生多发性关节炎、跛行。病程2～4 d。

剖检可见尸体皮肤发红，血液凝固不良。全身黏膜、浆膜和皮下组织有出血斑点。肺呈化脓性支气管肺炎，病变部坚实，灰白、灰红和暗红的肺组织相互间杂，切面有脓样病灶，挤压后从细支气管内流出脓性分泌物。肺胸膜粗糙、增厚，与胸壁粘连。全身淋巴结肿大出血，有的淋巴结切面坏死或化脓。脾脏肿大呈红色或紫黑色、柔软，偶见脾边缘有黑红色的出血性梗死灶。肾肿大，被膜下与切面上可见小点出血。心内膜、心耳有弥漫性出血点。胃和小肠黏膜有不同程度的充血和出血。胸腔、腹腔、心包腔积有大量液体，混浊，有时渗出的纤维素与内脏器官发生粘连。

脑膜炎型多见于哺乳仔猪和断奶仔猪，与母猪带菌有关。病初体温升高到40.5～42℃，食欲废绝，便秘，有浆液性或黏液性鼻液，继而出现神经症状，表现共济失调、抽搐、转圈、磨牙、空嚼，直至后躯麻痹，侧卧于地，四肢划动，甚至昏迷不醒。剖检可见脑和脑膜水肿、充血，脑脊液增多。脑切面可见到实质有明显的小出血点。部分病例在头、颈、背、胃壁、肠系膜及胆囊有胶样水肿。

关节炎型病猪出现四肢某个或某几个关节肿大，跛行。关节皮下胶样水肿，严重者关节周围化脓坏死，关节面粗糙，滑液混浊呈淡黄色，有的形成干酪样黄白色块状物。

(2)诊断　根据在同一段时间内发病仔猪数量增多，有的呈现败血症症状，有的病猪出现神经症状，有的则发生多发性关节炎，可初步诊断为本病。

(3)防治 平时加强对圈舍、场地和用具消毒，注意阉割、注射和新生仔猪的断脐消毒，防止感染。也可应用氢氧化铝甲醛苗或明矾结晶紫菌苗进行预防接种，但免疫效果不太理想。当猪群中有较多数量的猪发病时，立即在每 1 t 饲料内加入土霉素 400 g 连喂 14 d，可控制病情发展。对病猪进行隔离治疗，治疗要早，用药剂量要足。通常选择本菌敏感的药物，如青霉素、氨苄青霉素、金霉素、土霉素、四环素、庆大霉素和磺胺类药物等。

14. 猪渗出性皮炎

猪渗出性皮炎是由表皮葡萄球菌引起的一种仔猪高度接触性皮肤病，多见于 5～6 日龄仔猪。本病也可发生于较大的仔猪、育成猪和母猪乳房皮肤上，但病变轻微，无全身症状。

(1)症状 病初首先在肛门、眼睛周围、耳廓和腹部等处皮肤出现红斑，接着形成 3～4 mm 大小的微黄色水疱，迅速破裂，渗出清朗的浆液或黏液，与皮屑、皮脂和污垢混合，干燥后形成鳞片状结痂，发痒。通常于 24～48 h 蔓延至全身表皮。痂皮脱落后，露出鲜红色创面。病猪食欲减退，饮欲增加，迅速消瘦。严重病例于发病后 4～6 d 死亡。一般经 30～40 d 可康复，但影响发育。

(2)防治 当有猪渗出性皮炎发生时，说明猪舍卫生质量太差，有大量病原微生物存在，此时应加强猪舍卫生消毒，防止感染。对病猪用紫药水涂布或喷洒患处皮肤，可取得很好的治疗效果。

15. 猪丹毒

猪丹毒是由猪丹毒杆菌引起的一种急性、热性传染病。猪丹毒杆菌菌体表面有一层蜡样膜，因此，对外界环境、盐渍、火熏、干燥、腐败和日光等抵抗力较强。但一般低浓度的消毒剂都能将其杀死。本菌对青霉素、四环素敏感，而对新霉素、卡那霉素不敏感，对链霉素和磺胺类药物有较强的抵抗力。

各种年龄的猪都有发生，但多见于3～6月龄的猪。病猪和带菌猪通过分泌物、排泄物排出病原体，污染饲料、饮水、场舍和用具，经消化道感染。皮肤损伤、吸血昆虫叮咬也可感染发病。

本病一年四季均可发生，但以夏秋多雨炎热季节多发，有时也可暴发流行。其他如营养缺乏、突然改变饲料、长途运输、受寒等都可增加易感性。

(1)症状　急性败血型最大特征是在流行初期有1头或几头猪不见任何症状突然死亡，随后相继发病。体温升高达42～43℃，稽留不退，食欲废绝，有渴感，有时呕吐，恶寒战栗，步态不稳，甚至卧地不起。结膜充血，两眼清亮有神，很少有分泌物。病初便秘，后可能有腹泻。发病1～2 d后或死前，耳后、颈部、胸腹部及四肢内侧的皮肤上出现红色或暗红紫色斑。病程短促，多在2～4 d死亡，病死率可高达80%以上。

亚急性疹块型病初精神沉郁，食欲减退，体温升高到41℃左右。经2～3 d后，在肩、背、胸、腹及四肢等部出现大小不等的方形、菱形、圆形、多边形、不规则形疹块，略凸出于皮肤。初期疹块为充血，呈红色，指压退色；后期转为淤血，暗红色，指压不退色。疹块出现后，体温下降，病情减轻，疹块逐渐消退，形成干痂脱落。病重者在疹块表面形成浆液性疱疹，疱液干涸结成硬痂覆盖在体表，长久不掉，剥落后留有瘢痕。病程1～2周，病死率为1%～2%。

慢性型主要表现四肢关节发生炎性肿胀。患病关节多见于腕和跗关节，而膝和髋关节少见。关节肿胀增粗、热痛，出现跛行。急性炎症消退后，以关节变形为主，引起一肢或两肢跛行或卧地不起。病猪食欲正常，但生长缓慢，体质虚弱，消瘦。慢性心内膜炎主要表现消瘦、贫血和全身衰弱。听诊心跳加快、心音亢进、有心内杂音、节律不齐，呼吸急促，有轻微咳嗽。皮肤坏死多发生于背、肩、耳、蹄及尾部。患部皮肤初呈暗红色，以后坏死变黑，干硬如皮革状，逐渐与下层新生组织分离，犹如一层甲壳，最后脱落而自愈，遗留一片无毛的瘢痕。

败血型病猪全身淋巴结肿大发红，切面出血，湿润多汁。脾充血肿大，樱红色，质地柔软，切面外翻，凹凸不平，呈暗红色。肾体淤血肿大，暗红色，俗称大红肾，切面皮质部有均匀分布的小红点。胃底及幽门部黏膜弥漫性出血。十二指肠及回肠前段出血发红。心内外膜及其他器浆膜或黏膜有点状出血，肺充血或水肿。

慢性关节炎病猪关节肿胀，关节囊增生肥厚，关节腔内积有浆液性纤维素性渗出物，黏稠或带红色，关节滑膜面充血，关节软骨溃疡呈蚕蚀样，后期滑膜肉芽增生。慢性心内膜炎常见在二尖瓣，其次是三尖瓣和主动脉瓣形成菜花样疣状赘生物。

(2)诊断　根据急性型多发生于夏秋多雨季节，3～6 月龄的猪突然发病死亡，随后其他猪相继发病，以及临床症状和尸体剖检等进行综合性诊断。

(3)防治　预防接种是防治本病的有效方法。种猪春秋两季各进行 1 次免疫接种；仔猪 45～60 日龄进行预防接种。常用的疫苗有猪丹毒氢氧化铝菌苗，猪丹毒 GC42 弱毒菌苗，猪瘟、猪丹毒、猪肺疫弱毒三联苗。

青霉素对本病高度敏感，治疗时可按 3 万～4 万 IU/kg 体重肌肉注射，每日两次。用青霉素无效时，可改用四环素、红霉素、喹诺酮类药物。硫酸卡那霉素及磺胺类药物无效。

16. 猪巴氏杆菌病

猪巴氏杆菌病又称猪肺疫，是由多杀性巴氏杆菌引起的急性、热性传染病。主要特征为最急性型呈败血症变化，咽喉部急性肿胀，高度呼吸困难；急性型呈纤维素性胸膜肺炎。患病动物和带菌动物通过分泌物、排泄物及咳嗽喷嚏排出病原体，经消化道、呼吸道侵入机体引起感染。在饲养管理不良、长途运输、过度疲劳、气候多变等不良因素影响下，机体抵抗力降低时，可诱发内源性感染。

本菌抵抗力较弱，对热、日光敏感，常用的消毒剂短时间内可将其杀死。

(1)症状　最急性型俗称“锁喉风”。常突然发病，来不及或看不到临诊表现，迅速死亡。病程稍长的，体温升高到 41℃以上，食欲废绝，全身衰弱，卧地不起，或烦躁不安。咽喉部红肿、发热、坚硬，严重者可蔓延至耳根及颈部，甚至达前胸。呼吸极度困难，常呈犬坐姿势，抬头伸颈张口呼吸，口鼻流出白色泡沫，有时发出喘鸣音。可视黏膜发绀，耳根、颈部、胸腹侧和四肢内侧皮肤出现红斑。一经出现呼吸症状，很快窒息死亡，病程 1～2 d，病死率为 100%，未见有自然康复的。

急性型为最常见的病型，除有败血症的一般症状外，主要表现纤维素性胸膜肺炎。体温升高到 40～41℃，病初发出短而干的痉挛性咳嗽，呼吸急促，流黏液性鼻液，有时混有血液。后为湿咳，咳时感痛，触诊胸部疼痛敏感，听诊有罗音和胸膜摩擦音。随病势进展，呼吸更为困难，张口伸舌，呈犬坐姿势。可视黏膜发绀，常有脓性结膜炎。皮肤有紫斑或小出血点。心跳加快，机体衰弱无力，卧地不起，多窒息而死。病程 4～6 d。

慢性型病猪表现持续性咳嗽和呼吸困难，鼻流少许黏液脓性分泌物。有时皮肤出现痂样湿疹，关节肿胀。精神沉郁，食欲不振，常发生腹泻，进行性营养不良，极度消瘦，若不加治疗，多经2～4 周因衰竭而死。

(2)病变　最急性型切开颈部皮肤，可见大量胶冻样淡黄或灰青色纤维素性浆液。全身淋巴结显著充血、出血、肿大，切面红色，呈急性淋巴结炎变化。全身黏膜、浆膜和皮下组织有大量出血点。胸、腹腔和心包腔积液，有时见有纤维素渗出。心外膜和心包膜有小点出血。肺急性水肿，有时可见肺组织内有散在局灶性红色肝变区。脾有出血，但不肿大。胃肠黏膜有出血性炎症。

急性型除了全身黏膜、浆膜、实质器官和淋巴结的出血性病变外，特征性病变是肺的尖叶、心叶和膈叶的前部，但严重时一侧或两侧肺叶的大部，甚至整个肺叶的肺组织肿大、坚实，呈暗红色或灰黄红色，有时见附有纤维素性薄膜。病灶部周围肺组织淤血、水肿或气肿。肺切面有的病灶呈暗红色，有的呈灰黄红色，有的病灶以支气管为中心发生坏死或化脓，有的发展为坏疽性肺炎，故使整个肺切面呈大理石样。气管、支气管内有大量白色泡沫状液体。胸膜和心外膜往往有纤维素性附着物，表现胸膜粗糙，具斑块状或点状出血，失去光泽，严重时胸膜与病肺发生粘连。胸腔及心包腔积液。

慢性型表现肺肝变区扩大，有黄色或灰黄色坏死灶，外面有结缔组织包囊，内含干酪样物质，有的形成空洞，与支气管相通。肺与胸壁和心包发生粘连，胸腔和心包腔内常积有大量含纤维素絮状物的黄色混浊液体。

(3)诊断　根据发病急，高热，咽喉部肿大，有严重的呼吸道症状，剖检咽喉部有炎性水肿和出血变化，肺有纤维素性肺炎变化，切面呈大理石样，可做出初步诊断。

(4)防治　除加强饲养管理，消除应激因素，定期消毒外，仔猪60日龄注射猪肺疫氢氧化铝甲醛菌苗，免疫期9个月，可有效防止猪肺疫的发生。

发现病猪立即应用青霉素、链霉素、四环素等抗菌素或磺胺类药物有一定效果，如同时应用高免血清则效果更好。

17.猪沙门氏菌病

猪沙门氏菌病又称猪副伤寒，一年四季均可发生，但多雨潮湿季节发生较多。本病主要发生于6月龄以下的仔猪，以1～4月龄者发生较多。病猪和带菌猪由粪便、尿、乳汁以及流产胎儿、胎衣和羊水排出病原体，污染饲料和饮水，经消化道感染。鼠类可传播本病。健康猪的消化道、淋巴组织和胆囊内常有沙门氏菌存在，气候突变、长途运输、环境阴冷潮湿、棚舍拥挤、饲料品质不良、营养缺乏等外界不良因素使动物抵抗力下降时，可发生内源性感染。

(1)症状　急性型多见于断奶前后的仔猪，体温突然升高至41～42℃，精神不振，食欲废绝。后期间有下痢，呼吸困难。濒死期耳根、胸腹部皮肤呈蓝紫色或有紫红色斑点，有的在出现症状后24 h死亡，但多数病程2～4 d，病死率很高。

慢性型以坏死性肠炎为主，是临床上多见的类型。体温升高到40.5～41.5℃，精神和食欲不振，畏寒，怕冷，扎堆。结膜发炎，有黏液性或脓性分泌物，少数角膜混浊，甚至发展为角膜溃疡。先便秘后腹泻，以后便秘与腹泻交替出现，粪便粥状或水样，淡黄色或灰绿色，其内混有血液、坏死组织或纤维絮片，恶臭。病猪很快脱水、消瘦，虚弱。部分病猪，在病的中后期皮肤出现弥漫性湿疹，特别是在腹部皮肤，有时可见绿豆大、干涸的浆性覆盖物，揭开见浅表溃疡。有的发生肺炎而有咳嗽。病程2～3周或更长，多由于极度消瘦、衰弱而死。耐过猪生长停滞，成为僵猪。

(2)病变　急性型呈败血症变化。脾肿大，色暗带蓝，质地较硬，似橡皮样，切面蓝红色。肠系膜淋巴结明显肿大，呈索状，其他淋巴结也有不同程度肿大，软而红，类似大理石状。肝、肾也有不同程度肿大，充血和出血。许多病例肝实质可见糠麸状、针尖大至粟粒大灰黄色坏死小点。全身黏膜和浆膜均有不同程度的出血斑点。胃肠黏膜呈急性卡他性炎症，严重者为出血性肠炎。肺淤血、水肿，间质增宽，气管、支气管内有白色泡沫状液，尖叶、心、膈叶前缘常有小叶性肺炎灶。

慢性型以坏死性肠炎为主。盲肠、结肠，有时在回肠后段黏膜有弥漫性糠麸样假膜，假膜不易剥离，剥落后留有边缘不整的红色溃疡面，溃疡周围呈堤状。肠壁变厚、变硬，整个肠管薄厚不均。肠系膜淋巴结、咽后淋巴结和肝门淋巴结等明显肿大，切面呈灰白色脑髓样，并常散在灰黄色坏死灶，有时形成大块的干酪样的坏死物。肝脏呈不同程度淤血和变性，突出的是肝实质，有许多针尖大至粟粒大的灰白色病灶。脾脏稍肿大，质地变硬，常见散在的坏死灶。肺的尖叶、心叶和膈叶前下部常有卡他性肺炎病灶。

(3)诊断　慢性病例多发生于2～4月龄仔猪，临床上以慢性腹泻为主，生长发育不良，耳、尾、蹄等处皮肤呈蓝紫色，病理变化以大肠发生弥漫性纤维素性坏死性肠炎变化，肝、脾和淋巴结有小坏死灶或灰白色结节为特征。据此可做出初步诊断。

(4)防治　加强饲养管理，改善环境条件，消除发病诱因。仔猪35日龄注射仔猪副伤寒弱毒冻干苗，用20％铝胶生理盐水稀释为每头份1 mL。发生本病时，应用庆大霉素、喹诺酮类、痢特灵、土霉素、磺胺类等药物进行治疗有一定效果，对污染的圈舍、场地和用具彻底消毒。尸体作无害化处理，防止扩大传染和人食物中毒。

18. 猪梭菌性肠炎

猪梭菌性肠炎又称仔猪红痢，主要侵害1～3日龄初生仔猪，一周龄以上的猪很少发病。由于魏氏梭菌芽孢的抵抗力极强，一旦传入猪群，则很难根除。带菌母猪通过粪便将病原体排出体外，污染哺乳母猪的皮肤、乳头和圈舍。出生仔猪通过吃乳、舔食地面等经消化道感染。

(1)症状　仔猪出生后12 h内即发病，突然发生血性下痢，后躯沾满血样稀粪，虚弱无力，很快转为濒死状态。少数病猪不见血痢便昏倒，死亡。多数于出生的当天或次日死亡。

急性型最常见，整个病程中病猪排出含灰色坏死组织碎片的红褐色液状粪便，很快脱水、消瘦和衰弱，多数于出生后第三天死亡。

(2)病变　最特征性病变在空肠，有时扩展到回肠。十二指肠一般不受侵害。病变肠段为暗红色，与正常肠段界限明显。肠腔内充满血样液体，并含有坏死组织碎片。病变肠段黏膜及黏膜下层呈弥漫性出血。肠系膜淋巴结鲜红色。皮下胶样浸润，胸腔、腹腔、心包腔充满淡红色液体。

(3)诊断　根据本病主要发生于3日龄以内的仔猪，排红色液状粪便，病程短，病死率高，剖检见病变肠段呈暗红色，肠腔充满血样液体，肠黏膜坏死，肠浆膜下、肠系膜和肠系膜淋巴结有小气泡等，一般可做出诊断。

(4)防治　预防接种是防止本病发生的有效方法。在患有本病的猪群，给怀孕母猪在产前30 d和15 d各接种1次仔猪红痢灭活菌苗，使母猪获得免疫力，仔猪通过初乳可获得很好的保护。如未及时进行免疫接种，仔猪在未吃初乳前及其以后的3 d内投服抗生素，可起到一定预防作用。

19. 猪痢疾

猪痢疾又称血痢、黑痢、黏液出血性下痢等，是由猪痢疾蛇形螺旋体引起的猪的一种肠道传染病。各种年龄的猪均可发病，但以2～4月龄的猪最为常见。临床表现为黏液性或黏液性出血性下痢，病理变化以大肠黏膜发生卡他性出血性肠炎，有的发展为以纤维素性坏死性肠炎为特征。

猪痢疾蛇形螺旋体对外界环境抵抗力较强，在沼泽或污水池中，可以生长繁殖而长期存在。对一般消毒剂、热、氧和干燥等敏感。

病猪和带菌猪从粪便中排出大量病原体，污染饲料、饮水、猪舍、饲槽和用具等，经消化道感染。

本病一年四季均可发生，猪群一旦发生本病，流行缓慢，持续时间很长，且经常反复发病，很难清除，给防治带来很大困难。

(1)症状　少数病例往往突然发病死亡，多数病例表现精神稍差，食欲减少，体温稍升高，持续数天后降至常温。病初排黄色软便，表面附有黏液，以后迅速下痢，粪便黄色，柔软或水样，内有黏液和血液或血块。随病程发展，病猪脱水，消瘦、口渴，粪便恶臭，而且血液、黏液和坏死组织碎片增加，病猪弓背缩腹，极度衰弱而死，病程约1周。

亚急性和慢性型病例症状较轻，病程较长，2～6 周。下痢时重时轻，反复发作，粪便中混有较多量的黏液、坏死组织碎片和少量黑色血液。病猪食欲正常或稍减退，渐进性消瘦、贫血、生长迟滞，呈恶病质状态。

(2)病变　病变仅局限于大肠。急性型病例病变典型，结肠和盲肠黏膜肿胀、充血、出血，皱褶明显，黏膜上覆盖黏液和带血的纤维素，肠壁淋巴滤泡增大，呈明显的灰白色颗粒。肠内容物稀薄，其中混有黏液及血液而呈酱色或巧克力色。病程长的病例，肠壁水肿减轻，黏膜表层点状坏死，严重者形成黄色或灰色假膜，呈糠麸样，剥去假膜露出浅表糜烂面。肠内容物混有大量黏液和坏死组织碎片，肠系膜淋巴结肿胀，切面多汁，其他器官无明显变化。

(3)诊断　根据本病多发生于 2～4 月龄的猪；以排黏液性血性粪便为主要症状；剖检时，急性病例为大肠黏液性出血性炎症，慢性病例为坏死性大肠炎，其他器官无明显变化，可做出初步诊断。

(4)防治　禁止从疫区引进猪，必须引进时，应隔离检疫 2 个月。

一旦发现病猪，立即应用痢菌净进行治疗可取得很好的效果，其他如土霉素、硫酸新霉素等也有较好的疗效。

20.破伤风

破伤风由破伤风梭菌经伤口感染，是一种能引起人畜共患的急性中毒性传染病。临床特征为骨骼肌持续痉挛和神经反射兴奋性增高。

本菌繁殖体的抵抗力不强，一般消毒药在短时间内均可将其杀死，对青霉素敏感，磺胺类药物次之，链霉素无效。破伤风梭菌的芽孢广泛存在于土壤中，特别是施肥土壤和腐臭的泥土、街道尘土中，也存在于人、畜的粪便中，在土壤中能存活数十年。

(1)症状　猪患破伤风主要经皮肤肌肉创伤、断脐、去势、手术、断尾等感染，尤其是深窄创、污染创有利于本菌感染。

猪发病后表现叫声尖细，瞬膜外露，牙关紧闭，流涎，四肢僵硬，屈曲困难，跌倒后不易自行起立。全身痉挛，角弓反张，卧地不起呈强直状态，呼吸困难，病死率高。

(2)防治　阉割或发生创伤时，及时对伤口彻底消毒后，进行外科处理，并注射破伤风抗毒素，5 000～10 000 IU，可维持免疫2～3周。

21. 炭疽

炭疽属地方流行性传染病，在疫源地以炎热夏季发生较多，这与雨水冲刷，吸血昆虫增多，病原体容易散播有关。本病主要经消化道感染，也可经皮肤、黏膜的创伤，昆虫叮咬，或吸入尘埃中的芽孢经呼吸道等感染。

炭疽杆菌对理化因素抵抗力不强，而芽孢则有极强的抵抗力，常用的消毒剂是10%的热氢氧化钠、20%的漂白粉或石灰乳和5%的碘酊等。对各种抗生素特别是青霉素和磺胺类药物敏感。

(1)症状　猪多为咽型炭疽，主要侵害咽喉部和颈部淋巴结。病猪咽喉部显著肿胀，并可蔓延至颈部，头颈转动不灵活，体温升高，精神沉郁，食欲不振，症状严重时，黏膜发绀，呼吸困难，最后窒息而死。但有不少病例，临床症状不明显，仅在屠宰后发现有病变。

(2)病变　炭疽和疑为炭疽原则上禁止剖检。必须解剖检查时，应先作涂片检查，在严密消毒和防护并具有就地深埋或焚烧的条件下进行。

死于咽炭疽的猪，咽喉及颈部淋巴结肿胀出血，切面呈樱桃红色，中央有稍凹陷的黑色坏死灶。病程长的病例，病变淋巴结呈砖红色，切面干燥，有散在坏死灶。病变淋巴结周围组织呈出血性胶样浸润。扁桃体充血、肿胀、出血和坏死，并有黄色假膜覆盖。

肠型炭疽主要发生于小肠，剖检可见肠管肿胀暗红色，肠黏膜有时有坏死或溃疡，肠系膜淋巴结炎性肿胀，呈砖红色，有点状坏死。

(3)防治 在疫区，定期用无毒炭疽芽孢苗皮下接种 0.5 mL，或用炭疽Ⅱ芽孢苗，皮下接种 1 mL。接种后 14 d 产生免疫力，免疫期 1 年以上。

发生炭疽后立即上报疫情，划定疫点、疫区，采取隔离、封锁、全面消毒等措施，防止疫情扩大。对病畜和体温升高者及早应用抗菌素或磺胺类药物进行治疗，若同时应用免疫血清，效果更好。对病畜尸体连同粪便、垫草一起焚烧后就近深埋。

22. 猪接触性胸膜肺炎

猪接触性胸膜肺炎是由胸膜肺炎放线杆菌引起猪呼吸系统的一种急性接触性传染病，以急性出血性纤维素性胸膜肺炎和慢性纤维素性坏死性肺炎为特征。急性病例死亡率较高，慢性病例常可耐过。病菌存在于病猪和带菌猪的支气管、肺脏和鼻液中，通过咳嗽、喷嚏排出体外，经直接接触和呼吸道感染。

本菌的抵抗力不强，一般消毒液均可将其杀死，但对结晶紫、杆菌肽、林肯霉素、壮观霉素有一定抵抗力。

冬春季发病率较高，饲养管理差、环境条件不好、卫生差、密度过大、通风不良、气候恶劣等是诱发本病的重要原因。

(1)症状 各种年龄猪均易感。通常以 3 月龄的猪较多发。最急性型多突然发病，体温升至 41.5℃以上。病猪精神沉郁，废食，短时轻度腹泻和呕吐，无明显呼吸系统症状。后期高度呼吸困难，常呈犬坐姿势，张口伸舌，临死前从口鼻流出粉红色泡沫状分泌物，心跳加快，口、鼻、耳和四肢皮肤呈暗红色，在 24～36 h 死亡。个别病猪死前看不到症状。病死率达 80%～100%。

急性型病猪体温升高到 40.5～41℃，精神沉郁，不食，咳嗽，呼吸困难，张口呼吸，心跳加快。受饲养管理、环境条件和气候影响，病程长短不一，可转为亚急性或慢性。

亚急性或慢性型病例体温不高，全身症状不明显，只见间歇性咳嗽，生长迟缓，有的呈隐性感染存在猪群。

(2)病变　最急性型气管和支气管内有大量泡沫状带血色的黏液性渗出物，肺充血、出血、间质水肿和肝变。肺炎病变多发生于肺的前下部，在肺的后上部，特别是靠近肺门的主支气管区周围，常出现界限清楚的出血性实变区或坏死区。

急性型肺炎多为两侧性，常发生于尖叶、心叶和膈叶的一部分，病灶区呈紫红色，坚实，轮廓清晰，间质积有血色胶样液体。纤维素性胸膜炎明显，胸腔含有带血色的液体。

亚急性和慢性型，肺与心包粘连及纤维素性心包炎。肺有大小不等的坏死灶和脓肿，胸腔积液，肺膜上有大量纤维素渗出，甚至与胸膜粘连。

(3)诊断　本病发生突然，传播迅速，伴发高热和严重呼吸困难，临死前从口鼻流出粉红色泡沫状分泌物。死后剖检见肺脏和胸膜有特征性的纤维素性坏死性和出血性肺炎、纤维素性胸膜炎，特别是气管和支气管内有大量泡沫状带血色的黏液性渗出物，可做出诊断。

(4)防治　防治本病的根本在于防止引进带菌猪。在发病猪群，加强饲养管理，注意通风保暖，搞好卫生消毒，可减少本病的发生。有条件时可从发病猪群分离菌株，制备灭活苗，对母猪和2～3月龄猪进行免疫接种，能有效控制胸膜肺炎的发生；受威胁的未发病猪可在饲料中添加土霉素(0.6 g/kg体重)做预防给药。

早期用抗生素治疗，可取得较好的效果。常用的药物有青霉素、氨苄青霉素、四环素、磺胺类等，肌肉或皮下注射，剂量要大，并应重复给药。

23.钩端螺旋体病

钩端螺旋体病是一种人畜共患的自然疫源性传染病。钩端螺旋体的动物宿主非常广泛，鼠类是重要的贮存宿主，当其感染后，大多呈健康带菌，带菌时间长达1～2年，甚至终生，成为本病的主要自然疫源。钩端螺旋体侵入动物机体后，间歇地或连续地从尿中排出病原体，污染水源、土壤、湖泊、池塘、水田、饲料、圈舍和用具等，主要经皮肤、黏膜和消化道感染，也可通过交配、输精和吸血昆虫传播。

本病有明显的季节性和地区性，尤其是热带、亚热带地区的江河两岸、湖泊、池塘和水田地带流行严重，每年6～10月为流行的高峰。

(1)症状　急性黄疸型多发生于大猪和中猪，呈散发性，偶有暴发。病猪体温升高，废食，皮肤干燥，有的发痒，1～2 d后全身皮肤和黏膜黄染，排血红蛋白尿。数小时或数天内突然惊厥而死。病死率很高。

亚急性和慢性型多发生于断奶前后至30 kg体重以下的小猪，呈地方流行性或暴发。病初有不同程度体温升高，食欲减退，精神不振，结膜潮红，有时有浆液性鼻漏。几天后，结膜有的潮红水肿，有的黄染，有的在上下颌、头部、颈部甚至全身水肿，指压留痕，俗称"大头瘟"。尿液呈黄色、浓茶样、血红蛋白尿甚至血尿，味腥臭。有时便秘或腹泻，逐渐消瘦虚弱。病程十几天至1个多月，病死率50%～90%。康复者生长缓慢，有的成为僵猪。

怀孕母猪感染钩体后可能发生流产，流产率20%～70%，流产胎儿为死胎、木乃伊胎和弱仔，弱仔生后不久死亡。

(2)病变　本病的病变基本一致，急性病例，眼观病变主要是黄疸、出血、血红蛋白尿，以及肝肾不同程度损害。慢性或轻型病例，以肾的变化为突出。

猪皮肤、皮下组织、浆膜和黏膜呈不同程度的黄染，体腔有黄色积液。肝肿大呈黄棕色，胆囊肿大。心内膜、肠系膜、肠和膀胱黏膜等出血。慢性者肾脏有散在的灰白色病灶(间质性肾炎)。水肿型病例则在上下颌、头颈、背、胃壁等部位出现水肿。

(3)诊断　本病可根据畜群中有短期发热,可视黏膜黄染、苍白,血红蛋白尿,皮肤、黏膜出血和坏死,常有孕畜发生流产等,结合流行病学特点,做出初步诊断。确诊需进行微生物学和血清学诊断。

(4)防治　在疫区预防本病,平时应做好灭鼠工作,严格控制病畜和带菌家畜,及时治疗,消灭传染源。搞好畜舍消毒和粪便处理,保护水源、环境不受污染,防止病原体散播。实行预防接种和加强饲养管理,提高家畜的特异性和非特异性抵抗力。

当畜群发现本病时,及时应用钩端螺旋体病多价苗进行紧急接种,同时实施一般性防疫措施,多数能在两周内控制疫情。

猪群发生本病,应全群治疗,饲料中加入土霉素连喂 7 d 可以解除带菌状态和消除一些轻型症状。怀孕母猪产前 1 个月连续饲喂土霉素可防止流产。

急性、亚急性病猪单纯用青霉素、链霉素、土霉素、四环素等均无明显效果。由于急性、亚急性病畜肝功能受到损害和出血严重,在结合病因治疗时,应配合应用葡萄糖、维生素 C 以及强心利尿剂,可起到较好的效果。

24. 猪气喘病

猪气喘病是由猪肺炎支原体引起的一种接触性慢性呼吸道传染病。临床主要表现咳嗽和气喘,病变时两肺的尖叶、心叶、中间叶和膈叶前下部呈对称性肉样或虾肉样实变。临床上用卡那霉素、土霉素和金霉素等,能阻止病变发展,症状暂时消退,以后又能复发。

不同年龄、性别和品种的猪均能感染,但哺乳仔猪和断奶仔猪最易感,妊娠后期及哺乳母猪次之,母猪和成年猪多呈慢性或隐性感染。病猪和带菌猪通过咳嗽、气喘和喷嚏排出病原体,形成飞沫经呼吸道感染。猪舍潮湿阴冷、通风不良、气候剧变和拥挤是诱发本病的重要因素。本病一旦传入猪群,若不采取有效措施,很难彻底清除。

(1)症状　急性型主要发生于新疫区和新易感猪群，但环境卫生恶劣的猪群，如圈舍阴冷潮湿，密度过大，拥挤，空气污秽不洁，氨气、硫化氢等有害气体浓度过高，也会发生此病。病猪精神不振，食欲减退或废绝，体温一般正常或稍有升高。一般咳嗽次数少而低沉，有时发生痉挛性阵咳。呼吸次数增多，可达 60～100 次/min 以上。呼吸困难，重者常呈犬坐姿势，张口喘气，发出喘鸣声，有明显腹式呼吸。可视黏膜发绀。病程一般 1～2 周，病死率较高。

慢性型由急性转来，也有部分病猪开始就取慢性经过，多见于老疫区架子猪、肥育猪和后备母猪。一般体温及食欲多无明显的变化，主要表现为咳嗽，尤以早晨、夜间、运动、进食后和气温聚变时最为明显。咳嗽时病猪站立不动，弓腰，低头，伸颈，连续发咳，直到将呼吸道分泌物咳出咽下为止。病程可持续 2～3 个月，甚至长达半年以上。若病程轻缓，在良好的饲养管理条件下，可育成肥猪。如果环境卫生条件太差，病猪呈连续的痉挛性咳嗽，食欲减少或不食，消瘦衰弱，被毛粗乱无光泽，生长发育不良。如果病情加剧，则出现呼吸困难和气喘症状，呼吸次数每分钟为 40～100 次，呈明显腹式呼吸，夜里可听到病猪发出的喘鸣声，病猪常流鼻液，可视黏膜发绀，最后则由于严重衰弱或继发感染而死亡。

(2)病变　主要病变在肺、肺门淋巴结和纵隔淋巴结。肺的病变是中间叶和两肺的尖叶、心叶和膈叶的前下缘发生对称性肉样或虾肉样实变，投入水中下沉。肺切面有大量液体流出，气管、支气管充满大量白色泡沫状液体。肺门和纵膈淋巴结明显肿大，呈灰白色，切面外翻，湿润，呈白色脑髓样，边缘轻度充血。其他器官无明显变化。

(3)诊断　根据临床以咳嗽、气喘为特征，而体温、食欲、精神等多无明显变化，剖检见肺脏的尖叶、心叶、中间叶和膈叶前下缘出现对称性的肉样或虾肉样实变，肺门淋巴结高度肿大，可做出诊断。

(4)防治　未发病地区和猪场，坚持自繁自养，引进种猪时要严格隔离和检疫。在有本病的猪场，加强饲养管理，搞好环境卫生，特别注意猪舍要通风、透光、保暖，防止有害气体产生，可有效减少发病和减轻病情。用猪气喘病乳兔化弱毒冻干苗进行免疫，安全有效，保护率80%，免疫期8个月。

对发病猪只进行药物治疗，可临床治愈，但不易根除。卡那霉素每千克体重5万～6万IU，肌肉注射，每天1次，连用5～7 d。盐酸土霉素每1 kg体重40 mg，0.9%氯化钠注射液5～20 mL，混合后1次肌肉注射，每天1次，连用5～7 d。泰乐菌素每1 kg体重50 mg，肌肉注射，每天1次，5 d为一个疗程。也可应用林可霉素、壮观霉素、土霉素碱油乳剂等。

25.猪传染性萎缩性鼻炎

猪传染性萎缩性鼻炎是由支气管败血波特氏杆菌引起的猪的慢性上呼吸道传染病。特征为慢性鼻炎，面部变形，鼻甲骨尤其是鼻甲骨下卷曲发生萎缩和生长迟缓。

本菌对外界抵抗力不强，一般消毒剂均可将其杀死。

各种年龄的猪均可感染，发病率随年龄增长而下降。1周龄猪感染后可引起原发性肺炎，致全窝仔猪死亡。1月龄内感染，常在数周后发生鼻炎，并引起鼻甲骨萎缩。断奶后感染，只产生轻微病变，有的只有组织学变化，一般不表现症状，成为隐性带菌猪。

病猪和带菌母猪带飞沫或与接触经呼吸道感染，再通过水平传播扩大感染。本病在猪群传播缓慢，多为散发或地方流行。

(1)症状　本病开始出现临床症状时，多见于断奶以后的仔猪。表现流浆液性或黏液脓性鼻液，不断摇头、拱地、用前肢搔抓鼻部，或在饲槽、墙壁擦鼻，不断打喷嚏，喷嚏之后，鼻孔流出少量清夜或黏液脓性鼻液。有些病猪打喷嚏时，损伤鼻黏膜血管，出现鼻出血。由于鼻黏膜肿胀及分泌物过多，常造成鼻塞，病猪表现吸气性呼吸困难，并发出鼾声。在发生鼻炎的同时，病猪眼角流泪，在眼眶下皮肤出现半月形的湿润区，沾上尘土后变成黄色、灰色或黑色斑块，称为泪斑。此时，若改善猪舍卫生条件，病情不再继续发展，上述症状数周后消失。

若病情继续发展，则常出现鼻甲骨萎缩变化。两侧鼻甲骨同时萎缩，外观鼻短缩，向上翘起，形成短鼻猪；一侧鼻甲骨萎缩严重，使鼻弯向同侧，形成歪鼻子猪。由于鼻甲骨萎缩，额窦不能正常发育，使两眼间距变窄和头部轮廓变形。有的病例由于病原菌通过鼻甲骨侵入肺脏，引起肺炎，则发生咳嗽，呼吸更加困难。个别病猪还因病原体通过筛板蔓延到脑，而出现脑炎症状。

典型发病的猪生长发育停滞，多数成为僵猪，严重影响肥育。鼻黏膜发炎、充血，有时带浆液性或黏液脓性渗出物。

(2)病变　特征病变是鼻甲骨萎缩，尤其是鼻甲骨下卷曲最为常见。严重者鼻甲骨完全萎缩，鼻中隔部分或完全弯曲，鼻腔可能呈现一个鼻腔空洞。

(3)诊断　本病根据临床症状和病理变化可做出初步诊断。病理解剖学诊断方法是沿上颌第一、二臼齿间横断上颌骨，观察鼻甲骨。正常的鼻甲骨有两个弯曲，上卷曲为两个完全的弯曲，而下卷曲仅有 1 个或 1/4 弯转，鼻中隔正直。当鼻甲骨萎缩时，弯曲变小而直，甚至消失。

(4)防治　禁止引进病猪。确需引进时，必须隔离观察 1 个月以上，检查确实未被本菌感染后方可合群。

加强饲养管理，降低密度，定期消毒，猪舍保持清洁、干燥和保暖，加强通风，减少空气中病原体、尘埃和有害气体，可减少本病的发生和控制病情发展。

母猪产前 2 个月及 1 个月接种 Bb(Ⅰ相菌)灭活油剂苗或 Bb-Pm 灭活油剂二联苗，以提高母源抗体滴度，保护仔猪几周内不受感染。也可给 1～3 周龄仔猪进行免疫，间隔 1 周进行二免，目前以二联苗效果最好。

对病猪在严格隔离的条件下，进行药物治疗。其中有效的药物是增效磺胺和土霉素。

26. 附红细胞体病

附红细胞体病简称附红体病，是由附红细胞体引起的人畜共患传染病，以贫血、黄疸和发热为特征。附红体寄生的宿主有鼠类、绵羊、山羊、牛、猪、犬、猫、鸟类、骆马和人等，但对宿主有特异性。

本病的传播途径尚不完全清楚，动物之间，人与动物之间长期或短期接触可发生传播，用被附红体污染的注射器、针头等器具进行注射，或因打耳标、剪毛、人工授精等，可经血液传播，母猪可经子宫垂直传播给仔猪。本病多发生于夏秋或雨水较多季节，与吸血昆虫活动频繁有关。

(1)病原　附红细胞体为为一种多形态微生物，多为环形、球形和卵圆形，少数呈顿号形和杆状。在红细胞表面单个或成团寄生，呈链状或鳞片状，也有在血浆中呈游离状态。革兰氏阴性，对苯胺色素着色良好，姬母萨染色呈紫红色，瑞特氏染色为淡蓝色。

附红体对干燥和化学药物比较敏感，一般消毒药在几分钟即可杀死。对低温冷冻的抵抗力较强，可存活数年之久。

(2)症状　潜伏期因动物种类不同而不同，为 2～45 d。

动物感染附红体后，多呈隐性经过，少数情况下，受不良因素影响而发病。各种动物的临诊症状基本相似，主要表现是发热、精神沉郁、食欲不振、结膜黄染、贫血、背腰及四肢末端淤血、淋巴结肿大等，还可出现心悸及呼吸加快，腹泻，生殖力下降，毛质下降等。

病程长短不一，短者几天，长者数年，严重者可出现死亡，死亡原因可能与低血糖有关。

(3)病变 病死动物病变广泛,往往具有全身性。可见黏膜、浆膜黄染。肝肿大,脂肪变性,有实质性炎性变化和坏死,胆囊扩张,内含浓稠胆汁。脾肿大,结构模糊,被膜有结节。心、肺、肾等都有不同程度的炎性变化。

(4)诊断 根据临床症状、病理变化可做出初步诊断,确诊需实验室检查。

(5)防治 预防本病主要采取综合性措施,如搞好消毒和杀虫,做好针头、注射器的消毒,消除不良因素的影响,将四环素类抗生素混于饲料中喂服,可有效预防本病的发生。

用于治疗猪附红细胞体病的药物主要有如下几种:

①贝尼尔。每千克体重 5～7 mg,配成 5%水溶液深部肌肉注射,间隔 1～2 d 重复用药 1 次,对发病初期病猪有较好疗效。

②黄色素。每千克体重 3 mg,配成 0.5%～1%灭菌水溶液,耳静脉缓慢注射,间隔 1～2 d 重复用药 1 次。

③对氨基苯胂酸钠。每吨饲料混入 180 g,连用 1 周,以后改为半量,连用 1 个月。

④土霉素或四环素。每千克体重 3 mg 肌肉注射,24 h 即可见临诊症状减轻,也可连续应用。

27. 猪呼吸道疾病综合征

猪呼吸道疾病综合征是由多种病因引起的以咳嗽、打喷嚏、呼吸困难等为主要临床症状的多种疾病的总称,临床上以鼻炎、肺炎多见,猪只不分大小、品种、年龄等均可感染。其特征是感染的猪只数量多,用抗生素治疗效果不显著,死亡率高。由于饲料利用率降低、日增重减慢、出栏时间推迟、药物费用增加等,导致巨大经济损失。

猪呼吸道疾病综合征的病原极复杂,常由一种或几种病原微生物引起,而且多为常在菌,包括细菌、病毒,故在疾病发生时,多找不到传染源。此外，本病容易发生继发或混合感染，一旦发病，难以控制和完全治愈，且容易复发。饲养管理不善，圈舍卫生太差，如消毒流于形式，粪便积存使有害气体生成过多，通风不畅空气污浊，灰尘过多，猪舍温差过大，贼风侵袭，不同日龄的猪混群饲养，仔猪转群大小不一，饲养密度过大等，是本病发生的重要诱因，不容忽视。

（1）症状　本病多发生于断奶后的仔猪，肥育猪也有发生。病猪呈现精神沉郁、采食减少、体弱、腹泻、喷嚏、咳嗽、气喘、呼吸困难等症状。急性期体温升高，可发生急性死亡。有的不表现临床症状而呈隐性感染。发病猪群还可能出现妊娠母猪流产、死胎、木乃伊胎、返情率高等。

（2）诊断　根据本病的流行特点、症状，特别是有管理不善等因素的存在，多可做出诊断。

（3）防治　预防本病发生的主要措施是加强饲养管理，特别注意消除有害因素，如注意防寒保暖、加强通风、消除有害气体、消毒要彻底、降低饲养密度、采取全进全出制度等，可有效地减少或控制本病的发生。

目前常用的防治药物有泰妙菌素、泰乐菌素、恩诺沙星等。肺炎症状一旦出现，针对细菌和霉形体进行药物治疗可减少损失。

仔猪：50 mg 泰妙菌素＋150 mg 金霉素（50 mg 强力霉素）/kg 饲料，隔 1 周喂 1 次，直喂至 9 周龄或全期连续饲喂。

生长肥育猪：100 mg 泰妙菌素＋300 mg 金霉素（100 mg 强力霉素）/kg 饲料，于 13～15 周龄、17～18 周龄各喂 1 周。

后备母猪：100 mg 泰妙菌素＋300 mg 金霉素（100 mg 强力霉素）/kg 饲料，每月 1 次，直喂至配种。

生产母猪：每天每头 0.8 g 泰妙菌素＋5 g 金霉素＋1.5 g 强力霉素直接加入料槽中拌饲，于产前产后应用 7 d。

二、寄生虫病

1. 姜片吸虫病

姜片吸虫病是布氏姜片吸虫主要寄生于猪和人的小肠的一种吸虫病。其特征是病猪呈现消瘦，发育不良和肠炎等症状，严重时引起死亡。

姜片吸虫主要分布在有水生植物生长的南方，感染的高峰期为 6～8 月份，发病多在夏秋季，有时延续至冬季。不同品种、性别和年龄的猪均可感染，但以 3～6 月龄的猪发病率最高。

(1)病原　姜片吸虫是吸虫中最大的一种，成虫长 2～7 cm，宽 0.8～2 cm，虫体呈长卵圆形，前窄后宽，相当肥厚，新鲜虫体呈暗红色。前端有一个较小的口吸盘，稍后方腹面有一个发达的漏斗状腹吸盘，较口吸盘大 4～5 倍，肉眼可见。

成虫寄生在猪或人的小肠内，产出的卵随粪排到体外，落入水中，在 27～32℃时，经 3～7 d 孵出毛蚴，游于水中，钻入中间宿主扁卷螺体内，经 25～30 d 经胞蚴、母雷蚴、子雷蚴发育为尾蚴。尾蚴离开螺体，附着在水生植物的茎、叶表面，形成囊蚴。猪吃食粘有囊蚴的水生植物而感染，在十二指肠内经 100 d 发育为成虫。

(2)症状　寄生虫体较少时，病猪仅表现精神沉郁，采食减少，消化不良，仔猪生长发育缓慢。寄生虫体较多时，常见腹胀、腹痛、腹泻，粪便中混有血液，严重消瘦，贫血，眼结膜苍白，眼睑和腹部水肿明显。大量虫体寄生时，可堵塞肠管，如不及时治疗，可发生死亡。

(3)诊断　根据本病多发生于下秋季节，有饲喂水生植物的生活史，结合临床症状和在小肠内发现虫体时即可确诊。

(4)防治

预防本病应采取以下措施：

①每年在春、秋两季定期进行驱虫；

②人和猪的粪便堆积发酵后再做肥料；

③应用硫酸铜、生石灰等灭螺；

④防止猪自由采食水生植物，用水生植物喂猪时应洗净浸烫或做成青贮饲料。

治疗可选用以下药物：

①敌百虫。每千克体重 100 mg，1 次混料喂服。

②硫双二氯酚（别丁）。每千克体重 60～100 mg，1 次混料喂服。

③吡喹酮。每千克体重 10～20 mg，1 次混料喂服。

④六氯对二甲苯（血防 846）。每千克体重 200 mg，1 次混料喂服。

2. 华枝睾吸虫病

华枝睾吸虫病是由华枝睾吸虫寄生于猪、犬、猫、人等动物的肝胆管和胆囊内的一种吸虫病。本病在我国流行较广。患病的人或动物粪便未经处理倒入鱼塘，易造成螺感染，且囊蚴对鱼的感染率高，人常因吃生鱼片、生鱼粥感染。动物则因吃入鱼、虾的废弃物感染。

（1）病原　华枝睾吸虫呈背腹扁平的柳叶状，前端稍尖，后端较钝，表面平滑，呈半透明，褐色。虫体长 10～15 mm，宽 3～5 mm。口吸盘略大于腹吸盘，腹吸盘位于体前端 1/5 处。

成虫寄生于终末宿主的肝胆管及胆囊中，产出的卵随粪排出，落入水中被第一中间宿主淡水螺吞食后，在螺的消化道内孵出毛蚴，进入螺的淋巴系统，发育为胞蚴、雷蚴和尾蚴。尾蚴离开螺体游于水中，遇第二中间宿主淡水鱼或虾，侵入肌肉形成囊蚴。终末宿主吃入含囊蚴的生鱼虾而感染。囊蚴在十二指肠脱囊，童虫逸出，经总胆管而进入肝胆管，约经 1 个月发育为成虫。

（2）症状　多数动物为隐性感染，临床症状不明显。严重感染时，病猪表现食欲不振，消化不良，下痢，逐渐消瘦和贫血，腹水增多，严重者有黄疸症状，甚至发生死亡。

（3）诊断　根据有饲喂生鱼虾或鱼虾废弃物的生活史，结合临床症状，以及胆管、总胆管和胆囊内有大量虫体可做出诊断。

（4）防治

预防可采取以下措施：

①本病流行地区的猪、犬和猫等要定期驱虫；

②鱼塘边禁盖猪舍和厕所，不用生粪喂鱼；

③人、畜粪便堆积发酵处理，防止虫卵散播；

④不用生鱼虾或未经煮沸的鱼虾下脚料喂动物；

⑤灭螺，消灭第一中间宿主。

治疗可选用下列药物：

①吡喹酮。每千克体重 20～50 mg，1 次内服，间隔 1 周再用 1 次。

②六氯对二甲苯。每千克体重 200 mg，1 次内服，或每千克体重 50 mg，内服，每日 1 次，连用 10 d。

③丙硫咪唑（抗蠕敏）。每千克体重 30 mg，内服，每日 1 次，连用 2～4 d。

④丙酸哌嗪。每千克体重 50～60 mg，内服，每日 1 次，连用 5 d。

3. 猪囊虫病

猪囊虫病是由链状带绦虫的幼虫猪囊虫（猪囊尾蚴）引起的一种重要的人、畜共患寄生虫病。本病属世界性分布，在人与猪之间循环感染。

（1）病原　猪囊虫为米粒大到黄豆大的白色半透明包囊，囊内充满液体，囊上有 1 个乳白色内嵌的头节，头节上有 4 个吸盘。

成虫寄生于人的小肠内，呈乳白色扁平分节带状，长 2～5 m，头节小，呈球形，颈节细线状，长 5～10 mm。全虫由 700～1 000 个节片组成，未成熟节片宽而短，成熟节片长宽相等呈方形，孕卵节片长度大于宽度，其内充满虫卵。成熟的孕节经常不断地单节或多节连在一起自动脱落并随粪便排到外界，每个孕卵节片含 3 万～5 万个虫卵。

寄生于人小肠内的链状带绦虫的孕卵节片脱落后，随粪排到外界，猪吞食了孕卵节片或虫卵而感染，经 2～4 个月发育为囊虫。人吃了未煮熟的带有囊虫的猪肉而感染，经 2～3 个月发育为成虫。

如果人在不卫生的条件下吃进了虫卵，或因消化道逆蠕动，使孕卵节片逆行入胃中时，六钩蚴逸出，钻入肠壁血管，随血流到脑、皮下、眼等全身各部的寄生部位。

(2)症状　猪感染少量猪囊虫时，一般无明显症状。严重感染时，病猪营养不良，消瘦，贫血，发育受阻。当寄生于眼时，引起视力减退或失明，有时在眼结膜上呈现豆状肿胀；寄生于脑内可出现强制运动或癫痫；寄生于舌部表层时，用手触摸可感到舌面凹凸不平，对光观察，可见到舌面上有豆状隆起。

(3)诊断　猪患囊虫病后常缺乏特征性症状，因此，生前依据临床症状，不易做出正确诊断，如在眼结膜和舌部发现猪囊虫结节可确诊。死后或在屠宰时，常在肩胛外侧肌、臀肌、咬肌、深腰肌、膈肌、心肌、颈肌、股内侧肌等处发现米粒大到黄豆大的半透明的小水泡囊，囊内充满囊液，有白色小点状头节，以及白色圆点状的钙化灶。

(4)防治

预防本病应采取以下措施：

①在猪囊虫病流行地区，彻底查清人猪带绦虫患者，进行驱虫，消灭传染源；

②宣传猪囊虫病防治知识，改变卫生习惯，改造连厕圈，对粪便进行无害化处理；

③认真进行宰后检验，对检出的囊虫病猪肉，进行无害化

处理。

治疗猪囊虫病可用下列药物：

①吡喹酮。每日每千克体重 200 mg，分 3 次内服；或 50 kg 以下的猪按每千克体重 80 mg，50 kg 以上的猪按每千克体重 70 mg，配成 10%溶液，1 次肌肉注射。

②丙硫咪唑。按每千克体重 60 mg，1 次肌肉注射，或按每千克体重 30 mg 内服，每日 1 次，连用 3 d。

4. 猪细颈囊尾蚴病

猪细颈囊尾蚴病是由泡状带绦虫的幼虫寄生于猪等家畜体内引起的一种疾病，分布遍及全国各地。

(1)病原　细颈囊尾蚴呈泡囊状，大小由豌豆大到鸡蛋大，囊壁乳白色，囊泡内充满透明液体，于寄生部位常呈水泡状向下悬垂，故俗称“水铃铛”，囊壁上有一乳白色而具有长颈的头节。

成虫为泡状带绦虫，乳白色，呈扁平分节带状，体长可达 5 m，头节上有 4 个吸盘、顶突和顶突钩，有节片 250～300 个，孕卵节片长 10～14 mm，宽 4～7 mm。

成虫寄生于犬、狼、狐狸、猫等肉食兽小肠内，孕节或卵随粪便排到外界，污染饲料和饮水，被猪等中间宿主吃入后，卵内六钩蚴在小肠内逸出，钻入肠壁血管，随血流到肝、网膜、肠系膜等处，发育成细颈囊尾蚴。

犬等食入了带有细颈囊尾蚴的脏器，细颈囊尾蚴进入小肠，以头节附着在肠壁上发育为成虫。

(2)症状　成年猪感染或只有少量细颈囊尾蚴寄生时，一般不显症状，但仔猪感染或有大量细颈囊尾蚴寄生时，常表现消瘦，衰弱，黄疸，腹部增大等症状。

(3)诊断　尸体剖检或宰后检验时在肠系膜、胃网膜和肝脏等处发现大小不等的细颈囊尾蚴，可做出诊断。

(4)防治　禁用带有细颈囊尾蚴的家畜脏器喂犬，对犬进行定期驱虫，驱虫时可用吡喹酮，每千克体重 5～10 mg，或丙硫咪唑，每千克体重 15～20 mg，1 次内服。

治疗可使用吡喹酮，按每千克体重 75 mg 肌肉注射，连用3 d；也可使用丙硫咪唑或甲苯咪唑治疗。

5. 猪棘球蚴病

猪棘球蚴病主要是由细粒棘球绦虫的幼虫寄生于猪等和人内脏器官的一种寄生虫病。本病属世界性分布，以牧区多见。犬是动物与人的感染来源。成虫寄生于犬科动物小肠中，幼虫寄生于动物及人的任何部位，以肝脏和肺脏为多见。其特征是营养障碍，消瘦，发育不良，衰弱，呼吸困难。

(1)病原　细粒棘球绦虫成虫虫体很小，体长 2～6 mm，由 1 个头节和 3～4 个体节构成。头节上有 4 个吸盘，顶突上有 2 排小钩。主要寄生在犬、狼的小肠内，一般为数百至数千条，严重感染时可达数万条。孕卵节片随粪便排出体外，污染饲料、饮水，被中间宿主猪等吃入后，六钩蚴在消化道内逸出，钻入肠壁血管内，随血循进入肝脏、肺脏等处，经 5～6 个月即可发育成成熟的棘球蚴。一般为球形充满液体的囊，直径 5～10 cm，小的仅有豌豆大，巨大的虫体直径达 50 cm，内含囊液 10 余升。

终末宿主犬吞食含有棘球蚴的脏器后，原头蚴在其小肠内经 6～7 周发育为成虫。成虫在犬体内的寿命为 5～6 个月，但对犬的致病作用不明显，甚至寄生数千条亦无临床症状。当严重感染时，病犬有腹泻，消化不良，以及消瘦与衰弱等。

(2)症状　猪感染棘球蚴后，症状不如牛、羊明显，通常有带虫免疫现象。严重感染时，可见消瘦、贫血、被毛逆立。肺脏感染时，呼吸困难、咳嗽，听诊病变部位肺泡呼吸音减弱或消失。寄生在肝脏时，腹部右侧膨大，消化不良，腹泻。

(3)诊断　本病通常在剖检或屠宰检疫中，发现肝、肺表面凹凸不平，有不透明的囊状的棘球蚴，棘球蚴一般为球形，直径 5～

10 cm，小的仅有黄豆大，大的可达小儿的头那么大，囊内充满液体，也偶然见到钙化的棘球蚴或化脓灶时，即可确诊。

(4)防治　严格检验和处理患棘球蚴病的器官，禁止将患病脏器任意抛弃或喂犬。在流行区做好犬的驱虫工作，每年最少 4 次，高发区应进行 8～10 次，驱虫时将犬圈养 2～3 d，排出的粪便集中焚烧，严格处理。禁止犬在畜禽饲料库及饮水处附近饲养及出入，防止饲料和饮水被犬粪污染。

猪患棘球蚴病时，可用甲苯咪唑、氟苯咪唑和吡喹酮等药物治疗。

6. 猪蛔虫病

猪蛔虫病是由猪蛔虫寄生于猪小肠内引起的一种线虫病。3～6 月龄的仔猪感染率高，患猪发育不良，严重者生长停滞，甚至引起死亡。

(1)病原　猪蛔虫是一种大型线虫，新鲜虫体呈黄白色或淡红色，中间稍粗，两端较尖的长圆柱形。雄虫长 15～20 cm，宽约 3 mm，尾端向腹面弯曲，形似鱼钩；雌虫长 20～40 cm，宽约 5 mm，尾部较钝直。

成虫寄生于猪小肠内，雌虫产出的卵随粪排到外界，在适宜的温度、湿度和空气充足条件下，经 15～30 d 发育成具有感染性的虫卵，被猪吃入后，在小肠内幼虫逸出，钻入肠壁血管，随血流被带到肝脏，再沿腔静脉、右心室和肺动脉而移行到肺脏。幼虫由肺泡毛细血管进入肺泡，在此度过一定时期的发育阶段，然后由肺泡进入细支气管、支气管、气管，随痰液进入口腔并咽下，在小肠发育为成虫。从感染到发育成成虫需要 60～75 d。

(2)症状　猪蛔虫病的临床症状，随猪的年龄大小、体质强弱、感染强度和蛔虫所处的发育阶段而有所不同。

成年猪感染后一般不表现临床症状而成为带虫者。

仔猪发病率较高，病初有轻微的湿咳，以后主要表现食欲时好时坏，异嗜，腹泻，营养不良，消瘦，贫血，被毛粗乱，磨牙，生长发育缓慢或停滞，形成僵猪。多经 1～2 周好转或逐渐虚弱，趋于死亡。

当成虫寄生数量多时，可发生肠阻塞，病猪剧烈腹痛，有时引起肠穿孔或肠破裂而导致死亡。当虫体进入胆管，可引起胆管阻塞，表现黄疸和腹痛等症状，多经 6～8 d 死亡。

(3)诊断　根据病猪食欲时好时坏，异嗜，消瘦，贫血，生长发育停滞等临床症状，死后剖检在小肠内发现成虫，或在排出的粪便中发现成虫可确诊。

(4)防治　预防猪蛔虫病可采取如下措施：

①每年应在春秋进行两次全群驱虫；3～6 月龄的猪驱虫 2～3 次，消除猪带虫状态。

②加强饲养管理，及时清除粪便并堆积发酵，杀死虫卵。

常用于防治的驱虫药物为：

①左咪唑。每千克体重 8～10 mg，1 次投服或混料喂服；或用左旋咪唑透皮剂，每 10 kg 体重 1 mL，耳根部涂擦。

②丙硫咪唑。每千克体重 15～20 mg，1 次投服或混料喂服。

③敌百虫：每千克体重 0.1 g，1 次投服或混料喂服。

④虫克星或伊维菌素、阿维菌素。每千克体重 0.3 mg，注射剂可皮下注射，粉剂可内服。

7. 猪胃线虫病

猪胃线虫病是由猪圆线虫、似蛔线虫、泡首线虫、西蒙线虫和颚口线虫寄生在猪胃内引起的疾病。

各种年龄的猪均可感染，但主要感染仔猪和架子猪。母猪哺乳期间受感染较多，停止哺乳后可自愈。猪胃线虫虫卵和幼虫均不耐干燥和低温，所以，感染主要发生在污染的、潮湿的牧场、运动场、厩舍和饮水处。

(1)病原　本病的病原体有 6 种：

①红色猪圆线虫。虫体细小，纤丝状，呈红色。雄虫长 4～

7 mm，雌虫长 5～10 mm。随粪排到外界的虫卵，在适宜条件下约经 30 h 孵出幼虫，经二次蜕皮，发育为感染性幼虫，猪吃入后，幼虫侵入胃腺窝发育，蜕皮两次后重返胃腔，在感染后第 17～19 天发育为成虫。

②圆形似蛔线虫。雄虫长 10～15 mm，雌虫长 16～22 mm。雌虫尾部呈螺旋形卷曲。虫卵随猪粪便排到外界，被食粪甲虫所吞食，幼虫在甲虫体内约经 20 d 发育到感染性阶段，猪吞食含幼虫的甲虫而被感染，虫体在猪体内的寿命约 10.5 个月。

③有齿似蛔线虫。雄虫长约 25 mm，雌虫长约 55 mm。其生活史与圆形似蛔线虫相似。

④六翼泡首线虫。雄虫长 6～13 mm，雌虫长 13～22.5 mm。生活史与圆形似蛔线虫相似。

⑤奇异西蒙线虫。雌雄虫异形。雄虫长 12～15 mm，呈线状，尾部螺旋状卷曲，游离于胃腔或部分埋入胃黏膜中。孕卵雌虫长 15 mm，后部膨大呈球形，嵌入胃壁中的包囊内，前部纤细，突出于胃腔。生活史中可能需食粪甲虫作为中间宿主。

⑥刚刺颚口线虫。新鲜虫体呈淡红色，表皮薄，可透见体内的白色生殖器官。雄虫长 15～20 mm，雌虫长 30～40 mm。虫卵随粪排到外界，在水中经 10～15 d 孵出幼虫，被中间宿主剑水蚤吞食后，在其体内经 7～17 d 发育为感染性幼虫。含有感染性幼虫的剑水蚤被储藏宿主如鱼类、两栖类、爬行动物摄食，幼虫便可在其体内形成包囊。猪吞食带有感染性幼虫的剑水蚤或储藏宿主而受感染，幼虫以头部钻入胃壁中逐渐发育为成虫。

(2)症状　感染少量虫体时，不表现明显症状。当大量虫体寄生或因其他因素使猪的抵抗力降低时，患猪表现急性或慢性胃炎症状，精神沉郁，食欲减退或废绝，渴欲增加，排带血的黑粪；营养障碍，生长发育受阻，贫血，消瘦，甚至引起死亡。

(3)诊断　依据临诊症状，结合剖检发现虫体，胃黏膜发炎、增厚，胃底部小点状或广泛性出血和糜烂，胃底部溃疡，严重者可引起胃穿孔等变化，可做出诊断。

(4)防治　预防本病应采取定期进行驱虫，保持猪舍清洁和干燥，及时清除猪粪并堆积发酵，饲料和饮水严防被粪便污染等措施。

治疗和驱除猪胃线虫可用左咪唑、噻苯咪唑、丙硫咪唑和伊维菌素等药物，其用法、用量同类圆线虫病；也可用敌百虫，每千克体重 0.1 g，1 次喂服。

8. 猪食道口线虫病(猪结节虫病)

猪食道口线虫病是由食道口线虫(又称结节虫)寄生于猪的结肠内引起的一种线虫病。由于虫体能在猪的肠壁上形成结节，又称结节虫病。本病成年猪易感，卫生条件差的潮湿猪舍发病较多。

(1)病原　食道口线虫虫体细小，呈线状，灰白色。寄生于猪的食道口线虫有 3 种：

①有齿食道口线虫。雄虫长 8～9 mm，雌虫长 8～11.3 mm。

②长尾食道口线虫。雄虫长 6.5～8.5 mm，雌虫长 8.2～9.4 mm。

③短尾食道口线虫。雄虫长 6.2～6.8 mm，雌虫长 6.4～8.5 mm。

成虫在大肠内寄生并产卵，卵随粪排到外界，在适宜条件下，经 24～48 h 孵出幼虫，再经 3～6 d，蜕皮 2 次，发育为感染性幼虫。猪在吃食或饮水时经口吃入感染性幼虫，进入大肠黏膜下形成结节并蜕皮，形成第 4 期幼虫后返回肠腔，再蜕一次皮形成第 5 期幼虫，并进一步发育为成虫。

(2)症状　临床症状表现的轻重，取决于感染强度和虫体发育阶段。轻度感染时不表现明显症状，严重感染时表现顽固性大肠炎，患猪腹部疼痛，食欲减退或废绝，腹泻，粪中带有脱落的肠黏膜，渐进性贫血、消瘦和衰弱，严重时可引起死亡。

(3)诊断　根据临床症状,结合剖检可见大肠壁普遍增厚,肠壁上形成粟粒状结节,其与周围组织界限清楚,有小孔与肠腔相通,结节内含幼虫和黄白色或灰绿色泥状物,有的发生坏死或钙化,以及粪便中发现虫体等可做出诊断。

(4)防治　预防本病时,要注意保持猪舍、运动场干燥和清洁卫生,及时清除粪便并堆积发酵,防止饲料和饮水被粪便污染,定期进行预防性驱虫。

治疗、驱虫可使用下列药物:

①敌百虫。每千克体重 0.1 g,1 次拌料喂服。

②左旋咪唑。每千克体重 8 mg,1 次拌料喂服。

③丙硫咪唑。每千克体重 10～15 mg,1 次拌料喂服。

④噻苯咪唑。每千克体重 30～40 mg,1 次拌料喂服。

⑤氟苯咪唑。每千克体重 5 mg,1 次拌料喂服。

⑥虫克星或阿维菌素、伊维菌素。每千克体重 0.3 mg,1 次皮下注射或拌料喂服。

9. 猪后圆线虫病(猪肺线虫病)

猪后圆线虫病是由后圆线虫寄生在猪的支气管和细支气管内引起的一种线虫病。由于虫体呈丝线状,寄生于肺,故又称肺线虫病,是猪的重要寄生虫病之一。

本病一年四季均可发生,但在温暖、多雨季节,蚯蚓活动频繁的地方,猪最易食入幼虫或带虫蚯蚓而感染。

(1)病原　猪肺线虫呈乳白色或灰白色,丝线状。雄虫较雌虫短小。寄生于猪的肺线虫有 3 种:

①长刺后圆形线虫。雄虫长 11～25 mm,宽 0.16～0.225 mm,尾部向腹面弯曲。

②短阴道后圆形线虫。雄虫长 16～18 mm,雌虫长 22～25 mm,尾部直。

③萨氏后圆形线虫。雄虫长 17～18 mm,雌虫长 30～

45 mm,尾部向腹面稍弯。

成虫寄生于猪的支气管中,并在此产卵。虫卵随气管中的分泌物到咽部而被咽下,进入消化道,再随粪便排到外界。虫卵被中间宿主蚯蚓吞食后,幼虫逸出卵壳,穿过肠壁,进入体腔,经 10～20 d 发育为感染性幼虫(第 3 期幼虫)。猪在采食或拱土时,吃入带有第 3 期幼虫的蚯蚓或游离在外界环境中的第 3 期幼虫而感染。幼虫穿过肠壁,经肠壁淋巴管、肠系膜淋巴结、腔静脉和心腔而进入肺血管,沿血液循环移行到肺脏,穿过肺泡壁,进入肺泡腔和细支气管、支气管,经 23～35 d 发育为成虫。成虫寿命约为 1 年。

(2)症状　轻度感染时症状不明显,但影响生长发育。严重感染时,引起支气管炎和支气管肺炎,病猪表现阵发性咳嗽,特别是在清晨、傍晚、气候骤然变冷、采食时或运动后,呼吸困难,肺部有罗音,鼻孔流出脓性分泌物,食欲不振甚至丧失,营养不良,消瘦,贫血,生长发育迟缓,形成"僵猪",最后极度衰弱而死亡。病猪即使病愈,生长仍缓慢。

(3)诊断　根据临床症状和死后剖检在支气管内发现大量虫体可确诊。

(4)防治

预防本病的措施是:

①本病流行区,定期对猪进行预防性驱虫;

②及时清扫粪便,并堆积发酵,防止虫卵散播;

③猪舍和运动场应保持干燥、清洁,最好铺设水泥地面,防止蚯蚓滋生或猪拱土时吃入蚯蚓而感染。

治疗和驱虫可用下列药物:

①左咪唑。每千克体重 8～10 mg,配成 5%灭菌水溶液,1 次肌肉注射,驱虫率近 100%。

②丙硫咪唑。按每千克体重 30～40 mg,1 次喂服,驱虫率近

100%。

③伊维菌素或阿维菌素。每千克体重 0.3 mg,1 次喂服或皮下注射。

10. 猪肾虫病(冠尾线虫病)

猪肾虫病是由猪肾虫(有齿冠尾线虫)寄生于猪的肾盂、肾周围脂肪和输尿管壁等处引起的疾病。在气候温暖的多雨季节,适于幼虫发育,感染机会多,容易流行。本病分布广泛,危害性大,常呈地方性流行,患猪生长发育缓慢,甚至造成大批死亡,母猪出现不孕或流产。

(1)病原　猪肾虫虫体较粗壮,形似火柴杆样,两端较细尖。新鲜活虫呈浅灰褐色,体壁半透明,可透见内部器官。雄虫长20～30 mm,雌虫长 30～45 mm。

虫卵随尿液排到外界,在适宜的温度(26～28℃)、湿度和足够氧气的条件下,经 4～5 d 发育成感染性幼虫,经口或皮肤感染。经口感染时,幼虫钻入胃壁,脱去鞘膜,随血流经门静脉循环到肝脏;经皮肤感染时,幼虫钻入皮肤或肌肉内,随血液流经肺和体循环到肝脏。幼虫在肝脏内停留 3 个月以上,经第 4 次蜕皮后,穿过肝包膜进入腹腔,移行到肾脏、输尿管等组织中形成包囊,并发育为成虫。从感染性幼虫侵入猪体到发育为成虫,需 6～12 个月。

(2)症状　病猪食欲不振,逐渐消瘦,贫血,黄疸,后肢无力,行动迟缓,走路不稳,跛行,喜卧,甚至后躯麻痹或后肢僵硬,不能站立,拖地爬行。排尿频数、尿少而淋漓,尿液混浊,常带有白色黏稠絮状物或脓液。仔猪发育滞缓,母猪不孕或流产,公猪性欲降低或失去交配能力。严重病猪,多因极度衰弱而死亡。经皮肤感染者,可见皮肤发炎,形成丘疹和红色小结节,体表局部淋巴结肿大。

(3)诊断　对 5 月龄以上的猪,根据临床症状,结合剖检患猪发现胸膜、肌肉和肺脏内有结节和脓肿,内含幼虫。肝脏肿大变硬,结缔组织增生,肝内有虫道、结节、包囊和脓肿,内含幼虫。肾盂脓肿，结缔组织增生，输尿管壁增厚，肾盂、肾周围脂肪、输尿管壁和膀胱外围均可见有包囊，内含脓液和1～5条成虫，腹水增多，并可发现成虫等，即可确诊。

(4)防治　预防本病，应保持猪舍和运动场干燥、卫生。猪舍和运动场的地面、饲槽和用具应经常打扫，定期用1%～3%漂白粉、1%烧碱或10%新鲜石灰乳消毒。对病猪，隔离治疗。

治疗可用下列药物：

①左咪唑。每千克体重5～7 mg，1次喂服或肌肉注射。

②丙硫咪唑。每千克体重20 mg，1次拌料喂服。

③伊维菌素或阿维菌素。每千克体重0.3 mg，1次拌料喂服或皮下注射。

11. 旋毛虫病

旋毛虫病是由旋毛虫引起的一种人畜共患寄生虫病。成虫寄生于宿主的小肠中，幼虫寄生于横纹肌的肌肉纤维内。旋毛虫病分布于世界各地，是重要的人畜共患寄生虫病，可致人死亡，因此，猪肉的旋毛虫检查是肉品卫生检验的重要项目之一。

(1)病原　旋毛虫是一种细小的线虫，雄虫长1.4～1.6 mm，雌虫长3～4 mm，肉眼几乎难以识辨。虫体前半部较细，后半部较粗。寄生于肌纤维中的幼虫，常呈螺蛳椎状盘绕，幼虫周围形成包囊，包囊呈圆形、椭圆形或梭形。

旋毛虫成虫和幼虫寄生于同一个宿主。动物和人感染后，先为终末宿主，后变为中间宿主。宿主因吃入含有包囊幼虫的动物肌肉而感染。包囊在胃内被溶解，释出幼虫，进入十二指肠和腔肠内，经两昼夜发育为性成熟的肠旋毛虫。雌虫和雄虫在肠黏膜中交配，不久雄虫死亡，雌虫钻入肠腺和黏膜下淋巴间隙中发育，于感染后第7～10天开始产出大量幼虫，幼虫经淋巴进入胸导管，再到右心，经肺转入体循环，随血液进入横纹肌纤维内进一步发育，形成包囊。包囊在6个月后开始钙化，但其中的幼虫如果存活，可保持生命力数年至25年之久。

(2)症状　旋毛虫病对猪的致病力轻微，自然感染几乎无任何可见症状。人工感染的猪，初期表现食欲减退，呕吐和腹泻；感染第2周末，表现肌炎，肌肉疼痛或麻痹，运动障碍，声音嘶哑，呼吸和咀嚼障碍及消瘦等，极少死亡，于4～6周后临床康复。

人感染旋毛虫症状明显。成虫侵入肠黏膜时引起急性肠炎，甚至为带血性腹泻，呕吐，高热，若治疗不及时，可因严重脱水而导致死亡。幼虫侵入肌肉引起急性肌炎，表现发热和肌肉疼痛；同时出现吞咽、咀嚼、行走和呼吸困难，眼睑水肿，食欲不振，显著消瘦。于4～6周后症状缓解。严重感染时，多因呼吸肌麻痹、心肌及其他脏器的病变和毒素的刺激等而引起死亡。

(3)诊断　临诊症状和剖检变化无特异性。死后最确实的诊断方法是从猪的左右膈肌脚切小块肉样，撕去肌膜与脂肪后，用肉眼仔细观察有无可疑的旋毛虫病灶。肉眼观察旋毛虫包囊，只有针尖大小，未钙化的包囊呈露滴状，半透明，较肌肉色淡，随着包囊形成时间的增加，色泽逐渐变为乳白色、灰白色或黄白色。当发现可疑病变时，即压片镜检，以确定是否为旋毛虫包囊。也可直接取左右膈肌脚做24个麦粒大的小肉粒压片镜检，发现包囊幼虫可确诊。

(4)防治　预防本病应加强肉品卫生检验，凡检出旋毛虫的肉尸，按肉品检验规程处理。在本病流行区，猪只应圈养，防止猪吃其他动物粪便，不用生肉屑或洗肉水喂猪。猪场做好灭鼠工作，切断猪—鼠—猪传播。

人则养成良好饮食习惯，不食生肉和未煮熟的猪肉制品。

治疗猪旋毛虫病可用下列药物：

①丙硫咪唑。每千克体重肌肉注射50～60 mg，或每千克饲料中加0.3 g，连喂10 d，杀虫率100%。

②硫苯咪唑。每千克体重肌肉注射30 mg，连用2～3次，杀虫率100%。

12. 猪毛首线虫病(猪鞭虫病)

猪毛首线虫病是由猪毛首线虫寄生于猪盲肠和结肠内引起的一种线虫病,主要危害仔猪,一年四季均可感染,但夏季感染率最高。临床特征是腹泻,甚至排水样血便,并有黏液和脱落的肠黏膜,严重感染时可引起死亡。

(1)病原 猪毛首线虫虫体呈乳白色,前部呈毛发状,故称毛首线虫。整个外形像鞭子,前部细,像鞭绳;后部粗,像鞭杆,故又称鞭虫。雄虫长 20～52 mm,后部弯曲;雌虫长 39～53 mm。

雌虫在盲肠内产卵,随粪便排到外界,在适宜的温度和湿度条件下,经 3～4 周发育为感染性虫卵,被猪吞食后,在小肠后部孵出幼虫,移行到盲肠和结肠内,固着于肠黏膜上,于感染后 30～40 d 发育为成虫,成虫寿命 4～5 个月。

(2)症状 轻度感染时,表现间歇性腹泻,轻度贫血,影响猪的生长发育。严重感染时,病猪食欲减退、消瘦、贫血、腹泻,甚至排水样血便,并有黏液和脱落的肠黏膜。

(3)诊断 根据临床症状和死后剖检盲肠和结肠黏膜有出血性坏死、水肿、溃疡和结节,结节质软有脓,虫体前部埋入其中,或在黏膜下,有圆形包囊状物,内含虫体,即可确诊。

(4)防治 预防本病时,要做好定期预防性驱虫。加强饲养管理,提高机体抗病力。搞好猪场的清洁卫生,及时清除粪便,粪便堆积发酵。

治疗可用下列药物:

①左咪唑。每千克体重 8～10 mg,1 次喂服或肌肉注射。

②丙硫咪唑。每千克体重 15～20 mg,1 次喂服。

③敌百虫。每千克体重 100 mg,1 次喂服。

13. 猪棘头虫病

猪棘头虫病是由蛭形巨吻棘头虫寄生于猪小肠的一种寄生虫病,猫、犬和人也可感染。猪棘头虫病常呈地方性流行,春夏为易感季节，这与甲虫的出现有密切关系。仔猪拱土能力差，感染率低，肥育猪拱土能力强，感染率高，放牧猪比舍饲猪的感染率高，在流行严重的地区感染率可高达 60%～80%。

(1)病原　猪棘头虫是一种大型虫体，呈乳白色或淡红色，长圆柱形，前部较粗，后部较细。虫体前端有一近球形吻突，吻突上有数十个向后弯曲的小钩。雄虫长 7～15 cm，雌虫长 30～68 cm。

成虫寄生于猪小肠内，虫卵随粪便排到外界，被金龟子等甲虫幼虫吞食后，在肠内孵出棘头蚴，穿过肠壁，进入体腔，发育为棘头体，经 2～3 个月后，形成棘头囊，猪吃入含有棘头囊的甲虫、蛹、幼虫后造成感染。在猪的小肠内，棘头囊的吻突翻出，并固着于肠壁上，经 2～4 个月发育为成虫。成虫寿命 10～24 个月。

(2)症状　轻度感染时症状不明显，严重感染时，患猪消化机能障碍，食欲减退，腹痛，下痢，粪中带血，消瘦，贫血，生长发育停滞。当患猪由于肠穿孔而继发腹膜炎时，体温升高，剧烈腹痛，腹壁紧张，肌肉震颤，很快死亡。

(3)诊断　根据流行病学资料和临床症状，结合死后剖检空肠和回肠浆膜上可见有灰黄色或暗红色的豆大结节，结节周围有红色充血带，虫体离开寄生部位的陈旧结节变硬；肠黏膜发炎，肠壁增厚，有溃疡灶，肠腔内有虫体等，可做出诊断。

(4)防治　预防本病措施是定期对猪进行检查，发现病猪，及时驱虫。猪只圈养，及时清除粪便并进行生物热处理。

治疗可用下列药物：

①左咪唑。每千克体重 10 mg，肌肉注射，或每千克体重 25～30 mg，1 次喂服。

②丙硫咪唑。每千克体重 50 mg，配成灭菌溶液，腹腔内注射。

14. 猪疥螨病

猪疥螨病又叫疥癣，是由疥螨寄生于猪皮内引起的一种慢性接触传染性皮肤病，其临床特征是剧痒、皮炎、脱毛、结痂、渐进性消瘦，严重者引起死亡。各种年龄的猪均可感染，但以育成猪发病较多，而且症状严重。冬季和冬末春初，光照不足，阴暗、潮湿、寒冷，动物拥挤，疥螨病发病多，传播快，症状严重。在夏季，天气干燥，空气流通，阳光充足，则发病少，病势减轻。

（1）病原　疥螨呈淡黄白色，圆形，似龟状，背面隆起，腹面扁平。雄螨长 0.2～0.3 mm，雌螨长 0.33～0.45 mm。体背面有细横纹，在腹面幼虫有 3 对短而粗的足，若虫和成虫有 4 对。疥螨的整个发育和繁殖过程均在宿主的皮肤隧道内完成。疥螨在宿主皮下挖隧道，隧道每隔一定距离即有小孔通到外界，供空气流通和幼虫外出。

（2）症状　猪疥螨病通常起始于头部、眼周、颊部和颈部，以后蔓延至背部、躯干两侧及后肢内侧甚至全身，尤以仔猪病情最为严重。患猪皮肤发痒，常以肢搔痒或抵于墙角、饲槽等处擦痒。数日后，患部皮肤发炎、红肿，出现针头大小节，随后形成小水疱或脓疱。当水疱或脓疱破溃后，流出黄白体或血液、脓液，干涸后结成痂皮，病情严重者被毛脱落，皮肤增厚，粗糙形成皱褶，硬度增加，弹性降低，甚至龟裂。由于病猪烦躁不安，影响采食、休息和消化机能，生长停滞甚至减重，严重时消瘦、贫血，最后因衰竭而死亡。

（3）诊断　根据临诊症状可做出诊断。

（4）防治　预防本病应注意搞好环境卫生，保持猪舍干燥、通风良好、光照充足；环境和用具定期喷洒杀螨剂。

治疗猪疥螨的药物种类、制剂和用药方法很多，这里介绍几种药物和用法，供选用。

①2%～5%敌百虫水溶液或 1%～2%敌百虫废机油合剂。患部涂擦。

②0.025%～0.05%蝇毒磷水乳剂。喷淋、涂擦或药浴。

③0.1%～0.2%杀虫脒（氯苯脒）水乳剂。喷淋、涂擦或药浴。

④2.5%敌杀死(溴氰菊酯)乳油剂。用水 250～500 倍稀释，局部涂擦、喷淋、药浴。

⑤20%杀灭菊酯(戊酸氰醚酯,速灭杀丁)乳油剂。用水 1 000～3 000 倍稀释,局部涂擦、喷淋、药浴。

⑥10%二氯苯醚菊酯乳油剂。用水 1 000～2 500 倍稀释,局部涂擦、喷淋、药浴。

⑦2.5%双甲脒乳油剂(特敌克)。用水 250～500 倍稀释,涂擦或喷淋患部。

⑧伊维菌素(害获灭)或阿维菌素(虫克星)。按每千克体重 0.3 mg,皮下注射。

治疗前,在患部及其周围剪毛,除去污垢和痂皮,用温水洗刷后用药。首次用药后,间隔 5～7 d,再用药治疗 1 次。

15.猪蠕形螨病

猪蠕形螨病是由猪蠕形螨寄生于猪的毛囊和皮脂腺内引起的一种外寄生虫病。在我国分布较广,各种年龄的猪均可感染和发病,但以仔猪多发。

(1)病原　虫体狭长如蠕虫样,呈半透明乳白色,一般体长 0.17～0.44 mm,宽 0.045～0.065 mm。虫体由头、胸、腹 3 部分组成。成虫 4 对足,幼虫有 3 对足。蠕形螨多先寄生在发病皮肤毛囊的上部,尔后在毛囊底部。

(2)症状　猪蠕形螨病多发生于嫩细皮肤的毛囊、皮脂腺或皮下结缔组织中,一般先在眼周围、鼻部和耳基部发生,以后逐渐向其他部位蔓延,一般无痛痒或轻微痛痒。病变部出现针头大或米粒大的白色结节或脓疱,内含很多蠕形螨、表皮碎屑和脓细胞。患猪皮肤增厚、不洁、凹凸不平,被覆皮屑,并发生皲裂。严重病例,脓疱可能融合成大脓疱,破溃后流出脓状稠液,干涸后形成脓血痂。

(3)诊断　根据本病的临床症状多可做出诊断。

(4)防治　预防本病时，要搞好环境卫生，保持猪舍和运动场干燥，通风良好，光照充足。用杀螨剂对被污染的场所和用具进行消毒。

治疗可用伊维菌素或阿维菌素，每千克体重 0.3 mg，皮下注射，间隔 7～10 d 重复用药 1 次。

其他治疗药物如敌百虫、杀虫脒、敌杀死、杀灭菊酯等的用法、用量，参考猪疥螨病。

16. 猪虱病

猪虱病是由猪血虱寄生于猪体表引起的一种外寄生虫病。多寄生于猪的耳基部周围、颈部、腹下和四肢内侧。主要是健康猪与患猪直接接触而感染，其次是通过使用被污染的管理用具和褥草等传播。秋冬季节，虱病常较严重；夏季，猪体表的虱显著减少。

(1)病原　猪血虱个体较大，雌虱长达 5 mm，雄虱长 4 mm。虱背腹扁平，分头、胸、腹 3 部分。头部呈长圆锥形，比胸部显著狭窄。胸部腹面有 3 对粗短的腿。腹部分节。雌虱腹部末端分叉，雄虫末端钝圆。

(2)症状　猪虱穿刺皮肤吸血时，分泌有毒素的唾液，刺激神经末梢，引起痒感，病猪不安，影响采食和休息，有时在皮肤内出现小结节，小溢血点甚至坏死灶。患猪啃咬患部或蹭痒，造成皮肤损伤，脱毛，易继发细菌感染及化脓性皮肤炎。患猪消瘦，发育不良，生产性能降低。

(3)诊断　在猪的皮肤表面发现虱和虱卵，即可确诊。

(4)防治　应采取加强饲养管理，保持圈舍清洁卫生、通风、干燥，勤更换垫草等措施。

治疗猪血虱，用敌杀死、杀灭菊酯、二氯苯醚菊酯、敌百虫、敌敌畏、蝇毒磷、双甲脒等喷洒猪体，或用伊维菌素皮下注射，都有很好的效果，用法和用量参考猪疥螨病。在用药物杀灭猪体虱的同时，对被污染的场所和管理用具，应同时用杀虫药剂进行消毒，以便同步杀虫。

17.弓形虫病

弓形虫病是由龚地弓形虫寄生于猪、牛、羊、犬、猫、兔等多种动物体内的一种人、畜共患原虫病，对人、畜危害严重。多呈亚临诊型、隐性型或带虫者，显性感染者症状复杂。主要特征是发热、呼吸困难、咳嗽、肺炎、肝炎、淋巴结炎、死胎、流产、失明及神经症状。

猪弓形虫病的发生和流行无严格的季节性，但在5～10月份的温暖季节发病较多。各品种、年龄和性别的猪均可感染和发病，但以3～5月龄的猪发病最严重。

(1)病原　龚地弓形虫为细胞内寄生虫，根据其发育阶段分为5种不同形态，即存在于猪、人等中间宿主和终末宿主猫的非肠组织中的速殖子和组织包囊，存在于终末宿主猫肠上皮细胞内的裂殖体、配子体和卵囊。因此，猪体内的弓形虫仅有速殖子和组织包囊。

速殖子主要见于急性病例的血液、脑脊髓液和腹水中及有核细胞内。位于细胞外的速殖子称为滋养体，为游离的单个虫体，一端稍尖，另一端钝圆，呈新月形或香蕉形。

组织包囊也叫真包囊，主要见于慢性或无症状病例的脑、视网膜、骨骼肌、心、肺、肝、肾等组织内，呈圆形、卵圆形或椭圆形，包囊壁较厚，囊内含数个至数千个虫体。包囊内的虫体发育和繁殖慢，故称缓殖子。

速殖子、缓殖子或外界环境中的孢子化卵囊经消化道进入终末宿主猫的肠内，侵入上皮细胞，首先通过裂殖增殖产生大量的裂殖子，到一定阶段，部分裂殖子转化为雌、雄配子体，雌、雄配子进行配子生殖，最后形成卵囊，随猫的粪便排到外界环境中，经2～4 d的孢子生殖过程形成孢子化卵囊即感染性卵囊。猪、人等中间宿主吃入卵囊或含有滋养体或包囊的病肉而感染。

(2)症状　弓形虫对猪的致病力最强,危害最严重。

猪急性感染后,呈现和猪瘟极相似的症状。体温升高达 40～42℃,稽留 7～10 d,精神沉郁,食欲减退或废绝,但常饮水,先便秘后腹泻。结膜潮红,有黏液性或脓性分泌物。咳嗽、气喘、呼吸困难。体表淋巴结肿大,尤以腹股沟淋巴结肿大最明显。后期,病猪耳、四肢内侧和下腹部皮肤出现紫红色斑块或间有出血点,有的病猪出现癫痫样痉挛等神经症状,最后昏迷或因窒息而死。

急性病例耐过后,一般于两周后康复,但常遗留咳嗽、呼吸困难及后躯麻痹、癫痫样痉挛等神经症状。孕猪急性感染后,引起流产、死胎、畸胎或产出发育不全的仔猪。母猪在分娩后很快康复。

亚急性病例潜伏 10～14 d 或更长,症状似急性病例但较轻,病程亦缓慢。

慢性病例、隐性感染及愈后的带虫猪,一般无可见临诊症状。

(3)诊断　根据流行特点,临诊症状,剖检可见全身各脏器有出血斑点,全身淋巴结肿大,有大小不等的出血点和灰白色坏死灶,尤以肺门淋巴结、腹股沟淋巴结和肠系膜淋巴结最为显著;肺高度水肿,呈暗红色,小叶间质增宽,半透明胶冻样,气管和支气管内有大量黏液性泡沫,有的并发肺炎;肝脏灰红色,有散在灰白或黄色小点状坏死灶;脾脏早期肿大呈现棕红色,有少量出血点及灰白色小坏死灶;肾常见有针尖大出血点和坏死灶,以及磺胺类药的良好疗效而抗生素类药无效等可做出初步诊断。

(4)防治　预防本病应采取的措施是猪场内禁止养猫,消灭鼠类,禁用未煮熟的碎肉或洗肉水喂猪。猪舍保持清洁卫生,坚持定期消毒。发生过本病的猪场,饲喂每吨添加磺胺嘧啶 500 g 和乙胺嘧啶 25 g 的饲料进行预防,连喂 7 d。

常用的治疗药物与用法如下:

①磺胺嘧啶和乙胺嘧啶。分别按每千克体重 70 mg 和 6 mg,1 次内服,每日 2 次,连用 3～5 d。

②磺胺嘧啶和三甲氧苄氨嘧啶。每千克体重前者 70 mg,后者 14 mg,1 次内服,每日 2 次,连用 3～5 d。

③10%磺胺嘧啶钠注射液或 10%磺胺-6-甲氧嘧啶注射液。每千克体重 0.6～1 mL,肌肉注射,每日 1～2 次,连用 3～5 d。

④磺胺-6-甲氧嘧啶和甲氧苄氨嘧啶。每千克体重前者 70 mg,后者 14 mg,每日服 2 次,连用 3～5 d。

18.住肉孢子虫病

住肉孢子虫病是由住肉孢子虫寄生在猪的肌肉组织和犬、猫、人肠上皮细胞内所引起的一种人、畜共患原虫病。各品种、性别、年龄的猪均可感染,且感染相当普遍,但通常不显症状,由于大量虫体寄生,使局部肌肉变性而降低肉的品质。

(1)病原　猪住肉孢子虫有 3 种,分别是:猪犬住肉孢子虫、猪猫住肉孢子虫和猪人住肉孢子虫。在中间宿主猪体内,通常所见到的猪住肉孢子虫是寄生于肌肉组织间并与肌纤维平行的包囊状物。包囊长 0.5～4 mm,呈灰白色或乳白色。囊内有许多能活动的滋养体,呈香蕉形、镰刀形或橘瓣形,一端稍尖,另一端钝圆。

猪肉中含有滋养体的包囊被犬、猫、人等终末宿主吃入后,在其肠上皮细胞内进行配子生殖,雌、雄配子结合形成合子,发育成孢子化卵囊随粪便排出,但多数情况下,随粪排出时卵囊已破裂,排出的是椭圆形或近圆形的孢子囊,每个孢子囊内含 4 个长形弯曲的子孢子。

孢子化卵囊或孢子囊被中间宿主猪吃入后,子孢子进入血管内皮细胞进行裂体生殖,形成裂殖体和裂殖子,到一定阶段时,部分裂殖子进入横纹肌组织,形成滋养体和肌肉包囊。

(2)症状　猪一般不显症状。仔猪表现精神沉郁,腹泻,发育不良。严重感染时,表现厌食或食欲废绝,呼吸困难,贫血,不安,腰无力,肌肉僵硬,短时期的后肢瘫痪等症状。怀孕母猪易发生流产。

(3)诊断　生前诊断困难,应根据流行病学、症状,结合在心肌、膈肌等肌纤维中发现白色或灰白色包囊,钙化包囊呈黑色小团块或直杆状,包囊密集部位肌肉变性,色淡如煮肉样等病变,进行综合性判断。

(4)防治　加强肉品卫生检验,严禁用含住肉孢子虫的生肉喂犬、猫,防止犬、猫、人的粪便污染猪场、圈舍、饲料和饮水。人应注意饮食习惯,不吃生肉或未熟的肉类制品。

目前尚无特效治疗药物,可试用盐霉素、莫能霉素、氨丙啉等抗球虫药治疗。

19. 猪球虫病

猪球虫病是由猪的艾美耳球虫和等孢球虫寄生于猪肠上皮细胞引起的一种原虫病。该病分布广泛,温暖潮湿季节易发生本病。主要危害仔猪,成年猪多为带虫者,特征是食欲减退、下痢、消瘦。

(1)病原　蒂氏艾美耳球虫卵囊呈无色或淡黄色,长 12.8～78.8 μm,宽 12.8～19.2 μm,寄生于猪的小肠、盲肠和结肠。粗糙艾美耳球虫卵囊呈褐色,长 22.4～35.6 μm,宽 16～25.6 μm,寄生于猪的小肠。

球虫卵囊随猪粪便排出,在适宜的温度(20℃)和湿度等外界环境中,经 7～8 d 完成孢子生殖过程,形成具有感染性的孢子化卵囊。其污染猪的饲料和饮水,被猪经口吃入后,卵囊壁被消化液溶解,子孢子逸出,侵入肠上皮细胞内进行裂体生殖,形成许多裂殖体和裂殖子。裂体生殖进行到一定时期后,部分裂殖子侵入新的上皮细胞内,形成雌、雄配子体,其再分别发育成雌、雄配子,雌、雄配子结合形成合子,合子分泌物形成被膜,即成为卵囊。

(2)症状　病猪主要表现为食欲减退,下痢与便秘交替出现(粪内不带血液),逐渐消瘦。一般患猪均能自行耐过,逐渐康复,但成为带虫者,可持续排出球虫卵囊而成为本病的传染源。下痢特别严重的病猪,粪便呈黄白色液状或糊状,偶尔可见血便,最终可能因严重脱水而死亡。

(3)诊断　应结合临诊症状、流行特点、剖检病变和病原检查进行综合诊断。

(4)防治　本病的预防措施是仔猪与成年猪分群饲养，以免带虫的成年猪散播病原导致仔猪暴发球虫病。加强饲养管理，喂给全价饲料，提高机体抗病力。经常清扫圈舍、运动场，将猪粪集中发酵，生物热杀灭卵囊。

常用防治球虫病的药物为：

①氨丙啉。每千克体重 25～65 mg，拌料或饮水喂服，连用 3～5 d。

②磺胺二甲嘧啶。每千克体重 200 mg，内服，连用 3～5 d。

20. 结肠小袋纤毛虫病

结肠小袋纤毛虫病是由结肠小袋纤毛虫寄生于猪结肠上皮细胞内所引起的一种寄生虫病。特征是腹泻和消瘦。各品种、性别、年龄的猪均可感染结肠小袋纤毛虫，但多仔猪发病，尤其是刚断奶不久的仔猪。一年四季均可发生，但多发于冬春季节。

(1)病原　结肠小袋纤毛虫在发育过程中有滋养体和包囊两种形态。滋养体呈卵圆形，一般长 50～200 μm，宽 30～100 μm。包囊呈近圆形或椭圆形，直径 40～60 μm，囊壁厚而透明。

结肠小袋纤毛虫的包囊被猪等食入后，囊壁在肠内被消化，虫体逸出变为滋养体，进入大肠寄生，以横二分裂法进行繁殖。部分滋养体变圆，由分泌物形成囊壁包围虫体形成包囊，随粪排到体外。随粪排出的滋养体，在外界环境也可形成包囊。

(2)症状　成年猪感染后无症状，但是主要传染源。仔猪感染后，潜伏期 5～16 d。主要症状为腹泻，粪呈粥样，混有黏液及血液，有恶臭气味。一般无体温反应。后期病猪精神沉郁，极度消瘦。

(3)诊断　根据临床症状、流行特点，结合剖检发现盲肠和直肠黏膜显著肥厚、充血、坏死,重者形成绿豆大到黄豆大溃疡等进行综合性判断,确诊需进行粪便检查,粪发现滋养体或包囊即可。

(4)防治　预防重点为保持猪场的环境清洁卫生和做好经常性消毒工作,及时清除猪粪,堆积发酵,杀灭虫体。

治疗可用下列药物:

①呋喃唑酮(痢特灵)。以0.02%~0.04%的浓度混入猪饲料中,喂服。

②卡巴胂。每日0.25~0.5 g,分2次内服,连用10 d。

③甲醛。0.1%甲醛溶液200~500 mL,加热到体温后灌肠。

三、内科疾病

1. 消化不良

消化不良是胃肠黏膜表层性炎症引起的胃肠消化障碍,是猪的常见的消化道疾病。

引起消化不良的因素很多,如突然变更饲料,饲喂不定时定量,过饥或过饱,饲料发霉变质,遭受冰冻霜打,虫蛀,饮水不洁或不足,气候骤变,机体受寒等,都能引起消化不良。此外,还常继发胃肠道寄生虫病、牙齿病、骨软症、维生素缺乏及某些传染病。

(1)症状　病猪体温无明显变化,表现精神不振,常喜卧于暗处。食欲不定,时好时坏,采食时常中途退槽,咀嚼缓慢,呕吐,常有异嗜。有的病猪排少量干硬粪球,表面附有灰白色黏液,味腐臭,尿少而黄。有的发生腹泻,粪便稀软或水样,混有消化不全的饲料,无异臭,有时腹痛,小便清长。有的便秘与腹泻交替出现。病猪逐渐消瘦,被毛粗乱无光泽,行动迟缓,并呈现贫血。

(2)防治　预防本病的主要措施是改善饲养管理,消除病因,如饲料不能过热过冷,应定时定量,避免过饱过饥,饮水要洁净,禁止饲喂发霉变质的饲料,注意防寒保温等。发现病猪应及时治疗。

对粪便干硬、量少者,可用硫酸镁30~80 g或人工盐40~

100 g,石蜡油或植物油 50～100 mL,龙胆酊或大黄酊 20～30 mL,常水 600～1 600 mL,1 次内服。当粪便已经变软,可给予人工盐、酵母粉、食醋、胃蛋白酶等健胃剂,调节胃肠机能。对以腹泻为主要症状的病猪,可用磺胺脒合剂(磺胺脒 1 份,酵母粉 1 份,鞣酸蛋白 2 份)12～15 g,每天 3 次内服,或磺胺脒每千克体重 5～10 mg 及等量的碳酸氢钠、矽炭银 2～8 g,加常水适量,1 次内服,每天 2 次,连用 5～7 d。水泻严重,应及时静脉注射 5%葡萄糖盐水250～500 mL。

2. 胃肠炎

胃肠炎是胃肠表层黏膜及深层组织的重剧炎症过程,以严重的胃肠机能障碍和自体中毒为特征。

原发性胃肠炎的病因与急性胃肠卡他的病因基本相同,只是其致病作用更强烈、更持久。继发性胃肠炎,常见于消化不良,猪传染性胃肠炎、流行性腹泻、猪瘟、猪副伤寒和胃肠寄生虫病。

(1)症状　病初体温即升高到 40～41℃,这是与消化不良的重要区别之一。病猪精神沉郁,卧地不起,间或发生腹痛不安,病初出现呕吐,食欲废绝,饮欲增加。眼结膜暗红,很快转为发绀。

剧烈而持续的腹泻,是胃肠炎的主要症状。病猪不断排出软粪或水样恶臭或腥臭粪便,混有数量不等的黏液、血液、脓液及坏死组织碎片。病至后期,肛门松弛,排粪失禁或不断努责而无粪便排出。

脱水症状明显,眼球凹陷,角膜干燥,腹部卷缩,血液浓稠,暗红色,尿少而黄,甚至无尿。耳尖及四肢皮温发凉,四肢无力,起立困难,最后全身衰竭而死。

(2)防治　胃肠炎的预防措施,基本上与消化不良相同,加强饲养管理,不喂发霉变质和有刺激性的饲料,防止化学药品混入饲料,搞好环境卫生,注意防止寒冷袭击和雨雪浇淋,防止本病的发生。发现病猪,抓紧治疗。

治疗本病以抑菌消炎，纠正脱水和酸中毒，调节电解质平衡，加强护理为原则。

灌服或自由饮用0.1%高锰酸钾溶液200～500 mL，每日1～2次，抑菌消炎。

庆大霉素，每千克体重0.001～0.002 g，肌肉注射，每日2次；磺胺脒，每千克体重0.14 g(第一次加倍)，加等量碳酸氢钠，内服，每日2次；氟哌酸(诺氟沙星，每个胶囊含0.1 g)1次2～4粒，内服，每日2次。

如腹泻不止，粪稀如水，臭味不大时，可用活性炭20～50 g或矽炭银3～5 g，1次灌服，每日2次。

为解除机体脱水，纠正酸中毒和补充电解质，维护心脏功能，可用5%葡萄糖生理盐水1 000～1 500 mL、10%安钠咖注射液5～10 mL、25%维生素C 2～4 mL、5%碳酸氢钠30～80 mL，1次静脉注射，每日2～3次。为保证脱水缺多少补多少，也可灌服或直肠灌注口服补液盐500～1 000 mL，每日3～4次。

胃肠炎症状缓解后，可用酵母片、乳酶生各5 g，胃蛋白酶2 g，加水适量，1次灌服，可增加疗效，防止复发。

3. 便秘

便秘是由于肠运动和分泌机能降低，肠内容物停滞于肠道而未能及时排出，逐渐变干变硬，最终肠道完全秘结的一种常见病。

长期饲喂粗硬饲料，如稻壳磨的糠、谷糠，而且占日粮的比例较大，或饲喂过细的粉状饲料，缺乏青饲料，或天气炎热，饮水不足，以及饲养密度过大，运动不足，母猪分娩时间过长，患有伴有胃肠迟缓的传染病和寄生虫病等，都可导致肠迟缓发生便秘。

(1)症状　一般体温不高，当猪尚能排出少量干硬粪球时，食欲一般不受影响。此时，若不给予适当治疗，则可发生便秘。病猪食欲废绝，停止排粪，常作排粪姿势并表现不安，随后好卧而不愿行动，按压后腹部可触到坚硬粪块，有时指检直肠也可触到粪块。

随着病程延长，可见结膜充血发红，尿少色黄，有时由于结肠中的粪块压迫膀胱，可能发生尿闭症状。继发肠臌气时，腹部膨大。

(2)防治　预防本病的措施是供给充足的饮水，经常给予多汁的青绿或块根饲料，适当运动。当猪，特别是怀孕母猪出现排粪减少，粪球干小时，立即增加青绿多汁的饲料，或增加麦麸的用量，有很好的预防效果。发病后及早予以治疗。

首先用温肥皂水 1 000～2 000 mL 作深部灌肠，同时用手指挖出阻塞于直肠内的粪球。液体石蜡或植物油 50～100 mL、鱼石脂 3～5 g、酒精 20～30 mL、硫酸镁或硫酸钠 50～100 g，加水 1 000～2 000 mL1 次灌服。

如眼结膜潮红、尿少而黄，用 5% 葡萄糖生理盐水 500～1 500 mL，1 次静脉注射，也可灌服或直肠灌注口服补液盐 1 000～2 000 mL。

4. 胃溃疡

胃溃疡是一种慢性应激性疾病，在集约化、机械化封闭饲养的猪群中发生较多。在口蹄疫、猪瘟、慢性猪丹毒、红色猪圆线虫等疾病经过中，也可发生。

本病多由神经因素引起。此外，饲喂含高玉米淀粉、低蛋白的饲料，饲料中不饱和脂肪酸和氧化性不稳定的脂肪酸及维生素 E 和硒的平衡被打破，也可导致本病发生。

(1)症状　急性病例，可发生于任何年龄的猪，发病很急。可见明显的皮肤、黏膜贫血苍白，病猪虚弱无力，呼吸加快，有的出现呕血、便血，大便干结也是常见的症状，体温正常或略低。常在运动或兴奋之后突然死亡。死亡原因主要是胃溃疡出血，剖检可见尸体、黏膜极度苍白，广泛性胃内出血。

亚急性和慢性病例，8 周龄以上的猪比较常见，与品种、性别无关。病程持续时间较长，可见厌食、贫血、体重减轻等，有时可出现间歇性或持续性排出黑色粪便，有的排出黑色干燥或黑色弹丸状的粪球,这种症状可持续几天,病程可长达1～7周。

(2)防治　预防本病最重要的是消除诱发因素,饲料不可磨得太细,避免受潮发霉,以防止不饱和脂肪酸的含量增加,增加饲料中维生素E及硒的含量。尽量减少或避免应激因素(如过分拥挤、潮湿、通风不良、惊恐、注射、转群等)对猪只的刺激,诱发或加重溃疡的发生。必要时用氯丙嗪按每千克体重1～2 mg进行肌肉注射,可达到镇静目的。

若能及早确诊,可应用抗胃酸的药物如氢氧化铝、硅酸锰等药物,有一定的疗效。在日粮中混入维生素E及硒有时也具有保护作用。在治疗过程中,加强对病猪的护理,将那些疑似患有溃疡的猪隔离饲养,保持安静,促进愈合。

5.感冒

感冒是一种由寒冷刺激所引起的以上呼吸道黏膜炎症为主症的急性全身性疾病。临床以体温升高、咳嗽、羞明流泪和流鼻涕为特征,无传染性。一年四季可发,但多发于早春和晚秋气候多变之时,仔猪多发。

猪舍防寒差,门窗破损,贼风侵袭,阴冷潮湿,或天气突变,遭受寒潮侵袭,雨雪浇淋,长途运输等,都可使机体抵抗力降低,使上呼吸道中的病原微生物大量繁殖而发病。

(1)症状　体温升高至40℃以上,精神沉郁,食欲减退或废绝,鼻盘干燥,结膜潮红,羞明流泪,有眼眦,口色微红,耳尖、四肢发凉,畏寒战栗,喜钻草堆,卧地不起。呼吸加快,咳嗽,喷嚏,初流清水鼻液,以后流黏液脓性鼻液,常便秘,个别发生腹泻。

(2)防治　加强管理,要保持猪舍干燥、清洁卫生、保暖,在早春、晚秋气候易变季节避免贼风侵袭,防止雨雪浇淋可有效预防本病发生。发现病猪,及早治疗。

30%安乃近注射液或安痛定注射液10～30 mL,或柴胡注射液5 mL(体重50 kg用药量),肌肉注射,每日2～3次,连用4～

5 d。为防止继发感染，可用青霉素 80 万～160 万 IU、链霉素 50 万～100 万 IU，用安乃近注射液或安痛定注射液稀释，1 次肌肉注射，每日 2～3 次，连用 4～5 d。或复方新诺明 10～20 mL，肌肉注射，每日 2 次，连用数天。切忌用药后，病猪体温下降，食欲恢复，停止用药，导致病情反复。便秘时用温肥皂水灌肠，同时灌服硫酸钠、人工盐、石蜡油等泻药。

6. 肺炎

肺炎是肺脏炎症的总称，主要由受寒感冒引起。猪舍通风不良，不及时清理粪便，使氨气、硫化氢等有害气体和灰尘浓度过高，刺激呼吸道黏膜，是目前规模化养猪场发生肺炎最常见的原因。此外，肺丝虫病、蛔虫病及流感等也能引发本病。

（1）症状　肺炎的共同症状是病猪体温升高到 40℃以上，精神沉郁，食欲大减，被毛粗乱无光泽，卧地不起，日渐消瘦。鼻流浆液性、黏液性或黏液性脓性鼻液，咳嗽，打喷嚏，呼吸迫促，重者则发生气喘。

（2）防治　加强饲养管理，消毒要彻底，猪舍要做到清洁、干燥，防寒保暖，加强通风，及时清除粪便，减少有害气体产生，降低饲养密度，可有效防止本病的发生。发现病猪抓紧治疗。

可用青霉素、链霉素、卡那霉素、氨苄青霉素、头孢霉素等抗生素和喹喏酮类药物进行治疗，治疗时应选择病原菌敏感的药物，防止产生抗药性。

7. 中暑

中暑是日射热病和热射病的总称，多发生于肥育猪和怀孕母猪。

日射病在盛夏酷暑，猪只暴露于炎炎烈日之下，或在车船运输途中，没有采取防暑遮阴措施，头部在强烈日光照射下，脑及脑膜过热，使中枢神经受到严重损害。热射病是在闷热潮湿的环境中，气温高，湿度大，饲养密度大，通风不良，或车船运输时，过于拥挤，体热放散困难，产热与散热失去平衡，体内积热，导致脱水、酸中毒、循环和呼吸机能迅速衰竭而死亡。

(1)症状　日射病表现突然发病，体温升高，精神高度沉郁，呼吸困难，可视黏膜发绀，四肢无力，站立行走不稳，共济失调，突然倒地，四肢作游泳状划动。目光狞恶，眼球突出。瞳孔散大，意识丧失，迅速死亡。

热射病时，体温升高达 42～44℃，皮温灼热烫手，呼吸高度困难，张口伸舌，口吐白沫，结膜发绀，卧地不起，昏迷、战栗、痉挛。病程短者可在 2～3 h 后死亡，长者要在 2～3 d 死亡。

(2)防治　在炎热的夏季，加强猪舍通风，避免潮湿、闷热，保证充足饮水，降低饲养密度，都是很好的预防方法。实践证明，在猪栏上方铺设塑料管，在管上扎一小孔，通上水后让猪自由淋浴，可有效防止中暑。

将病猪置于阴凉通风处，用冷水浇淋头部，或深部反复灌肠。

治疗可选用如下药物：

2.5%盐酸氯丙嗪注射液，按每千克体重 1～2 mg 肌肉注射，以散发体热。同时应用 10%安钠咖注射液 5～10 mL，肌肉或皮下注射，以兴奋中枢神经系统。

对有高热症状的病猪，可剪耳或断尾，放血 100～200 mL，在静脉或腹腔注射复方氯化钠溶液 300～500 mL。为解除或防止酸中毒，可用 5%碳酸氢钠注射液 50～100 mL，静脉注射。

病的恢复期，可给予健胃剂如人工盐、大黄苏打片等。

8. 初生仔猪溶血病

带有种公猪血型的胎儿与母体血型不同，胎儿红细胞经胎盘或分娩时出血，进入母体血液循环，刺激母体产生能使仔猪红细胞凝集崩解的特异性抗体，妊娠末期开始泌乳时进入初乳，新生仔猪吮食初乳后经小肠吸收，与红细胞上的抗原结合，发生红细胞凝集崩解而发病。

本病临床上较少见,仅发生于个别窝仔猪中,刚生出的仔猪吃初乳后不久,迅速出现黄疸、贫血、血红蛋白尿,死亡率极高。

(1)症状　仔猪出生后一切正常,吃初乳后数小时至十几小时,整窝小猪发病。表现精神委顿,停止吃奶,怕冷,衰弱,眼结膜黄染逐渐加深,杏黄色;排黄色或红褐色血红蛋白尿,似红葡萄酒样;体温正常或下降,心跳加快,呼吸浅表,昏迷倒地,休克死亡。

(2)防治　仔猪仅发生黄疸,尚未出现血红蛋白尿时,立即寄养于其他母猪,或人工哺乳,一般经 3 d 后症状逐渐减轻,15 d 后黄疸症状全部消失。如果仔猪已经出现血红蛋白尿,应立即输入经交叉配血试验互不凝集的血液,也可输入经过用生理盐水洗涤的母猪红细胞悬液,可收到很好的治疗效果。

发现本病后,下次配种更换种公猪。

9. 猪应激综合征

应激是指机体在受到各种内外环境因素刺激时所出现的非特异性全身反应。任何刺激,只要达到一定强度,除了引起与刺激因素直接相关的特异性变化外,还可引起一组与刺激因素的性质无直接关系的全身性非特异性反应。以良种猪、瘦肉型、长速快的猪多发生,而当地土种猪发生少。

任何一种刺激只要达到一定强度,都可成为应激原,如高产、改变饲喂方法、更换饲料、营养缺乏、断水、断料、环境变化、畜禽舍中有害气体浓度过高、拥挤、混群、捕捉、惊吓、运输、过冷、过热、缺氧、感染、过劳、创伤、疼痛、中毒等,都可引起非特异性的应激反应。如每当雨雪天气时,仔猪发生腹泻明显增多,就是应激的很好的例证。

(1)症状　猪由不良应激引起发生的疾病很多,常见的有下列疾病。

①猝死综合征。这是应激反应的最严重形式,常见于抓捕、惊吓或注射时,事先看不到症状而突然死亡。有的公猪甚至在配种

时，因过度兴奋而突然死亡。

②猪应激综合征。这种情况多见于应激敏感猪，主要由运输应激、热应激、拥挤应激等造成。早期症状表现为肌肉震颤、尾抖，继之则呼吸困难、心悸、皮肤出现红斑或紫斑，体温上升，可视黏膜发绀，最后衰竭死亡。死后尸僵快，尸体酸度高。肉质改变，如水猪肉、暗猪肉、背最长肌坏死等。因应激原和作用时间的差异而有不同的表现形式。

a. 猪心性急死：仔猪和肥育猪都可发生，死亡多突然发生于酷热的夏季，事先无任何症状。主要特点是急性死亡和心肌及全身骨骼肌变性。

b. 桑葚心病：主要发生于 3～4 月龄的小猪，常突然暴发死亡，病因不明。最典型的病变是心肌广泛出血，使心脏外观如桑葚。

c. 水猪肉（PSE 猪肉）：猪肉色泽灰白，质地松软，缺乏弹性，切面多汁。组织学检查，肌纤维变粗、分离，横纹消失，甚至坏死。其发生与遗传易感性关系密切，主要由于宰前运输、拥挤、热或电应激反应，导致部分肌肉发达的猪过度应激，肌肉强直，糖原酵解过多，生成大量乳酸，致 pH 下降到 5.7 以下。再加上屠宰前后的高温和肌肉痉挛所产生的僵直热，致使肌纤维发生变性，肌浆蛋白凝固收缩，肌肉保水能力下降，使游离水增多且迅速由肌细胞渗出。水猪肉的好发部位主要是眼肌、背最长肌、半腱肌、半膜肌，其次是腰肌、股肌等。由于水猪肉不新鲜，营养价值降低，虽能食用，但属次品。即猪肉色泽灰白，质地松软，缺乏弹性，切面多汁。

d. 暗猪肉：暗猪肉又名 DFD 猪肉，即猪肉色泽深暗，质地粗硬，切面干燥，主要见于强度较小而时间较长的应激反应。这类猪的肌糖原消耗较多，储备水平非常低，产生乳酸较少，而且多被呼吸性碱中毒所中和，故出现 DFD 肉变化。这种肉保水能力较强，切割时不见汁液渗出。

e. 猪应激性溃疡：是在严重应激反应中所发生的急性胃、十二指肠黏膜溃疡。常见猪在斗架、运输、严重疾病中突然死亡。剖检可见胃和十二指肠黏膜有细小、散在的点状出血，线状或斑片状浅表糜烂，或浅表呈多发性圆形溃疡，边缘不整，但不隆起，深度一般达黏膜下层，也可深达肌层，甚至造成胃肠壁穿孔。

f. 消化道菌群失调：在突然变更饲料或饲喂方法、市场交易、转圈混群等应激状态下，猪消化道的正常微生物区系遭到破坏，致使大肠杆菌、沙门氏菌等菌群的致病菌株大量繁殖，加之应激时胃肠道黏膜损伤，从而引起细菌性肠炎或引起更为严重的细菌性败血症。

③猪恶性高热综合征。多见于待宰的肥猪，前期表现肌肉颤抖和尾发抖，继之呼吸困难，体表有充血紫斑，体温迅速上升，可达42～44℃，心跳亢进，后肢痉挛收缩。

④咬尾症。当饲养密度高，天气骤变，饲料改变时，易发生咬尾，可一个咬一个连成一大串。发生咬尾的时间多发生于下午。

(2)防治　给动物创造舒适的小环境和改善饲养管理，是预防应激的有效措施，为此，应尽量消除应激原，如捕捉、驱赶、转群、注射等，突然变更饲料、降低密度、防止过热和过冷的刺激等。饲料中适当添加碳酸氢钠、有机酸(如琥珀酸、苹果酸、枸橼酸)、维生素、微量元素，尤其是维生素 E 和微量元素硒，有一定的预防效果。

预防应激的根本措施是选育抗应激品种，但目前可用适当的刺激的方法，提高动物的抗应激能力。

当应激发生后，可用氯丙嗪按每千克体重 1～2 mg 肌肉注射，并应用 5%碳酸氢钠溶液，纠正酸碱平衡障碍。及时正确地处理伴有病理性应激的疾病或病理过程如烧伤、创伤、感染、休克等，以尽量防止或减轻对机体的不利影响。采取一些针对应激本身所造成损害的措施，例如在严重创伤后加强不经胃肠道的营养补充，其目的之一就是弥补应激时因高代谢率和蛋白分解加强所造成的机体的消耗。急性肾上腺皮质功能不全（如肾上腺出血、坏死）或慢性肾上腺皮质功能不全时，或者由于应激时肾上腺糖皮质激素受体明显减少，病情危急，应及时大量补充肾上腺糖皮质激素。

四、营养代谢疾病

1. 仔猪缺铁性贫血

仔猪缺铁性贫血是指15～30日龄哺乳仔猪由于缺铁所引起的一种营养性贫血，多发生于冬末、春初以舍饲为主的仔猪，特别是以水泥为地面而不采取补铁措施的集约化养猪场发病较多。

(1)症状　本病多发生于封闭式饲养的哺乳仔猪。病猪精神沉郁，食欲减退，离群伏卧，营养不良，被毛粗乱；可视黏膜呈淡蔷薇色，轻度黄染，重症者黏膜苍白，呼吸加快。有的仔猪外观很肥胖，生长发育也较快，可在奔跑中会突然死亡。血液色淡、稀薄，不易凝固。若诊断正确，治疗及时，大多数预后良好。

(2)防治　发现本病立即生血素、富力铁等铁制剂肌肉注射，效果良好。仔猪出生后3～5 d补铁，有良好的预防效果。

2. 钙磷缺乏症

钙磷缺乏症是由饲料中钙和磷缺乏或者二者比例失调引起。维生素D缺乏、胃肠道疾病、寄生虫病、先天性发育不良等，以及肝、肾疾病也可影响钙、磷及维生素D的吸收利用。

幼龄猪表现为佝偻病，成年猪则发展为骨软病。临床上以消化紊乱、异嗜癖、跛行、骨骼弯曲变形为特征。

(1)症状　先天性佝偻病常表现为新生仔猪颜面骨肿大，硬性腭突出，四肢肿大，不能屈曲，全身衰弱无力。后天性佝偻病发病缓慢，早期呈现食欲减退，消化不良，不愿站立和运动，出现异嗜癖。随着病情的发展，关节肿胀，跛行，颜面骨膨隆，采食咀嚼困难。成年猪的骨软症多见于母猪，尤其哺乳母猪。病初表现为以异嗜为主的消化机能紊乱，随后出现运动障碍，腰腿僵硬、弓背站立、运步强拘、跛行，经常卧地不动或匍匐姿势，滑倒后易发生骨折和肌腱附着部撕脱。

(2)防治　改善饲养管理，调整饲料中的钙、磷比例，添加维生素D，适当运动和照射日光，可预防本病发生。对症状明显的仔猪，可用维丁胶性钙注射液，按每千克体重0.2 mg，隔日1次肌肉注射，成年猪静脉注射10%葡萄糖酸钙50～100 mL，每日1次，连用3 d。

3. 硒缺乏症

硒缺乏症多发生于1～3月龄的仔猪，母猪妊娠期间缺乏可导致仔猪发病增加，甚至新生仔猪因缺硒而突然发病，成年母猪和肥育猪也有发生。主要是由于饲喂我国缺硒地区出产的玉米，饲料中又不添加亚硒酸钠引起。

(1)症状　发病初期症状不明显，仅见仔猪皮肤苍白，结膜呈轻度黄白色，后期呼吸困难、后肢行走困难或瘫痪。有的新生仔猪出生1～2 d，表现全身震颤，有时发出嘶哑的尖叫声，而后很快倒地死亡。个别母猪有产死胎的现象，每窝少的1～2头，多的3～4头。

剖检可见皮下水肿，呈胶冻样，肌肉苍白，两后肢腿肌呈对称性熟肉色。肝脏肿大，质变脆弱，色泽变淡，或呈土黄色，切面偶见花肝病变。肾肿大，有少量点状出血。心肌质地柔软，心肌纤维有灰白色纤细的坏死条纹，心包积液增多。肺脏气肿，间质增宽，胸腔有淡黄色渗出液。

(2)防治　饲料中添加维生素E和微量元素硒，初生仔猪出生第七天用0.1%亚硒酸钠溶液肌肉注射1～2 mL，可有效地预防本病。

4. 猪锌缺乏症

猪锌缺乏症是饲料中锌含量绝对和相对不足所引起的一种营

养缺乏症状，又称皮肤不全角化症。该病是一种慢性、非炎性疾病，临床上主要以生长缓慢、皮肤角化不全、繁殖机能障碍及骨骼发育异常为特征。本病发病率高，但一般无死亡。

(1)症状　猪只生长发育缓慢乃至停滞，被毛粗糙无光泽，全身脱毛，皮肤角化不全，个别变成无毛猪，猪只腹下、背部、股内侧和四肢关节等部位的皮肤发生对称性红斑，继而发展为直径3～5 mm的丘疹，很快表皮变厚，有数毫米深的烈隙，增厚的表皮上覆盖容易剥离的鳞屑，虽无痒感，但常继发皮下脓肿。伤口愈合缓慢，而补锌则可迅速愈合。

公猪性欲降低，睾丸、附睾发育不良，精子生成受阻，活力降低。母猪出现假发情，屡配不孕，产仔数减少，胎儿畸形，弱胎和死胎增加，新生仔猪成活率降低。

(2)防治　饲料中加入0.02%的硫酸锌或碳酸锌、氧化锌对本病兼有治疗和预防作用。对病猪按每千克体重每日1次肌肉注射碳酸锌2～4 mg，连续使用10 d，1个疗程即可见效。

5. 维生素A缺乏症

本病多由于长期大量喂含维生素A原极少的饲料(如棉籽饼、亚麻籽饼、甜菜渣、萝卜、红薯渣等)而又不补充维生素A引起。猪在泌乳、妊娠、生长高峰期以及热性病期间，对维生素A的需要量增加，患有慢性病时维生素A吸收不良等也可发生。

(1)症状　患病猪典型的症状是皮肤粗糙，皮屑增多，有的周身表皮分泌褐色渗出物。呼吸器官和消化道黏膜有不同程度的炎症，出现咳嗽、下痢、生长发育缓慢。有时病猪目光凝滞、瞬膜外露，继之发生抽搐，角弓反张，四肢间歇性作游泳状动作。重症病例面部麻痹，头颈向一侧歪斜，步样蹒跚，共济失调，不久即倒地并发出尖叫声。

妊娠猪常发生流产，产出死胎、弱胎和畸胎。公猪则表现睾丸退化缩小，精液品质差，受精率降低。

(2)防治　饲料中添加维生素 A 可有效预防本病。病猪可用维生素 A 注射液 2.5～5 IU，肌肉注射，每日 1 次，连用 5～10 d。对眼部、呼吸道和消化道的炎症可进行对症治疗。

6. 猪维生素 B_1 缺乏症

本病是由于饲料中维生素 B_1 不足，或含有干扰维生素 B_1 利用的物质存在所引起的一种营养缺乏病，临床表现以神经症状为特征。

(1)症状　临床上仔猪较成猪多发，发病缓慢，病程长达 7～10 d。患猪表现精神不振，食欲不佳，便秘，生长缓慢或停滞，全身虚弱无力，被毛粗乱，瘫痪，行走摇晃，共济失调，后肢跛行。严重时，眼睑、颌下、胸腹下、后肢内侧水肿。心动过缓，心肌肥大。后期皮肤黏膜发绀，体温下降，心搏亢进，呼吸促迫，最终衰弱而死。

(2)防治　强饲养管理，在饲料中添加多种维生素可预防本病。治疗时，可用维生素 B_1 每千克体重 0.25～0.5 mg，肌肉注射，每日 1 次，连用 3 d。每日内服酵母片 5～10 g 也有治疗效果。

7. 猪维生素 B_2 缺乏症

本病主要是因饲料中维生素 B_2 含量不足引起，临床上以生长发育不良、角膜炎、皮炎和皮肤溃疡为特征。

(1)症状　维生素 B_2 缺乏时，患猪食欲不振，腹泻，生长缓慢，被毛粗糙无光泽，步态僵硬，行走困难，全身或局部脱毛，皮肤变薄、干燥，出现红色斑疹、鳞屑，甚至溃疡。该病常发生于病猪的鼻端、耳后、下腹、大腿内侧，初期有黄豆大至指头大的红色丘疹，破溃后形成黑褐色痂。妊娠母猪发生早产，产出死胎或畸形胎，新生仔猪衰弱，一般在生后 48 h 内死亡。

(2)防治　在饲料中添加多种维生素，可预防本病。治疗时可肌肉注射维生素 B_2，每头猪 0.02～0.03 g，每日 1 次，连用 3～5 d。

8. 猪异食癖

猪异食癖多发生于消化不良、某些慢性消耗性疾病(如慢性猪瘟、副伤寒等)和肠道寄生虫病等的经过中，一般认为与机体缺乏维生素、矿物质、某些蛋白质和氨基酸有关。

(1)症状　一般多以消化不良、食欲减退开始，继而出现味觉异常和异食癖，表现食平时不吃的异物，如粪尿污染过的垫草、泥土、骨块、毛发、炉渣、破布、树皮、木块，以及舔墙啃土等。有的母猪产后吞吃胎衣或仔猪，有的猪互相啃咬耳朵或尾巴。病猪逐渐消瘦，弓背，磨牙，口腔干燥，被毛松乱无光泽，皮肤干燥。开始多便秘，后下痢，或便秘与下痢交替发生。发育迟缓，贫血，重者衰竭死亡。

(2)防治　在查明病因的基础上，有的放矢地改善饲养管理，给予全价饲料，补充维生素、微量元素，保证钙磷比例，定期驱虫。发现病猪立即隔离，防止其他猪只模仿。积极治疗可能查到的原发病，如消化不良、蛔虫病、骨软症、佝偻病等。

五、中毒性疾病

1. 有机磷农药中毒

有机磷农药中毒常因误食喷洒过有机磷农药的蔬菜，或用敌百虫驱虫用量过大，或用敌百虫治疗外寄生虫病，被猪舔食而引起，有时也见于人为投毒。

(1)症状　病猪呼吸困难，大量流涎，腹痛不安，肠音增强，不断腹泻，瞳孔缩小，肌肉痉挛，眼球震颤。病情恶化后，陷于麻痹，昏迷，瞳孔极度缩小，终因呼吸肌麻痹，循环衰竭而死亡。

(2)防治　首先皮下或肌肉注射硫酸阿托品 5～10 mg，每 30～45 min 1 次，以缓解症状。当流涎减少或停止，瞳孔较前扩大不再缩小，腹泻次数减少，粪便变稠，呼吸平稳后，改为维持量 3～5 mg 肌肉注射，45～60 min 1 次，数小时后，病情明显好转，可停药。轻度中毒时，可单用阿托品治疗，中度或重度病例，在应用阿托品的同时，每千克体重应用氯磷定 5～10 mg，溶入生理盐水中静脉或肌肉注射。应用解磷定时，用量比氯磷定稍大。

2. 亚硝酸盐中毒

白菜、菠菜、萝卜叶、南瓜秧、甜菜、野苋菜、野生猪菜等青绿蔬菜富含硝酸盐，这些饲料如果蒸煮不透或闷在锅内不搅拌，不揭盖，温度在 40～60℃放置过久，或发生腐烂，由于细菌的作用，使硝酸盐迅速转变为剧毒的亚硝酸盐，猪食后发生中毒。

(1)症状　猪在吃饱后不久，短的数分钟，长的 1～2 h，突然发病。

最急性病例，稍显不安，即站立不稳，突然倒地，四肢乱划，很快死亡。

急性病例，呈现呼吸困难，张口伸舌，口吐白沫，流涎呕吐，腹痛不安，下痢，发抖痉挛，后躯无力，站立不稳，体温正常或稍低，四肢、耳鼻发凉。皮肤、黏膜发绀，多在 1～2 h 内死亡。如能耐过，很快康复。

(2)防治　用蔬菜喂猪时，最好鲜喂，不要堆积存放，防止腐烂，必须煮熟时，应加足火力，迅速煮熟，不要闷在锅内过夜，避免产生亚硝酸盐。

发现猪发生亚硝酸盐中毒后，立即用 1%美蓝溶液每千克体重 1 mL，静脉注射。如果静脉注射困难，改为分点深部肌肉注射。同时剪耳、断尾放血，向全身泼冷水。

3. 食盐中毒

食盐是猪日粮中不可缺少的成分。每千克饲料 0.3～0.5 g 食盐，可增进食欲，增强消化机能，保证机体水盐代谢平衡。但若摄入过多，则可发生食盐中毒。

本病主要是因饲料中食盐含量过多引起，如饲喂盐分高的咸菜水、咸鱼水、剩饭菜、咸鱼、咸肉、咸菜、酱渣等，特别是在缺水时更易引起中毒。

(1)症状 猪食盐中毒时,表现极度口渴,口流白沫,呕吐,黏膜潮红,腹痛,便秘或下痢,无目的徘徊、转圈、冲撞,步态不稳,眼球震颤,严重时瞳孔散大,呼吸困难,卧地不起,麻痹,全身肌肉颤抖,痉挛,四肢呈游泳状。体温无明显变化,但四肢、耳尖发凉。若治疗不及时,多以死亡告终。

(2)防治 中毒较轻时,给猪大量饮水,以降低食盐在血中浓度。中毒较重的猪,用10%葡萄糖酸钙50~60 mL,或10%氯化钙溶液10~20 mL,加入10%葡萄糖溶液100~200 mL中静脉注射,每日2次。对神经症状明显者,可用溴化钾5~10 g,内服,也可用氯丙嗪、苯巴比妥钠等镇静。为促进钠离子排出,可内服双氢克尿塞0.05~0.2 g。

4.酒糟中毒

酒糟是酿酒业的副产品,常作补充饲料喂猪,但如果酒糟贮存过久或贮存方法不当,饲喂量过大,都可能引起猪酒糟中毒,特别是酒糟酸败而产生大量有机酸,杂醇油等有毒物,可引起猪发生胃肠炎、皮炎和神经机能障碍等。

(1)症状 急性中毒时,病猪首先表现兴奋不安,而后出现消化紊乱,食欲减少或废绝,腹痛,腹泻,呼吸促迫,严重时体温下降,步态不稳,卧地不起,逐渐失去知觉,麻痹,昏迷死亡。

慢性中毒时,呈现消化不良,发生便秘或腹泻,发生皮炎或皮疹,后肿胀甚至皮肤坏死,也可发生口炎,血尿,母猪流产等。

(2)防治 不喂酸败、变质的酒糟,饲喂时搭配其他饲料,用量不超过饲料的20%~30%。发生中毒后,先将中毒猪放在通风干燥处,肌肉注射10%安钠咖5~10 mL,同时静脉注射5%葡萄糖生理盐水500~1 000 mL,5%碳酸氢钠50 mL。

皮肤的局部病变,按湿疹的治疗方法处理。

5. 黑斑病红薯中毒

黑斑病红薯是一种真菌，寄生在红薯中，引起薯块变干硬，病部表面凹陷，有圆形或不规则黑色或褐色斑点，味苦。猪吃了有黑斑的红薯、苗床中腐败残薯、加工后的残渣等，都可引起中毒。

(1)症状　突然发病，耳鼻和四肢发凉，呼吸次数增多，张口伸舌，口流泡沫，四肢和肌肉发抖，精神沉郁，食欲减退或废绝，心跳加快，最后舌色乌黑，心音微弱，窒息而死。

(2)防治　一般不用烂红薯喂猪，如必须利用时，须削除病变腐烂部分，并经煮熟后才可喂猪。发现中毒后，立即灌服 0.1%高锰酸钾水 500～1 000 mL，每天 2～3 次，连服 2～3 d。也可用绿豆 250 g、甘草 20 g，熬汤灌服，每天 2 次，连服 2～3 d。

静脉注射 10%硫代硫酸钠 30～50 mL、10%葡萄糖注射液 100～200 mL、维生素 C 5～10 mL，每天 1 次，连续注射 2 d。

6. 菜籽饼中毒

油菜籽饼中含有 5-乙烯基恶唑烷硫酮、异硫酸氢脂等多种毒素，如未经适当处理，用来喂猪可引起中毒。

(1)症状　猪发生中毒后，排尿次数增加，有时有血尿、咳嗽、呼吸困难、腹痛、膨胀、腹泻、粪带血液，严重时猪心脏衰弱，体温下降，虚弱而死。

(2)防治　用棉籽饼做饲料时，用量不宜过大，先将菜籽饼粉碎，在温水中泡 8～12 h，将水除去，再加水煮沸 1 h 后饲喂。

主要采用 0.5%～1%鞣酸洗胃，内服鸡蛋清、牛奶或豆浆等，肌肉注射 10%安钠咖 5～10 mL 等对症治疗。

7. 棉籽饼中毒

棉籽饼是棉籽榨油后的副产品，常作为蛋白质饲料添加。由于棉籽饼中含有不等的游离棉酚，如未经处理就使用，可对猪产生一定损害，尤其怀孕母猪和仔猪对棉酚特别敏感。

(1)症状　猪发生棉籽饼中毒后，表现为精神沉郁，低头弓背，后肢无力，走路摇晃，有时出现痉挛、共济失调等神经症状；呕吐、腹泻或便秘，粪便黑带血，猪不断喝水，但尿量少，有时出现血尿。如肺部受损，则出现咳嗽气喘、流鼻液、呼吸急促等，最后因衰弱而死。母猪可引起流产。

(2)防治　喂棉籽饼时，先煮熟，或用2%石灰水、2.5%碳酸氢钠水浸泡1夜，作减毒处理后再饲喂。母猪和仔猪禁止饲喂，肥育猪不超过5%。

发现中毒后，立即停喂棉籽饼，及时用2%碳酸氢钠溶液洗胃，硫酸镁30～50 g，配成5%的溶液灌服。发生血性下痢时，可用鞣酸蛋白2～5 g、磺胺脒5～10 g及等量碳酸氢钠，加水适量内服。还可皮下注射安钠咖，静脉注射葡萄糖溶液、维生素C等。

8. 蓖麻中毒

蓖麻中毒多因饲喂未经处理的蓖麻籽饼、误食蓖麻籽或饲喂过多未经煮熟的蓖麻叶而引起。主要表现呕吐、腹痛、排出血粪、血尿、出血性胃肠炎和一定的神经症状。

(1)症状　猪多在食后4～8 h发病，精神沉郁，体温升高，呕吐，口吐白沫，腹痛不安，下痢，粪中混有血液或黑色恶臭。呼吸困难，结膜初黄染，后发绀。排血红蛋白尿，呈红褐色，病初尿少，以后膀胱麻痹而发生尿闭。此外还发生痉挛、昏睡、虚脱等症状。神经症状明显，表现狂躁不安，肌肉震颤，四肢痉挛，头向后仰，不停嘶叫。后期卧地不起，昏睡，体温降至37℃以下，最终死亡。

(2)防治　不用蓖麻籽饼和蓖麻叶喂猪，必须应用时，可将蓖麻籽饼或蓖麻叶高温煮沸2 h，破坏毒素后再饲喂，先少量饲喂，而后逐渐增至占日粮的5%～10%。

用0.5%～1%硫酸铜溶液50～100 mL催吐，然后用0.1%高锰酸钾溶液反复洗胃，再用硫酸钠50～150 g、活性炭20～50 g加水适量灌服，以利于排出毒物。

为维持心血管功能，用10%安钠咖5～10 mL、5%葡萄糖生理盐水 300～500 mL、25％维生素 C 2～4 mL 混合静脉注射或腹腔注射。其他可采取对症治疗。

9.发霉饲料中毒

霉变饲料引起的中毒，以黄曲霉毒素中毒最常见。黄曲霉广泛存在于自然界，玉米、花生、豆类、麦类、大米及其副产品的酒糟、油粕等最易受黄曲霉污染，在适合条件下产生毒素。猪只采食发霉饲料后引起肝脏损害，特别是仔猪，可在 24～72 h 内死亡。

(1)症状　中毒猪表现为食欲不振，精神差，口渴，异嗜，便血，弓背，腹部卷曲，可视黏膜黄染，皮肤充血、出血，有时步态强拘。严重的猪只不食，后肢无力，可视黏膜苍白，肛门便血，也可间歇性抽搐，头顶墙，角弓反张，共济失调。迅速死亡，或拖延 2～3 d 死亡。

(2)防治　立即停喂发霉饲料，并可口服硫酸镁、液体石蜡、鱼石脂等药物，亦可剪耳放血。同时，静脉注射 25％葡萄糖溶液、10％安钠咖、5％维生素 C 等。

10.无机氟化物中毒

无机氟化物中毒又称氟病，是长期连续摄入超过安全限量的少量氟化物引起的一种以骨、牙齿病变为特征的慢性中毒病，常呈地方性流行。

我国有些地区地表土壤中含氟量高，致使牧草、饮水中含氟量过高，钢铁厂、陶瓷厂、磷肥厂等排出的废气、废渣、废水等，污染周围的土壤、植被、水源，在这些地区生活的人和饲养的动物极易发生慢性氟中毒。此外，长期用未经脱氟处理的磷酸氢钙作为矿物质补充饲料，也可引起氟病。

(1)症状　慢性氟中毒最为常见，常呈地方性流行。病猪被毛粗乱，消化不良，异嗜。由于关节疼痛，行动迟缓，强迫驱赶，步样强拘，跛行，重者卧地不愿起立，勉强站立则肌肉震颤，头下垂，四肢集于腹下，走几步又卧地不起，常因不能站立而采食困难。跖骨、掌骨增粗，下颌骨增厚，间隙变窄，肋骨变粗隆起。牙齿初为白垩色，逐渐产生对称性斑釉齿，呈淡黄色，臼齿过度磨损而高低不齐。母猪常发生流产，产死胎、木乃伊胎，泌乳减少。

(2)防治　在自然高氟区和受氟污染的地区，避免应用地表水和浅层地下水，应用含氟低的深井水，或用明矾或熟石灰除氟，降低饮水的含氟量，并在饲料中添加维生素 D 及钙，可减少本病发生。磷酸氢钙作为矿物质补充饲料时，应选择氟含量符合国家标准的产品。工业氟污染区，应采取综合治理措施控制环境污染。

11. 氟乙酰胺中毒

氟乙酰胺是一种剧毒有机氟农药，常被非法制成毒鼠药，该药毒性高，残存期长，猪因误食灭鼠毒饵、死鼠而发生中毒。

(1)症状　视病猪食入氟乙酰胺量多少，其发病的潜伏期不同，症状的轻重也有差异。急性中毒潜伏期为 4～12 h，多次食入少量氟乙酰胺 3～7 d。猪突然发病，神经症状明显，惊恐、尖叫、向前直冲、不避障碍、呕吐、全身震颤、四肢抽搐、突然倒地、角弓反张，心跳、呼吸加快，瞳孔散大，持续几分钟后出现缓和，以后又重新发作。抑制期嗜睡、精神沉郁、肌肉松弛，有的后肢不全麻痹，以腹贴地面爬行或卧地不起，四肢作游泳状划动。肢端、耳尖发凉，有的粪便中混有少许血液或黏液。

(2)防治　严禁用氟乙酰胺作为毒鼠剂。发现中毒后，立即用解氟灵(乙酰胺)每千克体重 0.1～0.3 g，分 2～3 次肌肉注射，首次量加倍，直至抽搐现象消失为止。若再次出现抽搐应重复用药。

用 0.5%～1%硫酸铜溶液 50～100 mL 催吐，然后用 0.1%高锰酸钾溶液反复洗胃，再用硫酸钠 50～150 g、活性炭 20～50 g 加水配成适宜浓度灌服，或服用牛奶、鸡蛋清、绿豆水等。

5%葡萄糖生理盐水 200～300 mL、5%碳酸氢钠液 50～100 mL 静脉注射，每日 2 次。为防止低钾血症，内服氯化钾 2～5 g，纠正酸中毒，静脉注射。

痉挛严重者，肌肉注射氯丙嗪 100～200 mg，呼吸困难时肌肉注射尼可刹米 0.5～1 g。

12.敌鼠钠中毒

敌鼠钠中毒多因误食毒饵或食入中毒死鼠而引起。

(1)症状　中毒多为慢性经过。病初病猪精神沉郁，食欲减退或废绝，有时呕吐。随后眼结膜苍白，呼吸促迫，排血便和血尿，皮肤出现紫斑。后期呼吸困难，结膜发绀，四肢末端发凉，卧地挣扎，终因窒息而死。

(2)防治　毒鼠药要妥善保管，防止混入饲料。灭鼠时，及时清理被毒死鼠避免被猪吃掉。发现中毒后，立即用维生素 K 38～40 mg，肌肉注射，每天 2～3 次，必要时可用 25%葡萄糖注射液 100～300 mL，加入氢化可的松静脉注射。

13.感光过敏

荞麦、红三叶草、苜蓿、苕子草、多年生黑麦草、燕麦、黍类等饲料作物，以及灰菜、春蓼、蒺藜、金丝桃等野生植物，富含特异性感光物质，长期或大量用以饲喂白色皮肤猪时，就会提高猪对日光的敏感性，使暴露于日光下的皮肤发生红斑、疹块、溃疡乃至坏死，严重者可伴有头部黏膜的炎症、胃肠功能障碍，甚至出现神经症状。

(1)症状　感光过敏的主要表现为无色素的皮肤发生皮炎，病初患畜头部、背部和颈部等皮肤出现红斑、水肿，触之敏感，皮肤奇痒。由于磨蹭擦痒，可使表皮磨破而渗出黏稠组织液，干后与毛粘连，数日后皮肤变硬、龟裂，1 周后皮肤表面的坏死逐渐分离，露出鲜红色的肉芽面。

重症病例，病猪体温升高，精神沉郁，食欲废绝。除皮肤炎症外，常伴发口炎、结膜炎、鼻炎、阴道炎等，还表现黄疸、腹痛、腹泻等，或呼吸高度困难、流泡沫样鼻液。有的则出现兴奋不安、无目的奔走、共济失调、痉挛、昏睡以至麻痹等神经症状，常在 24 h 内死亡。

(2)防治　尽量不用荞麦等含有感光物质的植物饲喂猪,以防发病。

感光过敏无特效药治疗。发病后立即更换饲料,避免日光直射,将病猪移至避光的暗处,灌服植物油 50～100 mL 和人工盐 30～50 g,以清理胃肠道内的感光物质。患部皮肤进行冷敷,或用水洗涤后,涂以 1∶10 鱼石脂软膏。严重病例,可内服或肌肉注射盐酸苯海拉明、扑尔敏等抗过敏药物,辅以其他对症治疗。

六、外产科疾病

1.公猪去势术

公猪去势术仔猪于 1～2 月龄,体重 5～10 kg 最为适宜。将猪左侧侧卧,背向术者,用左脚踩住颈部,右脚踩住尾巴。术者用左手腕向前用力压住猪右后肢股部后,充分暴露睾丸。用左手中指、食指和拇指捏紧睾丸颈部,把睾丸推挤入阴囊底部,使阴囊皮肤紧张,将睾丸固定。右手持刀在阴囊缝际切开阴囊皮肤和总鞘膜,暴露睾丸。左手握住睾丸,食指和拇指捏住阴囊韧带与附睾尾连接处,用手撕断附睾尾韧带,向上撕开睾丸系膜。把韧带和总鞘膜推向腹腔,暴露精索后,用手捋断精索,去除睾丸。然后用同样方法去掉另一侧睾丸,切口部碘酊消毒。

2.脐疝及腹股沟疝

腹腔内脏器官通过腹壁的天然孔或病理性裂口脱出,容纳于皮下称为疝。常见的有脐疝和腹股沟阴囊疝,腹壁疝由外伤引起,发生较少。

(1)症状　脐疝多见于 20 kg 以下仔猪,为肠管通过闭合不全的脐孔脱至皮下,在脐部出现大小不等的圆形肿胀,小的由核桃大到拳头大,大的可达排球大,触摸柔软,无痛,无热。挤压疝囊或背卧位时,疝内容物可还纳回腹腔,在该处可触摸到呈圆形的脐孔。当肠管嵌闭在脐孔时,病猪表现腹痛不安、饮食废绝、呕吐,发生肠臌气死亡。少数病例疝内容物发生粘连，触诊囊壁紧张，压迫疝囊或改变体位不能还纳回腹腔。

腹股沟阴囊疝发生于小公猪，多为一侧性，是腹腔内脏器官经腹股沟环脱出，进入阴囊。若疝内容物为肠管时，腹股沟和阴囊部膨大，揉捏感觉柔软，听诊可见肠管蠕动音，提起后肢或推压时消失，但站立后又出现。

(2)防治　治疗较小的脐疝，将猪仰卧保定，用手揉捏疝囊，把肠管还纳腹腔，然后在脐部周围分点注射75%～95%酒精，每点1～2 mL，打上腹绷带，使脐部周围发生炎性肿胀，结缔组织增生，将脐孔闭锁。脐疝较大时，应采取手术治疗。患猪术前停食，仰卧或半仰卧保定，局部剪毛消毒，用1%普鲁卡因10～20 mL作浸润麻醉。切开疝囊，暴露疝内容物。如疝内容物无粘连，未嵌闭，将之还纳腹腔。如发生粘连，应小心钝性剥离后还纳。疝环过小时，可扩大后再还纳。修整疝环，闭合疝孔，缝合腹壁。

整复腹股沟阴囊疝时，将患猪倒提保定，还纳疝内容物，局部剪毛消毒，切开阴囊，露出总鞘膜，将其剥离至阴囊底，此时将睾丸和总鞘膜从切口处拿出，把睾丸连同总鞘膜向同一方向捻转数圈，封闭外环。然后用缝线在外环外穿透精索后，将两线头结扎，剪除睾丸及总鞘膜，将断端塞入腹股沟管内，再用剩余的两个线头缝合外环，撒消炎粉清理创部，缝合皮肤，涂布碘酊。

3. 皮下脓肿

皮下脓肿是皮肤受到划伤、刺伤或注射时没有严格消毒，感染葡萄球菌、化脓性链球菌、大肠杆菌、绿脓杆菌和腐败性细菌等化脓菌引起的局限性炎症。

(1)症状　脓肿常发生于皮下结缔组织、筋膜下及表层肌肉组织内。病初局部肿胀，无明显的界限，稍高出皮肤表面，触诊局部皮温升高、坚实、疼痛。以后肿胀的界限逐渐明显，凸出于体表，由中央开始逐渐化脓，用手触摸柔软并有波动，有时自行破溃排出脓汁，病猪一般无明显全身症状。

(2)防治　在感染的初期，尚未化脓之前，用0.5%普鲁卡因生理盐水30～50 mL，青霉素160万IU，混合后做圆形封闭，有很好的效果；也可涂布鱼石脂软膏，1 d 1次，促进脓肿成熟以缩短病程。对已经成熟变软的脓肿，切开排脓后，用3%双氧水或0.1%高锰酸钾溶液冲洗干净后，填塞5%碘酊纱布条，以后隔天清理创伤1次，添塞魏氏流膏纱布条或撒布消炎粉等。

4. 直肠脱

直肠脱主要发生于便秘、腹泻、直肠炎和母猪分娩时的强烈努责，或寒冷潮湿，体质虚弱致使肛门括约肌松弛，使直肠一部分或大部分由肛门向外翻出，不能自行缩回。

(1)症状　病初常在排粪时，直肠黏膜翻出，但常能自行缩回，若脱出时日较长，则不能回缩而发生直肠脱。直肠黏膜末端脱出时，在肛门外形成一个暗红色半圆形突出物，经1～2 d，黏膜淤血、水肿，体积增大。如果脱出时间过长，黏膜发生干裂，甚至坏死。严重时直肠脱出较多，似圆柱状，由肛门垂下，向下弯曲，常发生黏膜坏死或直肠破裂。

(2)防治　初期用0.1%高锰酸钾溶液清洗脱垂的肠管，撒布明矾末，小心地将其推入肛门内。若水肿严重或有坏死，用手捏破肿胀，剪去坏死的黏膜，挤出水肿液，使肠管缩小，而后整复。为了防止再脱，可在肛门周围做袋口缝合，注意打结不可过紧，以免影响排便，整复后给予易消化饲料，多喂青饲料，若2～3 d内大便不通，必须进行灌肠，数天后努责消失即可拆线。

5. 猪风湿病

猪风湿病是由于天气寒冷或气候剧变、贼风侵袭、遭受雨淋、圈舍阴冷潮湿等因素引起的肌肉、关节疼痛的一种病症。

(1)症状　常突然发病，体温一般正常或比正常高出0.5～1℃，呼吸、心跳稍增加，食欲正常或稍减，肌肉、关节、筋腱疼痛，运动时步态强拘而不灵活，运动之初跛行显著，持续运动后减轻，天气暖症状轻，天气冷症状重，并常有游走性。触诊和压迫患部有疼痛，肌肉紧张发硬。

(2)防治　治疗风湿病时可选用下列方法：

①10%水杨酸钠10～30 mL、40%乌洛托品5～10 mL、10%安那加5～10 mL、5%葡萄糖200～500 mL，混合，1次静脉注射，每日2次，连用3 d。

②30%安乃近10～20 mL，肌肉注射，每日2次，连用3 d。

③消炎痛片每千克体重2 mg口服，每日2～3次，连用5～8 d。

④地塞米松2～5 mL，肌肉注射，每日2次。

⑤触诊有疼痛的部位，用10%樟脑酒精或松节油擦剂涂擦，每天2次。

6. 难产

母猪难产的原因很多，临床上以饲喂过多、母猪过于肥胖、胎儿过大，或母猪产出一部分胎儿后，由于娩出力减弱而不能继续产出较为常见；其次是母猪过早配种，骨盆腔未发育完善，造成产道狭窄，影响仔猪产出；因胎儿姿势异常，不能顺利产出者较为少见。

(1)症状　母猪开始分娩，不断用力努责，但不能顺利产出胎儿，同时表现烦躁不安，时起时卧，痛苦呻吟。有的母猪虽能顺利产出一部分胎儿，以后由于娩出力减弱而不能继续产出。

(2)防治　当发生难产时，应立即检查产道、胎儿及母猪全身状态，弄清难产的原因及性质，以便及时进行正确的助产。

娩出力微弱的母猪，表现努责次数少且力量弱，以致长时间不能产出仔猪，有的母猪在产出一部分胎儿后，因过度疲惫，不能很快产出余下的胎儿，或无力产出其余胎儿。检查子宫颈已经开张，胎儿及产道均无异常时，可皮下注射缩宫素注射液 20～30 IU。或将母猪后躯抬高，降低腹压，向产道注入油类润滑剂，将手伸入产道抓住胎儿头部或两前肢慢慢拉出。

胎儿过大或骨盆狭窄引起的难产，母猪阵缩及努责正常，但产不出胎儿。检查时可发现胎儿偏大或骨盆狭窄。为了强行拉出胎儿，应向产道灌注温肥皂水或油类润滑剂，将手伸入产道抓住胎头或上颌及前肢，倒生时握住两后肢，慢慢拉出胎儿。若仅能摸到胎头，伸入的手又不能固定胎头，可用有小钩的 8 号铁丝钩住下颌配合，缓慢拉出。若无拉出的可能，则应实行剖腹产手术。

7. 阴道脱及子宫脱垂

猪阴道脱及子宫脱垂比较少见，多由于母猪年老衰弱，平时精料太多，缺少运动，猪舍地面斜度过大，母猪后半身经常处于低位，胎儿过大，胎水过多或分娩时子宫收缩弛缓等引起。

(1)症状　阴道部分脱出时，猪卧地后阴门开张，黏膜外露，站起后脱出部分回缩。完全脱出的阴道呈球状，可见到其上端或末端的凹陷内有子宫颈外口，母猪站起时不能自行回缩。时间长者黏膜紫红、水肿，甚至干裂或糜烂。

子宫不完全脱出时，病猪站立时常作弓背、尾上举、腹壁收缩等排粪状，如以手指伸入阴道，可摸到内翻的子宫角，突出于子宫颈口或阴道内。病猪卧下时，往往可见阴道凸出，呈拳头大的鲜红色球状物。子宫完全脱出时，阴门露出长圆的囊状物，黏膜上有许多横褶，脱出不久子宫黏膜即呈暗红色并水肿。若脱出时间较长，部分黏膜干燥破裂，部分发紫溃烂，由破损处流血液或血水，并粘有泥土、碎草、粪污等。

(2)防治　把猪呈前低后高站立保定，后躯抬高固定在长板凳上。取青霉素 80 万 IU(先用 10 mL 蒸馏水稀释)，再加 2%普鲁卡因 10 mL 混合后注入后海穴(进针 5 cm),以减轻母猪整复时努责。用 2%明矾溶液或 0.5%高锰酸钾溶液清洗脱出的子宫黏膜,洗净后放在消毒过的塑料布上,避免洗净后再次碰着地面被污染。在准备送入子宫时,在黏膜上涂布青霉素和链霉素。还纳时,将子宫角先向里翻,至子宫体时,再压挤进入阴户,再用消毒过的木棒或用手臂(大母猪)送入腹腔。如不能完全矫正,可用 0.9%氯化钠注射液 500~1 000 mL 注入子宫腔,借液体的压力使子宫角恢复正常。子宫送入腹腔后,为防止再次脱出,应将阴户做纽扣状缝合,肌肉注射抗生素防止感染。

8. 乳房炎

猪患乳房炎比较常见,多由于猪舍污秽不洁,产前或产后突然喂给大量营养丰富的多汁饲料,泌乳过多而仔猪吸不完,以及乳房被咬伤、踩伤、碰伤,致使病原微生物感染引起。

(1)症状 患病乳房肿胀、发红,触之有热、痛和坚实感。由于乳房疼痛,母猪拒绝仔猪吸吮。乳房化脓时,可排出黄色乳汁。如脓汁排不出,可形成脓肿,往往自行破溃而排出有臭味脓汁。

(2)防治 猪舍应保持清洁干燥。仔猪出生后先断齿再哺乳,防止咬伤乳头。分娩前数天避免饲喂过于浓厚的饲料,防止乳汁过多。仔猪断奶前逐渐减少喂奶次数,使乳腺活动慢慢降低。治疗可用青霉素 240 万 IU、链霉素 100 万 IU,注射用水 10 mL、地塞米松 5 mL,混合肌肉注射,每日 2 次,有很好的效果。由外伤引起的乳房炎,可在患部用 0.1%雷佛诺尔溶液或高锰酸钾溶液清洗消毒,再涂紫药水、碘甘油等,同时配合全身治疗。

9. 无乳及泌乳不足

无乳及泌乳不足多由于饲喂不足,饲料营养不全,体质瘦弱等引起。此外,母猪患全身性严重疾病、热性传染病、乳房疾病、内分泌失调、过早交配、乳腺发育不全等也能引起。

(1)症状　主要表现乳量减少或无乳，乳房及乳头缩小，乳房皮肤松弛，乳腺组织松软。有些母猪虽能挤出乳汁，但稀薄如水。仔猪由于饥饿，吃奶次数增多，用力抵撞乳房，频繁追逐母猪，乱跑乱叫。

(2)防治　改善饲养管理，给予富有蛋白质的易消化的精料、青绿多汁饲料。每日热敷乳房数次。治疗时可选用下列处方：

①催产素 30～40 IU，肌肉注射，每天 2 次。同时配合应用青霉素 160 万 IU、链霉素 50 万 IU、地塞米松 5 mL、注射用水 10 mL，混合 1 次肌肉注射，每天 2 次。

②产后当天喂服促乳灵。

③青年母猪产仔猪后异常兴奋引起的缺乳或无乳，可肌肉注射安痛定或安乃近注射液 20～30 mL。

④王不留行 9 g，穿山甲 6 g，木通 9 g，煎水后喂服。

10. 母猪产后瘫痪

母猪产后瘫痪的病因目前还不十分清楚。一般认为是由于血糖、血钙骤然减少（母猪产后甲状腺机能障碍，失去调节血钙浓度作用，胰腺活动增强，致使血糖过少，特别是产后大量泌乳，血糖、血钙随乳汁流失），产后血压降低等原因使大脑皮层发生机能障碍。

(1)症状　病猪表现站立困难，后躯摇摆，行走不稳，肌肉疼痛敏感，伏卧，食欲锐减或拒食，大便干燥或便秘，小便赤黄，体温正常或偏低。后期四肢瘫痪，感觉迟钝或消失，呈昏睡状。

(2)防治　妊娠母猪应喂全价饲料，尤其妊娠后期必须供足维生素和矿物质。对病猪加强护理，每天翻身几次，防止发生褥疮。用草把或粗布摩擦病猪皮肤，以促进血液循环和恢复神经机能。治疗时可静脉注射 10%葡萄糖酸钙注射液 50～150 mL，每天 1 次，连用 7 d；也可用维丁胶性钙注射液 4～8 mL 肌肉注射，隔天 1

次，连用10～15次。心脏衰弱者，肌肉注射10%安钠咖5～10 mL，每天1次。便秘时应投给缓泻剂(如硫酸钠或硫酸镁)，或用温肥皂水灌肠，清除直肠内的蓄粪。

11. 母猪不孕症

引起母猪不孕症的常见原因有母猪过肥、过瘦或维生素、矿物质不足，引起内分泌机能失调，长期不发情或屡配不孕，也见于卵巢机能减退、卵泡囊肿、持久黄体、阴道炎、慢性子宫内膜炎及子宫蓄脓等。

(1)症状　性欲减退或缺乏，长期不发情或屡配不孕。

(2)防治　加强饲养管理，根据膘情加减精料，增加青绿多汁饲料，添加维生素和矿物质。按摩乳房，用公猪催情，促使母猪发情和排卵。也可选用下列药物：

①促卵泡素(FSH)。肌肉注射50～100 IU，促使卵泡发育和成熟。

②己烯雌酚。每次皮下注射3～10 mg。

③苯甲酸雌二醇。每次肌肉注射1～2 mL，间隔24～48 h可重复注射1次。

④前列腺素类药物。每次肌肉注射3～4 mg，一般可于注射后1～3 d内出现发情。

12. 产褥热

产褥热因母猪在分娩过程中，产圈不清洁，助产时消毒不严，损伤产道黏膜，或产后恶露排出迟滞，导致产道感染溶血链球菌、金黄色葡萄球菌、化脓棒状杆菌、大肠杆菌等，进入血液大量繁殖，产生毒素而发生，又称产后败血症。

(1)症状　本病通常于产后2～3 d内发病，病猪体温升高到41～41.5℃，精神沉郁，减食或完全不食，呼吸迫促，心跳加快，每分钟超过100次，甚至达120次。阴道黏膜肿胀，触之剧痛。阴户流出污褐色恶臭渗出物，泌乳减少或停止。

（2）防治　首先用温生理盐水反复冲洗子宫，直至排出的液体澄清透明为止，然后按摩腹部，将余液排出，最后向子宫内注入溶于30～50 mL生理盐水的青霉素80万IU及链霉素50万IU，每天1次，连续24次。为促使恶露排出，肌肉注射催产素20～40 IU，每日2次。全身治疗时，适当选用青霉素加链霉素、氨苄青霉素、喹喏酮类药物和头孢霉素等静脉或肌肉注射，每日2次，并注意补液和供给营养。

参考文献

[1] [加] 阿尔伯特农业局畜牧处等编著．刘海良,主译．养猪生产．北京:中国农业出版社,1998.

[2] 李宝林．猪生产．北京:中国农业出版社,2001.

[3] 李和国．猪的生产与经营．北京:中国农业出版社,2001.

[4] 张大龙,王继英．猪标准化饲养新技术．北京:中国农业出版社,2005.

[5] 农业部农民科技教育培训中心组编．生猪农户规模饲养技术.北京:中国农业出版社,2006.

[6] 王以增,等．猪病防治实用技术．北京:中国农业大学出版社,2006.

[7] 朱宽佑,潘琦．养猪生产．北京:中国农业大学出版社,2007.

图书在版编目(CIP)数据

规模化养猪与猪病防治/李长军,华勇谋主编.—北京:中国农业大学出版社,2009.6

ISBN 978-7-81117-783-1

Ⅰ.规…　Ⅱ.①李…②华…　Ⅲ.①养猪学②猪病-防治
Ⅳ.S828　S858.28

中国版本图书馆CIP数据核字(2009)第095283号

书　　名　规模化养猪与猪病防治
作　　者　李长军　华勇谋　主编

策划编辑　董　田　伍　斌　　**责任编辑**　董　田
封面设计　郑　川　　**责任校对**　王晓凤　陈　莹
出版发行　中国农业大学出版社
社　　址　北京市海淀区圆明园西路2号　　**邮政编码**　100193
电　　话　发行部 010-62731190,2620　　读者服务部 010-62732336
　　　　　编辑部 010-62732617,2618　　出　版　部 010-62733440
网　　址　http://www.cau.edu.cn/caup　　**e-mail** cbsszs@cau.edu.cn
经　　销　新华书店
印　　刷　北京鑫丰华彩印有限公司
版　　次　2009年6月第1版　2010年1月第2次印刷
规　　格　850×1 168　32开本　9.375印张　230千字
定　　价　16.00元